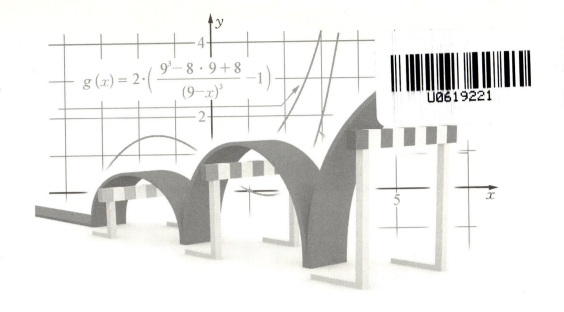

$$g(x) = 2 \cdot \left(\frac{9^3 - 8 \cdot 9 + 8}{(9-x)^3} - 1 \right)$$

挑战中学生
认知与思维的
数学闯关赛

梁开华 著

世界图书出版公司

上海·西安·北京·广州

图书在版编目(CIP)数据

挑战中学生认知与思维的数学闯关赛 / 梁开华著.
—上海：上海世界图书出版公司，2013.10
ISBN 978 - 7 - 5100 - 6716 - 7

Ⅰ. ①挑… Ⅱ. ①梁… Ⅲ. ①数学-青年读物②数学-
少年读物 Ⅳ. ①O1 - 49

中国版本图书馆 CIP 数据核字(2013)第 164860 号

责任编辑 王 丹

挑战中学生认知与思维的数学闯关赛
梁开华 著

上海世界图书出版公司 出版发行
上海市广中路 88 号
邮政编码 200083
南京展望文化发展有限公司排版
上海市印刷七厂有限公司印刷
如发现印刷质量问题，请与印刷厂联系
（质检科电话:021 - 59110729）
各地新华书店经销

开本：787×1096 1/16 印张：15 字数：360 000
2013 年 10 月第 1 版 2013 年 10 月第 1 次印刷
印数：1 - 4 000
ISBN 978 - 7 - 5100 - 6716 - 7/O • 58
定价：32.00 元
http://www.wpcsh.com
http://www.wpcsh.com.cn

前　言

　　数学的重要不言而喻,中学求学阶段,无论是理科还是文科,都对数学的教与学高抬一眼,将它置于极为特殊的重视地位。又无论是教师、学生还是家长,未必满意于题海战术,因为其实际效果未必有利于增长知识、增进能力;也不待见大规模的竞赛集训,因为竞赛问题或则误陷于走火入魔,或则因为其偏难甚至偏怪,太牵扯时间精力。数学方面的教辅图书泛滥,科普典籍太少,某些知识类介绍又太专业太抽象,某些趣味类作品又太俗气太空乏。希望理想的、切合的数学启示读物已是旷日持久的企盼;尤其是,青少年莘莘学子,满怀继续深造于高等学府的愿景,却视数学学习为畏途。作为数十年从事数学教育与数学研究的数学工作者,可谓看在眼里、急在心里,且已是长年累月。

　　如今,有了一个这样以夏令营闯关为背景阐述数学重要基础知识与研究成果的机遇与挑战,本人正是时时沉浸在激情、努力、奋战的境地之中,埋头探究、整饬、编写简直废寝忘食,这绝非夸大之词。现在,这本以闯关赛选手日记方式展开数学问题解决与引申的,既像科普介绍、又像学术研究的新著终于面世了。之所以把问题分解为学生的记录与评委的解析,有利于多角度、多层次折射教与学的心理感受与体会,详略自如地展开推理与解析,方便于突出重点,忽略尤其数学形式的条理严谨与过程琐碎,绕开面面俱到,以更多地学到东西、学以致用。借此机会,对本书的关联内容,尤其是其特色作一简介吧!

　　含金量大　本书汇集了数学知识基础与常识,同时又对内容作了前沿的解析与阐述,且重要的仍在于解题;特别是集中了著者的虽然不是全部,但毕竟为重要的、有代表意义的研究成果,从而因其相当的个性与价值形成丰富的内容。另外,在本书的例、习题中,前面标注"☆"表示为自创题或改编题。我们知道,出个人专集有困难性,也有阅读与兴趣对不同读者的制约,但本书较好地融和、缓解了这样的矛盾。

　　知识域广　本书所涉内容,有数论的、代数的、几何的、图形的、程序的;既有为数学界同仁津津乐道的正交设计、黄金分割、费波那契数、勾股数、佩尔方程,等等;也有为高考数学所关注、重视的解析几何、立体几何、不等式等问题;当然少不得数竞问题;还有不少的趣味数学、智力数学问题,如尺规作图、拿堆、拼图、抽象数字计算,等等。

　　遴选面优　古往今来,数学经典问题与成果不胜枚举,什么都涵盖,什么都涉及,显然不够明智。更重要的，有些命题虽然著名，虽然经典，却离现实生活较远，尤其是与中学生应学习了解、要学习了解的知识多少有点无关痛痒。因此，有针对性、有目的性、有倾向性地遴选内容，就显得不可小视。这方面，著者力求显现为有眼光的，有质量的，更现实的，更前沿的，且使书中包含当下数界或网上的时新问题。

创意点新　创意是文化类作品的灵魂。本书的创意首先显现在主题的贯穿构思上。以一个闯关选手的一篇篇日记展开内容，丰富多彩，自由自如，详略有致。也就是，著者的写作意图能最大限度地畅达展示。一篇学术著作，一个命题论证，难免正儿八经，难免求全责备，难免面面俱到。但本书的表达模式未必。这样，能更理想地阐述要说的，避开烦杂论证导致的抽象乏味，以及阅读理解上的困难。

普适性高　一般科普类、学术类著作，往往适合一定的读者群。但这本书，广大中学生青少年可以读，老师、大学生也可以读，数学工作者、数学爱好者更可以读。著者相信，它也会受其他的读者群欢迎。

完备性好　我们知道，专业书不同于工具书，教辅书不同于教材，一本书知识性、方法性、资料性等兼而有之很难。本书则极为重视问题相对集中的完备特色。比如你也许知道不少不定方程、佩尔方程的解，但有时想知道某些不定方程、佩尔方程的解，却搜寻无着。本书则不同，某些特殊问题的相对集中，一定会使你满意、使你称道。

实用性强　本书说明一个问题、论证一个问题、解决一个问题，往往会给你交代方法、原理、背景、引申。尤其是，在方法中，还与您探讨恰当的方法。本书且有压轴的一关，专门探讨这样的问题。其他书难以做到这样。本书的一个主题，往往知识含量简直浓缩了一本书，甚至比一本书的实质容量还大、还多。

趣味性浓　一本文风很正的科普书学术书，很难做到引人入胜的趣味性；一本突出趣味性的图书，科普、学术的含金量则未免空泛。本书不少内容则学术性关联趣味性。拿堆、拼图是一种特色；构造、计算是另一种特色。比如搭积木、装钢珠球、探索单位分数 $\frac{1}{a}+\frac{1}{b}+\frac{1}{c}+\frac{1}{d}+\frac{1}{e}=1, a+b+c+d+e$ 最小、关于正整数满足 $\frac{a^3+b^3}{c^3+d^3}=1$，等等，等等。

本书的个性、特色还很多，比如编辑，也融进了不少编辑路数的新创意，使本书的质量能更上一个台阶。限于篇幅，不再赘述。且许多问题的研究与解决，往往与编写同步；往往在主题展开的过程中推进、克服与完善。因此，许多的问题，既很传统，也很前沿。解题方法亦往往很独创、很简洁,优于正常解法。同时相信,很多问题,仍有相当的探究空间与前景。换言之,留给读者探究与发挥的余地依然相当之大。这也正是著者所更感满意与欣慰的。当然水平所限,欠妥不足之处在所难免,祈请专家学者及广大读者赐教指正,更欢迎相互探讨、切磋相关问题。本人的个人网站、博客与电子邮箱如下:

1138301731@qq.com

Liangkaihua1946@126.com

http://blog.cntv.cn/12129292

http://www.liangma.org

梁开华

2013 年 3 月

没有品性 难有作为

没有兴趣 難有作為

没有努力 难有作为

没有执着 难有作为

没有反思 難有作为

没有际遇 难有作为

梁开畢书

二〇一三年一月十二日

目录

以数学闯关为主题的夏令营开幕了。开幕式很精彩，即使对于一心只想着如何闯关，跃跃欲试于迎接解题考验的我们，也看得很投入。这是全国各主要城市青少年的创造力，想象力，数学科学知识认知、应用力的综合能力竞技夏令营活动，从中也考验着个人挑战困难、危机等应变、机敏、刚毅多方面的气质与素养。每一活动要看自己能不能闯过，还有主持的评委专家点评且讲解。多好的机会呀！我要借此好好学些东西……环顾会议厅里简直有些坐不住了。终于，钟评委宣布今天的闯关活动开始了。

我来到了自己即将走进"考场"的"选手须知"小窗口。看到两只信封，一只是开启的，一只是封粘的。大意是说，如果闯关成功，表明你答对了，未拆的信封内，是关于问题的解，你可以不再去会议厅；闯关失败的，当然得去会议厅，一方面听讲解答及相关讨论，同时还有评委会的点评以及可能更深入的讲解。开启的信封，很清楚地说明解答的具体要求，今天似乎对所需时间，给定得很严格。我猜想，第一天嘛，问题不会很难，当然用时不让拖沓。

"考场"是一个不大不小空荡荡的房间，地上有一个图案，要求你一次不重复地走完每个部位，从哪里起步，还回到哪里。这不就是"一笔画"嘛！我看到的图形是（如图 1-1）：

还好对付这玩意有点灵感，我较快较顺利地从 A 点画——不，"走"回到 A 点。如图 1-2，从 A 到箭头处；再如图 1-3，回到 A。一看时间，还没用完呢！

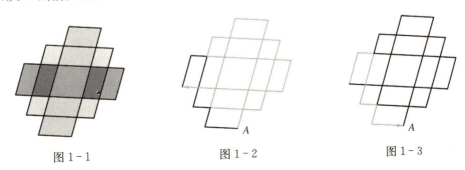

图 1-1   图 1-2   图 1-3

刚出了房间,噢哟,前面还有一间房,也就是,还有题呢!这道题是这样的(如图1-4):情况是复杂了些,好在端详思索片刻,还是"画"出来了。如图1-5,不超过时间就是了。

图1-4   图1-5

虽然这一关是过了,其实也还是不甚了了的能一笔画出来,也还是运气吧!这里面肯定有一番道理。不能满足于弄对了,或再看看答案。我想还是到会议厅,看看活动继续怎么进行,评委们讲些什么吧!

会议厅里果不其然,黑压压坐满了一片,选手几乎没有不来的,好多人比我还积极呢!等评委到了会议再次宣布开始。

钟评委:同学们,我们开始评讲这一次活动。大家做的,比我们预想的要好。也许问题不太难吧!不过,这里面能够解决问题的道理,不一定人人都明白。我们也作了一些简单的调查。有些选手对此有过比较深入的研究。下面我们欢迎安同学给大家讲讲与"一笔画"相关的知识。

安选手:大家好!(鞠躬)我下面尽量简单地讲一讲"一笔画"的相关知识。讲得不对的地方,欢迎各位批评指正;尤其是专家评委们,对错误的地方、讲得不好的地方给以评点。

首先,这"一笔画",现实生活中有不少应用模型的。比如一个邮递员送信送报纸杂志,怎么设计线路才是最合理的呢?我们新到一个地方,希望找到某个地址,恐怕走些冤枉路是难免的。探险爱好者们、考察队员,比如要探索某个岩洞,里面通道很多,怎么避免不迷路,或少走回头路、重复路呢?掌握一笔画的知识原理,显然对这些问题的解决有帮助。最老实的做法,就是用很长的绳一边走一边放,不会重复;回来也不致迷路。

(是啊!人家的认知,起点就是不同……)

我们来看一笔画,图形至少都是联通的吧?(他随手"写"了个"吕"一样的"字"或"图")我们看这两个框(如图1-6),怎么也不可能一笔画出吧!(上下加了一竖)这样呢(如图1-7)?联通起来了,而且可以一笔画了(如图1-8)。这就是所谓形成了一个"**线路**"。其实,图中的方框与圆圈(又画了一图如图1-9)没有本质的差别。如果我们再把"串"中的一竖线也画成圈(如图1-10),不仅还是能一笔画,且从哪里画起,还能回到起点。这就形成了一个"**闭路**"。

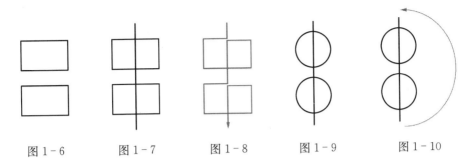

图 1-6　　　　图 1-7　　　　图 1-8　　　　图 1-9　　　　图 1-10

我们当下有一个时髦的词，叫做"网络"，与一笔画相关的图，也可以定义为一个"**网络**"。其中的线段或弧线叫做"**路线**"，路线的交叉点叫做"**结点**"。结点与结点之间，就是由连线相连接。请问(他画出了图 1-11)，这个图有几个结点？几条路线？

("4 个结点，8 条路线。"我情不自禁叫了起来，与大家的声音响成一片。)

对！4 个结点，8 条路线。请问？这个图形能一笔画吗？

(这下子，和刚才不一样了。迟疑了片刻，声音又爆发出来："能！")

是的。能一笔画(他接着画出如图 1-12)。那么？为什么呢？图 1-10，图 1-11，图 1-12，其实都是一样的。有时，圆弧形的图看上去舒服些；有时，框架形的图看上去舒服些。注意图 1-12 并没有增加结点。(他在图 1-12 上写上字母 P，涂上向**四个方向**的路线。如图 1-13)向**一个结点交汇**的路线如果是偶数，像这里的点 P，称之为"**偶节点**"，简称"**偶点**"。像"十字"马路口；当然奇数时即为**奇点**。比如"五角场"五条路线；"丁字路"三条路线。图 1-13 有"奇点"吗？(没有)**没有奇点的网络图可以一笔画**。

(噢！原来是这样……)

有奇点的网络图还能一笔画吗？(他在图 1-12 上加了"一横"，添上字母 A,B)这就增加了 2 个结点，且恰为奇点。这个图 1-14 我们试试看，能不能一笔画出。

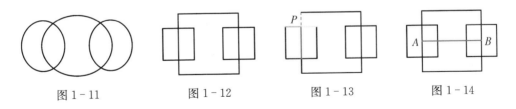

图 1-11　　　　　图 1-12　　　　　图 1-13　　　　　图 1-14

(大家忙着试画。"能。"答声渐起)

好！时间关系，我们就不请同学上来画了。发现有什么特点呢？图 1-12 没有奇点，一笔画从哪里画起，可以还回到哪里；图 1-14 增加两个奇点，一笔画从哪里画起，却回不到哪里了。比如我们从 A 画起，如图 1-15，终点是 B。可见**有两个奇点的网络图是可以一笔画的**。

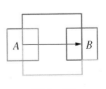

图 1-15

　　奇点再多呢？（他逐次画出图 1-16 各图，从左到右一边画，一边讲）一个框，一个网络闭路，一条路线，注意虽然有四个顶点，却一个结点也没有。所以网络中的概念称结点，不说顶点；由 A，B 两个奇点，可以一笔画；会形成三个奇点吗？作出 AC，C 是奇点，A 已不是奇点了，但 **B** 是奇点；A、B、C、D 4 个奇点；**奇点只能是偶数个**。由 B 出发兜一圈，经 C，前者可以一笔画；后者同时到不了 A、D。

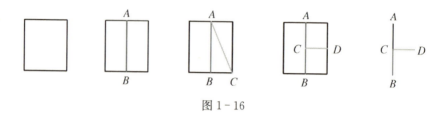

图 1-16

　　这样，定理似的命题已经很明确了：**一个联通的网络图，结点中没有奇点或两个奇点时，可以一笔画出。**

　　钟评委：刚才安同学进行了非常精彩的讲解。这样，对一个线路图，也就是安同学所说的网络图，能不能一笔画，我想大家一看到具体的图形，很快就能准确地判定了。这就是知识，这就是科学，对之认知产生的作用。我们不必去猜、去试，而是很快予以毋庸置疑的判定。一笔画的"理论"是怎么产生的，大家知道吗？——还是安同学，你一定有所探究了。你继续简单说说吧。

　　安选手：这是源于哥尼斯堡"**七桥问题**"，相当于一笔画，即能否一次不重复地走遍七座桥。这个问题被欧拉解决。我想还是评委老师说吧！我可能说不清楚，不得要领。

　　钟评委：好吧！今天的活动已很丰富，时间也不早了。我就简略地说说这个"七桥问题"吧！位于普鲁士（即今德国境内）哥尼斯堡的七座桥，示意如图（图1-17），关于七座桥能否一次不重复地走遍的问题，渐渐成了闻名遐迩的名题。1736 年 29 岁的欧拉向圣彼得堡科学院递交了《哥尼斯堡的七座桥》的论文，分二十一点逐一阐述了问题解决的思想与方法。在解答问题的同时，开创了数学的新分支——**图论**与几何**拓扑**。欧拉这个瑞士的大数学家太知名了，这里就不作介绍了；图论刚才安选手已有所解说，且表述得相当好。其中"结点"这个说法太好了。图1-17中由七座桥划成的 A、B、C、D 四个区域，恰与走桥线路相关。由路形成的"外"区域 B、C 联通三座桥如图 1-18 表示，三条线路当然是奇点，由岛形成的"内"区域 A 通五座桥，D 通三座桥，也都是奇点。四个奇点当然不能一笔画出。从图 1-17 到图 1-18，就是大科学家智慧思维的结晶。

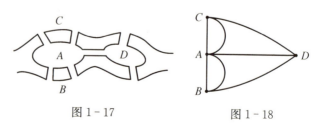

图 1-17　　　　　　图 1-18

"拓扑"什么意思呢？对于结点与路线，框或弧都是一回事，这就有拓扑的寓意。咱们汉字怎么样？就有拓扑的意蕴吧！印刷体、正草隶篆;瘦些,扁些笔画都是一样的。字块在字的结构的相关部位，始终显现其本质属性。

　　欧拉的故事告诉我们,把现实问题数学化,即建立数学模型;以及把数学问题数据化,即数与形相结合,由此可使问题解决。其意义是多么重要与了不起。

　　夏令营第一天,简单的问题我们讨论与解决却相对花了那么多时间。大家看看值不值啊?("值"!)好! 散会!

● 参考文献

[1] 姜伯驹.一笔画和邮递路线问题.1 版.北京:人民教育出版社,1964.

挑战精选题

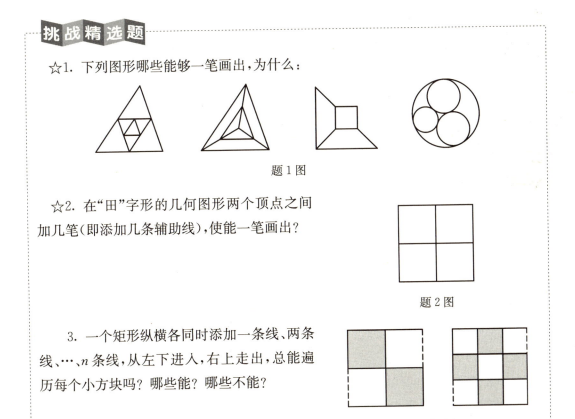

　　☆1. 下列图形哪些能够一笔画出,为什么:

题1图

　　☆2. 在"田"字形的几何图形两个顶点之间加几笔(即添加几条辅助线),使能一笔画出?

题2图

　　3. 一个矩形纵横各同时添加一条线、两条线、…、n 条线,从左下进入,右上走出,总能遍历每个小方块吗? 哪些能? 哪些不能?

题3图

第 2 关 大脑中的闪算
——数字和及算术和

　　我很庆幸上次顺利过了关,因此,今天对闯关更显得信心满满。今天的赛场,是一个很大的房间,里面整整齐齐地放着一排排电脑。我挺高兴,搞这玩意儿我可以说有把握。待坐进位置,我匆匆忙忙看了看"须知":今天是电脑上做选择题,然后两人一组对抗赛。铃声一响,我打开电脑,就准备答题。咦,这是什么题呀? 搞"速算"么? 我似乎天生注定就是弄文科的,对数学学习不怎样感兴趣。但高考一关数学人人都得过呀! 参加数学夏令营充充电,居然预考过了,赶快补吧! 这题目又是要"算",又不让带计算器。真憋气……

　　☆1. 3 294 × 1 234 = ( )。

　　A. 4 063 796　B. 4 064 796　C. 4 963 796　D. 4 964 796

　　"这叫什么题目?"我几乎嚷起来!"你干什么?!"谁料想又是一个尖嗓子。随即鸦雀无声。真静! 比开始还静! 我偷偷向那人瞧过去,她还没转过脸,面红脖子粗,一脸怒气。好家伙! 我赶快埋头做题。

　　据说题目还不少,慢慢算,本来就算得慢。蒙吧! 听说选择题难的往往选 A。那么做乘法? 拿手的不是太容易啦? D? 噢哟,这……就 D 吧! 按了一看,"错!"真泄气!

　　还说什么呢? 后面哪些题是什么,怎么答的,我简直迷迷糊糊。完了,完了完了! 这下就每次当观众当听众吧,真晦气! 我是一边稀里糊涂做一边乱七八糟想。突然,有个题目我似乎有把握弄对了:

　　☆10. 5^{12}=( )。

　　A. 144 140 625　B. 244 140 625　C. 344 140 625　D. 444 140 625

　　这个数的计算前些时曾和一个同学因为什么问题恰曾算过,具体什么答案当然记不清。但最后是 0625,这是 5^4,首位数是 2,这我记得。没错的,按 B。果然对了! 那么多题,另外也有对的吧! ……

　　第一个"回合"过去了,两人一组对抗赛,天啦,就是那个"尖嗓子"! 真是冤家路窄! 谁知道那人过来以后,彬彬有礼地打了招呼,就像没有刚才那一幕似的。谢天谢地! 她只顾喊了,没认出是我。

看题目吧！当然两人的电脑是同步的：

已知一个随机正整数 48 736 512 298,将这个数的数位任意打乱调换,形成一个新的数,两数相减,得差。在差中自己"藏"起一个数字,然后把少一个数字的差,所有数码加起来；不是一位数时,继续各位数码加起来,直到是一位数,再把这个结果传给对方,在规定时间内回传对方藏起的数字。注：藏起的数字特殊情况可以答两个。如果双方都答对,再按回车键给出新的随机数,三次内决出胜负；三次都对者,累计用时短者获胜。

不用说,我很快败下阵来。在再次集中之前,我们散步在公园似的花径小道上。她比我小,就叫做"小包"了。不知怎么地,话题转到了赛前的那两嗓子。"你性子蛮急的嘛！""还说我呢,你⋯⋯""这么说吧,这是公共场所！总之,凡事都不能由着性子来。我看到不少同学,尤其一旦成绩不好,就怨天尤人。听课怪老师教得不好；考试怪题目出得不好⋯⋯这也不顺眼,那也不满意⋯⋯""你别说了。我今天也不知怎么地⋯⋯""你瞧你,墨镜那么一戴,潇洒有余,谦恭不足。可不能有色眼镜对外看咯！""有这么'批评'人的吗？"我心里有个声音比说话声还大——"我'谦恭不足',就是我总是自以为是咯？不过,班主任也这么批评过我。这'小包'⋯⋯没说的,真是强啊！"

和她还真有说不完的话,但很快,我们都集中于会议厅了。今天做主持的,是姚评委。

姚评委：我们开始今天的讲评活动。听说有人对这次闯关的问题很有意见。同学们,很早以前,出国的人看到人们去买菜,居然带着计算器,尤其是营业员也带着,感到很稀奇。那么不起眼的计算,用不着纸和笔,还不是三下两下就出来了。现在,恐怕即使很简单的计算,很多实际的情况是,确实离不开计算器了。大家不要误解,以为是反对不反对用计算器。从古往今,计算工具,比如算盘,以及不用计算工具在民间流行的速算法,由于现实频繁计算的需要,形成了不少很实用简单的方法。现在计算器使用已经很普及了,搞速算有意义有必要吗？这个问题,今天当然不去讨论。

那么讲了这么个开场白,什么精神呢？第一,"估算"是一种能力与机敏性,一些遇到的计算问题,有些即便用计算器,也未必形成有效计算,或者造成用时的被动,比如战场上或突发事件等。第二,与理论问题相关的数学行为或计算现象,了解、应用相关的理论知识,有的放矢,效果截然不同。我们还记得上次活动的"一笔画"吗？了解那个判定的原理是不是很有必要哇？

"是!"(我又情不自禁嚷起来,还好……)

姚评委:是不是哪位同学知道些其中的一些道理,先上来讲讲啊?

"我来试试——"(哎呀,举手的是那个"小包")

包选手:我是准备考文科的。数学的学习情况嘛——马马虎虎!夏令营前,我爸爸给我准备了一些数学方面的书和杂志,说最好在此之前好好地看看。真是巧了,因为有篇杂志时间上特别早,我好奇,看了,还真用上了。

有篇文章提到了一个概念,叫做"算术和"。"数字和"我们知道,就是把一个正整数的数码全部加起来得到的那个结果。**"算术和"**则是,如果那个数不是一位数,再继续这一过程,直到结果是一位数。这个"和",就叫做"算术和"。

(这不就是"第二回合"的猜数中……)

有不少数的性质与"数字和"相关,有没有哪位同学说一些呀?

("整除性……")

("你自己说吧,别多费时间了!")

(我倒倾向于讨论讨论。互动嘛!——哦,有举手的。说是也姓 bao,——噢,"鲍")

鲍选手:数的数字和是 3 的倍数,这个数能被 3 整除。是 9 的倍数,则能被 9 整除。另外,奇数的数字和与偶数的数字和的差是 11 的倍数,这个数是 11 的倍数。还有,对于刚才关于"估算"的说法,我想举个具体的例子:比如今年是 2012 年,请问是平年还是闰年?

("闰年!")

对!为什么是闰年呢?2 012 能被 4 整除。为什么能被 4 整除?因为 12 是 4 的倍数,即末两位数是 4 的倍数。如果对于很大的数去判断,意义就明显了。这不也是"估算"的一种形式吗?

("好!很好!"不仅"小包"说好,姚评委也肯定。)

包选手:我们再来看"算术和"吧!算术和比数字和性质更多,其实应用面也更多。就简单归结一下吧!不证明什么的了。下面提到的**数**,不特别说明,都是指正整数;性质相类时适当合并:

> **相关说明:**以下根据梁开华《数字、数字和及算术和》演绎。

性质 1:把一个数的各位数字任意交换,算术和不变;乘以 10 的正整数次幂,算术和不变;在一个数的任意数位之间插入数字 0 或 9(的正整数倍数),算术和不变;任意去掉这个数中是 0 或 9 的数字,算术和不变。

正基于此,计算一个数的算术和,可尽量去掉数字 9,或其和是 9 的几个数字。这一原理,也就是所谓"**弃 9 法**"。

性质 2:一个数的 9 的正整数倍数的算术和是 9。

性质 3:一个数的算术和等于这个数除以 9 所得的余数。

这既是求算术和的另一个方法,也统一于整除性原理。对于数 A,ssh A 表示它的算术和。**ssh** 分别是"算术和"3 个字的声部的第一个字母;且不妨按汉字去读。性质 3 就是 ssh $A \equiv a (\bmod 9)(0 \leqslant a \leqslant 8)$。

分析一个数 A 除以数 m 的各种情况,可简述为:**数 A 对模 m 的分类**。

(姚评委插话:"'模'的概念我们已在多个知识点中遇到过了。这里是'数论'中的意义")。

对 2 的分类就是奇偶数。

性质 4:也就是,除法以外的四则运算,包括乘方运算,都具有算术和的运算性质。所以,比如第 1 题,**3 294×1 234**,由 ssh 3 294 = 9,当然 ssh(3 294×1 234) = 9;答案 B 或 D:**4 064 796** 与 **4 964 796** 的算术和 ssh 4 064 796 = ssh 4 964 796 = 9,A、C 不是。由估算,排除 D,选择 B。

性质 4 中提到的算术和的乘方运算性质,还可以进一步细化,以了解更多的计算规律。比如第 10 题,其实 ssh(5^{12}) = ssh 244 140 625 = 1,B 正确。A、C、D 仅首位数与 B 不同,导致算术和不对。但是,**5^{12} = 244 140 625** 数比较大,如果知道其算术和是 1,那么解题当然很有利。事实上,ssh 2^{12} = ssh 4^{12} = ssh 5^{12} = ssh 7^{12} = ssh 8^{12} = 1;ssh 3^{12} = ssh 6^{12} = ssh 9^{12} = 9,也就是说,12 次幂的算术和,不是 1 就是 9。所以第 10 题因此很容易判断。

在表达上,ssh(A^{12}) = ssh^{12}A,意义是一样的。

进一步的细化通过列表可以看得更清楚:

ssh(ssh^{n}A) \\ sshA $\qquad$ n	1	2	3	4	5	6	7	8	9
1	1	2	3	4	5	6	7	8	9
2	1	4	9	7	7	9	4	1	9
3	1	8	9	1	8	9	1	8	9
4	1	7	9	4	4	9	7	1	9
5	1	5	9	7	2	9	4	8	9
6	1	1	9	1	1	9	1	1	1

续 表

$\mathrm{ssh}(\mathrm{ssh}^n A)$ ＼ $\mathrm{ssh}A$ ＼ n	1	2	3	4	5	6	7	8	9
7	1	2	9	4	5	9	7	8	9
8	1	4	9	7	7	9	4	1	9
9	1	8	9	1	8	9	1	8	9
10	1	7	9	4	4	9	7	1	9
…	…	…	…	…	…	…	…	…	…

性质 5：$\mathrm{ssh}A = 1 \Rightarrow \mathrm{ssh}(A^n) = 1$。

性质 6：$\mathrm{ssh}A = 3r(r = 1, 2, 3) \Rightarrow \mathrm{ssh}(A^n) = 9$。

性质 7：$\mathrm{ssh}A \neq 3r(r = 1, 2, 3) \Rightarrow \mathrm{ssh}(A^{6m}) = 1$。

第 10 题正对应于性质 7。

性质 8 $\mathrm{ssh}(A^{6m+k}) = \mathrm{ssh}(\mathrm{ssh}^k A)(m \geqslant 1, 1 \leqslant k \leqslant 6, k = 1$ 同时 $\mathrm{ssh}A = 3$ 或 6 除外$)$。

可见算术和的指数运算是以 6 为周期重复呈现的。指数是 3 的倍数，尤其是 6 的倍数，值非常简单。

由 $\mathrm{ssh}A = a = \mathrm{ssh}(A - 9) = a - 9 = -b \Rightarrow a + b = 9$。

算术和也可以是 0 或负数，加上 9 还原。

性质 9 设 A' 是 A 任意调换数字得到的新数，$\mathrm{ssh}A = m$，则两者的差的算术和是 **9**。即

$$\mathrm{ssh}(A - A') = \mathrm{ssh}(m - m) = 0 + 9 = 9。$$

猜数的题正是应用了性质 9，即你告诉了对方计算的结果，比如是 r，"藏起"的数字就是 $9 - r$；如果 r 恰是 9，则"藏起"的数字是 0 或 9。

姚评委：包选手的讲解大家都听完了。很不错吧！可见有所准备与一无所知情况是大不相同的，成功对有准备的人有利。理性的学习更有助于知识的积累与能力的提高，理论指导实践，效果与效率天差地别。请大家重视这些，且尤其重视问题研究的方法，比如列表与归纳。

下面举一个稍微有分量的题，说明数字和、算术和不只是低档层次的应用。

例 证明：$x^{100} + y^{100} = 9k + 3$ 没有正整数解。

证明：由上述性质 8 及所列数表，

$$\text{ssh}(x^{100}+y^{100})=\text{ssh}(x^{6\times16+4}+y^{96+4})=\text{ssh}(x^4+y^4)\text{。因为 ssh}^4 t=\begin{cases}1,\\4,\\7,\\9\text{。}\end{cases}$$

所以 $\text{ssh}(x^4+y^4)\neq 3$。

即 $x^{100}+y^{100}=9k+3$ 没有正整数解。

这样证明，真是简明轻快。

好！今天就到这里。

● 参考文献

[1] 梁开华. 数字、数字和及算术和. 数学通报, 1980, 8.

挑 战 精 选 题

☆1. 用 $\overline{abcd}$ 表示 4 位数。如果 $a=b$，$c=d$；且 $\overline{abcd}=(\overline{xy})^2$，则 $\overline{abcd}=$ _____。

☆2. 证明 $x_1^{12}+x_2^{12}+\cdots+x_n^{12}=\underbrace{99\cdots9}_{k\uparrow}(2\leqslant n\leqslant8;x_i\text{ 互素}, i=1, 2, \cdots, n)$ 没有正整数解。

3. 已知数 $a+b+c+d=9$，求证 $a^3+b^3+c^3+d^3\neq10^m$。

4. （美纽约校际 1975）$x^5=656\,356\,768$，$x=$ _____。

5. （IMO17）$4\,444^{4\,444}$ 的数字和为 A，A 的数字和为 B，则 B 的数字和是 _____。

第 **3** 关 神奇的关联

——因数分解与因式分解

等我来到会议厅，曾评委已经开始讲话了。真遗憾，一道因数分解的题，居然分解不出来。那不是初中内容的知识环节吗？却难住我这个高中生。后来我才知道，这是前苏联的竞赛题呢！只不过按其中一个数据给出而已。开会之前，我还在纠结着，应怎么做。一个个值地试，不算个解法呀。时间又快到了，只得到会议厅。

曾评委：这一次，有同学给出了相当漂亮的解法。我们也特地把他叫来了，就请高学生来演示他的解法。

高选手：对于 101 010 101，不妨看作 $x^8 + x^6 + x^4 + x^2 + 1$。原数理解为十进位制数的一种表达。这样，因数分解由更具一般性的因式分解来解决。而且只须给出相乘的结构，也就是不要求在自然数域内分解到底。这样，就与问题分析相关。这个式子怎么分解呢？我们再变换一个问题：不知大家有没有做过这样的因式分解题：$a^4 + 2a^3 + 3a^2 + 2a + 1$。似乎有初中曾把它作为考试题考过。当然，做过没做过，理解与尝试的效果一定不一样。我们看，这个多项式相当工整，由此，它也应该是一个相当齐整的因式结构所组成。提到因式分解，往往总认为是两个或更多个通过尤其是提取公因式等方法获得分解。两个式子相同，即分解形成为平方的样式，一般不会向这方面去思考去尝试，因此往往分解不出来。其实，由系数可感知，这个多项式实质共九项，似应分解为三项与三项相乘的结果。又由其工整性，三项的内容是等可能的。所以，

$$a^4 + 2a^3 + 3a^2 + 2a + 1 = (a^2 + a + 1)^2 。$$

对照原第一项与最后一项，分解后的第一项与第三项是一定的，由此，第二项也是一定的。所以这个分解式可不假思索，一步到位。

（我心里想：你看看，你看看。似难非难的问题，到了人家会者不难的手里，怎么这么轻松简洁……）

高选手：这个问题，怎么和原问题关联起来呢？其实，很显然，

$$x^8 + x^6 + x^4 + x^2 + 1$$
$$= x^8 + 2x^6 + 3x^4 + 2x^2 + 1 - (x^6 + 2x^4 + x^2)$$
$$= (x^4 + x^2 + 1)^2 - x^2(x^2 + 1)^2$$
$$= (x^4 + x^2 + 1 + x^3 + x)(x^4 + x^2 + 1 - x^3 - x)。$$

写得规整一点,即原式 $= (x^4 + x^3 + x^2 + x + 1)(x^4 - x^3 + x^2 - x + 1)$。

也就是说,101 010 101 $=$ 11 111 $\times$ 9 091。其中 9 091 $=$ 10 101 $-$ 1 010。

(掌声,经久不息的掌声。)

曾评委:高选手分析讲解得很好。你先坐下去——

其实这是前苏联的一道数学竞赛题中的一个数。原题是这样的:

试证数列 10 101,1 010 101,$\cdots$,1 010$\cdots$101 中的每一项都是合数。

我们的题目,就是**对 101 010 101 在自然数域内分解(不必分解到底)**。

那么,受刚才高同学解题的启发,我们能不能顺着这样的思路,对这道竞赛题给出一个完整的解决过程呢? ——大家在底下做做看,然后做好的选手上来解答。

(顷刻,笔在纸上划出的沙沙声就像乐音,散落在会议厅。)

(不久,有人举手,报名,一位庞选手被曾评委叫上台来。)

庞选手:我认为高同学的问题解法给出了一个问题解决的普遍思路。其实这一思路在因式分解中的应用是相当常见的。比如

$$x^4 + x^2 + 1 = x^4 + 2x^2 + 1 - x^2 = (x^2 + 1)^2 - x^2 = (x^2 + 1 + x)(x^2 + 1 - x)。$$

不就是这样做的吗? 由此,比如

$$x^{12} + x^{10} + x^8 + x^6 + x^4 + x^2 + 1$$
$$= x^{12} + 2x^{10} + 3x^8 + 4x^6 + 3x^4 + 2x^2 + 1 - (x^{10} + 2x^8 + 3x^6 + 2x^4 + x^2)$$
$$= (x^6 + x^4 + x^2 + 1)^2 - x^2(x^4 + x^2 + 1)^2$$
$$= (x^6 + x^4 + x^2 + 1 + x^5 + x^3 + x)(x^6 + x^4 + x^2 + 1 - x^5 - x^3 - x)。$$

这样,一般地,当最高次指数值 $n = 4k$,$k \in \mathbf{N}^*$ 时,

$$x^{4k} + x^{4k-2} + \cdots + x^2 + 1$$
$$= x^{4k} + 2x^{4k-2} + \cdots + 2x^2 + 1 - (x^{4k-2} + 2x^{4k-4} + \cdots + 2x^4 + x^2)$$
$$= (x^{2k} + x^{2k-2} + \cdots + x^2 + 1)^2 - x^2(x^{2k-2} + x^{2k-4} + \cdots + 2x^2 + 1)^2$$
$$= (x^{2k} + x^{2k-1} + x^{2k-2} + \cdots + x^2 + x + 1)(x^{2k} - x^{2k-1} + x^{2k-2} - \cdots + x^2 - x + 1)。$$

代 x 为十进位制数的基 10,也就证明了对应数为合数。

这只是说明了指数……

曾评委:ok,下面继续说明……

秦选手:曾老师,下面的我来解——

曾评委:好! 这位同学上来继续做。

秦选手:刚才那位同学证明了 $n=4k$,对于 $n=4k+2$,$k\in\mathbf{N}^*$,其实可以把多项式分作两段。比如

$$x^6+x^4+x^2+1=x^4(x^2+1)+(x^2+1)=(x^2+1)(x^4+1)。$$

一般地,$n=4k+2$,$k\in\mathbf{N}^*$,

$$x^{4k+2}+x^{4k}+\cdots+x^2+1=$$
$$x^{4k+2}+x^{4k}+\cdots x^{2k+2}+x^{2k}+x^{2k-2}+\cdots+x^2+1=$$
$$x^{2k+2}(x^{2k}+x^{2k-2}+\cdots+x^2+1)+x^{2k}+x^{2k-2}+\cdots+x^2+1=$$
$$(x^{2k}+x^{2k-2}+\cdots+x^2+1)(x^{2k+2}+1)。$$

由此再转为数,两种情况相综合,前苏联的数竞题也就得到了完整的证明。

曾评委:很好! 你请坐。下面还有谁有什么说明或补充的吗?

(沉默片刻,高选手举手)

曾评委:好! 高同学,你说,或上来说。

高选手:

在上海旧版本教材《数学》高二年级第二学期书上第 95 页,有这样一道例题:

例 顺次计算数列 $1,1+2+1,1+2+3+2+1,1+2+3+4+3+2+1,\cdots$ 的前 4 项的值,由此猜测

$$a_n=1+2+3+\cdots+(n-1)+n+(n-1)+\cdots+3+2+1$$

的结果,并用数学归纳法证明。

书上有个帮助理解的图。我再表达得更充分些:

图 3-1 中的圆点被虚线隔开后,可以看得很明显,其对应的个数就呈现 $1,1+2+1$,$1+2+3+2+1,1+2+3+4+3+2+1,\cdots$ 这样,当然 $a_1=1^2$,$a_2=2^2$,$a_3=3^2$,$a_4=4^2$,$\cdots$,$a_n=n^2$。

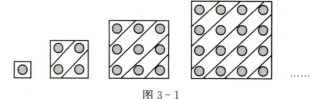

图 3-1

其实,把"点"的"形"与其个数的"数"结合起来,不仅形象好懂,更重要的,是体现一种思想方法与思维方式。比如,我们更进一步作有关运作与理解,还可有更为理想的发现:如果把数学表达中的加号略去,可怎么理解呢? 即

$$1,121,12\ 321,1\ 234\ 321,\cdots$$

那不就是多项式变换式的系数吗? 再把这样的系数理解为数,$121=11^2$,是大家熟知的。比如 1 234 321 可怎么理解是相关运算的结果呢:

也就是说,$1\ 234\ 321=1\ 111^2$。与数列的项联系起来,又相当于把"数":底数 4 变化为四个 1 连排。这又还原为相关多项式的系数。事物之间,存在这样神奇美妙的关联,使我们感到,数学是相当有趣的;数和形及其关联与规律,表明数学的潜在特征是相当丰富的;再基于此,数学就像一直说起的那样,其应用是极为广泛的。

```
   1111
   1111
  1111
 +1111
─────────
 1234321
```

曾评委:刚才高同学的解法与解说,表明对事物,也就是对面临的问题,深刻细致的观察、探究与思考。这也验证了这样的说法,事物与问题呈现的表象,往往存在一定的关联、特点与规律,问题就在于怎么认知、怎么发现。发现的过程看来似乎神秘,其实有时间与功夫蕴含的必然性。这也告诉我们,应该怎么学习,应该怎么不把学习视为负担。我们可看到,其实高同学的解,都是由书上的例题,也就是教材上的内容发散开去的。越是学得有条理有章法肯探究肯思考,其实就越是学得轻松学得愉悦,学有所得,乐在其中。

下面大家休息一下,10 分钟以后我们继续作有关评议。

……

曾评委:刚才我们解决的问题,与素数、合数有关。素数问题是相当古老的传统的数学问题,在社会发展的长河中,素数问题一度是数学问题中最热门的分支之一,很多的一流数学家,一生探究素数中的顶尖难题乐此不疲,这样的猜想、话题与故事,一直延绵到近、现代。像华罗庚、王元、陈景润等我国杰出数学家,都是以在数论、在素数问题上的优秀成果奠定学术上的突出地位的。当然素数问题与现实中的数学问题,与中学数学关联不是很多,我们今天以最概略的方式,说说与素数相关的较为实用以及有信息、认知价值的一些问题。为时间计,就不作互动讨论了。另外,这些介绍,只是为了增加认知,激发学习的兴趣和动力,不是鼓动大家去痴迷于其中的问题诱惑,也去作几乎无谓的研究与思考。大家现在主要的首要的任务是求学,是学习,是为将来的奋发打基础。对有志于此者

当然也不反对,也应鼓励,但更应清醒学好当下的知识。

◆ 哪些数是素数。先人给出了"**筛法**",且有比如 2 000 以内、4 000 以内等素数表可供查找;也可以对于 p,逐一检验能否被 $\sqrt{p}$ 内的素数整除。有些较大的自然数是不是素数,有些较明显较重要的结论是不是知道,还是说一说比较好。

——全部由 1 构成的数,哪些是素数,哪些不是呢? 11 是素数,令人意想不到的是,下一个素数是 $\underbrace{11\cdots1}_{23个}$;

——1 234 567 891 是素数;

—— 开始的题目中,第 1 个数是 10 101,可见 101 是素数。

◆ 一些关系式与结论。

——m 是自然数,在 $m\sim2m-2$ 之间,至少存在一个素数;

——素数有无穷多,至今不存在单纯给出素数的公式;

——形如 $F_n=2^{2^n}+1,n\in\mathbf{N}$ 的素数叫做**费尔马素数**。费尔马这个做律师的几乎是最了不起的 17 世纪法国业余数学家,他曾"吹牛"他的那个式子是素数公式,遗憾的是,被瑞士至今都不愧为最伟大的数学家欧拉指出,当 $n=5$ 时,它有因数 641。按理说,这个表达式就废掉了,费尔马因之会很狼狈。但数学上的轶事就那么出人意料,鬼使神差。数学王子高斯的一个定理使费尔马的表达式重放异彩。高斯说,当用圆规直尺对圆周任意 n 等分时,能够作图取决于 n 是素数。也就是说合数不成问题。但比如 $n=7$ 就不能作出。什么样的素数能够作出呢? 这就是费尔马素数。比如 $n=0,1,2$,分别是 $F_0=3,F_1=5,F_2=17$。对圆周 3 等分、5 等分早已解决,而高斯给出了对圆周 17 等分的作图过程。高斯对什么样的素数能够尺规等分圆周是作出证明的,即不是嬉闹说笑的。因之,许多专业、业余数学家就忙乎起来。终于有人作出了圆周的 $F_3=2^{2^3}+1=257$ 等分,80 页稿纸;且确有其人作出了圆周的 $F_4=2^{2^4}+1=65\ 537$ 等分,手稿整整一手提箱,现仍存放于大英博物馆。费尔马素数是不是非同一般哪? 高斯死后的纪念碑,就是正十七棱柱形的。

——形如 $M_n=2^n-1$(n 是素数)的素数叫做**默森尼素数**。默森尼是同时代法国的数学家,是大数学家笛卡尔的同学。——可见那个时代法国数学界的实力。探求它的解也使专业、业余的数学家们为之癫狂。即便动用了最现代的电子计算机,解也不过弄出四十来个。那最后面的,已是大得不得了了。后面还有吗? 无穷多吗? 不知道!

——费波那契数列几乎人所共知。即 $1,1,2,3,5,8,13,21,\cdots$ 满足 $u_{n+2}=u_{n+1}+u_n$。里面哪些是素数呢? 据说至今只弄出 16 个。到底有没有了? 有多少? 不知道!

——还是那个费尔马,有他的小定理。费尔马大定理这里就不赘述了。小定理是指:p 是素数,a 是任意整数,a^p 除以 p 的余数是 a。即 $a^p\equiv a(\bmod p)$。

——威尔逊定理:$n\in\mathbf{N}(n>1)$ 是素数的充要条件是 $(n-1)!\equiv-1(\bmod n)$。其中 $m!$

即 m 的阶乘,想必大家应该知道,就是 1 到 m 的连乘积。比如 7！＝5 040。因之,这个定理不具应用意义。

——$4k+1$ 型的素数能够唯一地表示为两个正整数的平方和,即 p 是素数,$p \equiv 1(\bmod 4)$,则 $p = a^2 + b^2$。又 $pq = (a^2 + b^2)(c^2 + d^2) = (ac \pm bd)^2 + (ad \mp bc)^2$。由此倒得出一个合数的判定方法:只要 m 有两种以上表示两个正整数平方和的方法,m 就是合数。而且这样的合数不含 $4k-1$ 因子。比如 101 是素数,$101 = 10^2 + 1^2$,707 就没办法表示为两个正整数的平方和。

——另外,如果 n 是合数,其分解式 $n = p_1^{l_1} p_2^{l_2} \cdots p_k^{l_k} (k \in \mathbf{N}^*)$ 是唯一的和确定的;且共有因式 $(l_1 + 1)(l_2 + 1) \cdots (l_k + 1)$ 个。

◆ 有关重要猜想

比如孪生素数 $(p, p+2)$ 猜想:孪生素数是有限的,还是无穷多的;哥德巴赫猜想:每一个充分大的偶数可以表示为两个素数的和,等等。尤其是哥德巴赫猜想,仍是迄今最著名最困难的数学猜想。陈景润的"筛法"及其"1+2"定理,即一个是素数,另一个是两素数相乘,至今世界领先。相关介绍及其他内容,大家有兴趣可自己阅读相关书籍。

也许有人要问,素数问题那么抽象,很少与现实问题搭界,有什么用啊? 至少有这些应用意义:(1) 显现智力水平;(2) 显现科技水平。比如利用计算机计算,时代不同,方法与效果不同;(3) 刺激数学的新方法新知识体系的诞生与完善;(4) 直接应用。比如大素数用于计算机加密的安全可靠……

今天就简述到这里了。

● 参考文献

[1] 王元.谈谈素数.1 版.上海:上海教育出版社,1978.

[2] 梁开华.重视例题教学的知识串联与变换机巧.数学教学,1997,5.

挑 战 精 选 题

☆1. 编写程序输出 12345678987654321。

2. (世界城市数竞·1999)证明存在无限多个正奇数 n,使得 $2^n + n$ 不是质数。

3. (奥地利数竞·2005)确定所有的三元正整数组 (a, b, c),使得 $a+b+c$ 是 a,b,c 的最小公倍数。**注意**:a, b, c 互不相等。

4. (捷克、捷克斯洛伐克数竞·2006)求所有的由不同质数组成的三元数组 (p, q, r),满足 $p \mid (q+r)$,$q \mid (r+2p)$,$r \mid (p+3q)$。

☆5. 证明 $x^4 + x^3 + x^2 + x + 1$ 在整数域内不能因式分解。

第4关 无所不在的蝴蝶
——蝴蝶定理

今天的闯关题，是解析几何证明题。如图1，椭圆中，两弦 AB、CD 的焦点 M 在 y 轴上，PQ 过 M 平行于 x 轴，交 AC 于 I，BD 于 J。证明：$|IM| = |MJ|$。

曾听老师说起，解析几何中有很多的平面几何知识元素。尤其是平行、中位线、等腰三角形"三线合一"等。这图形的样子，我也知道很像是"蝴蝶定理"。但这是解析几何题呀。然而，本来做解析几何题，就怕烦，对令人头疼的计算犯怵。怎么办呢？偏偏遇到这样的题了。列（直线）方程，联立，求交点，再……不亦苦乎！到头来，勉勉强强算出来了。基于对平面几何解题的兴趣，到会议厅听讲评吧。噢哟，黑压压一片，

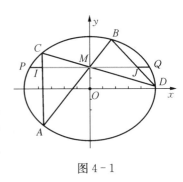

图 4-1

固然大部分代表和我一样，是想多学学、听听，但据我估计，今天大家做的情况不理想。不久，讲评开始了。

汪评委：我们今天做的题，图形结构大家很熟悉，椭圆里面一只美丽的蝴蝶！蝴蝶可以说是最迷人的昆虫，民间流传有最动人的故事与传说，这里我们就不多细述了。另外说一点，就是"蝴蝶效应"，大家知道吗？（"知道！"是啊，这"蝴蝶效应"，至少都听说过，阅读时看到过。）"一只南美洲亚马逊河流域热带雨林中的蝴蝶，偶尔扇动几下翅膀，可以在两周以后引起美国德克萨斯州的一场龙卷风。"这表明事物间的相互影响，即便很细微，也可能产生相当大的作用。由此联想到我们的学习，要重视基本知识、重要环节以及相关细节。我们这里提到的"蝴蝶定理"，看看在相关图形结构里，是不是会形成问题关联的"龙卷风"！对于平面几何的"蝴蝶定理"，有没有哪位选手知道证明，来板演一下吧。

选手1：如图4-2，$AB \perp CD$ 于 M，$OE \perp AC$ 于 E，$OF \perp BD$ 于 F；分别 M、I、E、O，M、O、F、J 四点共圆。显然 $\angle 1 = \angle 2$，$\angle 3 = \angle 4$，从而 $\alpha = \beta$，由三线合一。$\triangle IOJ$ 是等腰三角形。所以 $IM = MJ$。

选手 2：其实未必 $AB \perp CD$，如图 4-3，由 $\triangle CAM \backsim \triangle BDM$，

$$\frac{MA}{MD} = \frac{\frac{1}{2}CA}{\frac{1}{2}BD}, \angle A = \angle D \Rightarrow \triangle MEA \backsim \triangle MFD。\angle 1 = \angle 2 \Rightarrow \alpha = \beta \Rightarrow IM = MJ。$$

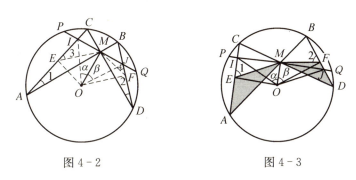

图 4-2 　　　　　　　　　图 4-3

汪评委：很好！证明的原理是，由等腰三角形三线合一，把证明线段相等转化为证明角度相等；这对于圆的问题，角相等的可能性多些。构造四点共圆更增多了角度相等的机会。AB、CD 不垂直时，相似三角形的形成有些讲究。高中数学虽然不再有平面几何，但平面几何的逻辑推理性思维仍是很重要的。高考的选考内容中，有平面几何的内容设置。可见教育理念对平面几何这一块，还是不忽略的。一个令人深省的学习现象是，许多走出校门的学子多少年后，许多数学知识都已淡忘，但是平面几何问题的功底犹在——这就是逻辑推理思维方式蕴含的意义。

我们回到原题的证明上来。能不能利用圆的"蝴蝶定理"的证明方法，去解决椭圆问题的论证呢？我们欣喜地发现，有些选手是这样做的。通过"压缩变换"，如图 4-1 的图形，横向不变，纵向拉伸，也就是令 $\begin{cases} x' = x, \\ y' = \dfrac{a}{b}y。 \end{cases}$ 使椭圆变化为圆，如图 4-4。在"压缩变

换"中，直线相交，线段的相等关系等，是不会改变的。我们给出题目的条件，"蝴蝶"的"触须"PQ 是平行于 x 轴的，这只是为了降低问题解决的难度。那么如果不平行——椭圆与圆毕竟不同——还存在蝶形定理吗？见图 4-5，椭圆中心与"触须"中心连线垂直于"触须"时，左边的"触须"似比右边的"短"嘛！是不是"蝴蝶定理"不成立呢？请注意：在"压缩变换"时，角度不一定保持不变。如图 4-1 的垂直关系，"压缩变换"不影响；但如图 4-6，椭圆中心与"触须"中心连线与"触须"不垂直，如果我们使"触须"左右等长，"压缩变换"恰把椭圆"拉"成圆时，见图 4-7，两者垂直了。这就是椭圆"蝴蝶定理"的特殊性。图 4-1 避免了这一情况。

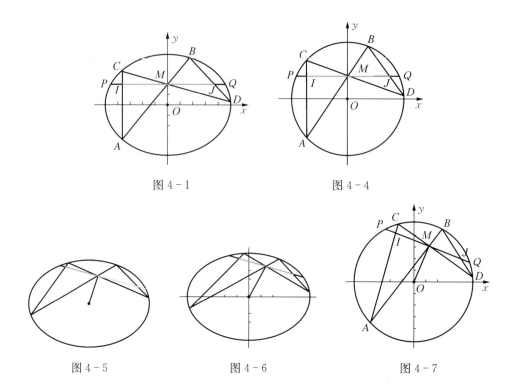

图 4 - 1　　　　　　　　　　　图 4 - 4

图 4 - 5　　　　　　　图 4 - 6　　　　　　　图 4 - 7

　　"蝴蝶定理"存在于椭圆,双曲线与抛物线中有没有呢? 如图 4 - 8,$|PM| = |MQ|$ 时,不仅有 $|IM| = |MJ|$,还有 $|EM| = |MF|$。其中 E、F 分别是双曲线的渐近线与直线 PQ 的交点。这道理其实也很简单:对于双曲线 $b^2 x^2 - a^2 y^2 = a^2 b^2$, M 是 PQ 的中点;当然对于渐近线 $b^2 x^2 - a^2 y^2 = 0$,由方程与中点公式,M 也是 EF 的中点。

　　对于抛物线,如图 4 - 9,弦 AB、CD 的交点在轴上,$|PM| = |MQ|$ 时,当然 PM 垂直于轴,也有 $|IM| = |MJ|$。同样,交点如不在轴上,只要 $|PM| = |MQ|$,就有 $|IM| = |MJ|$。

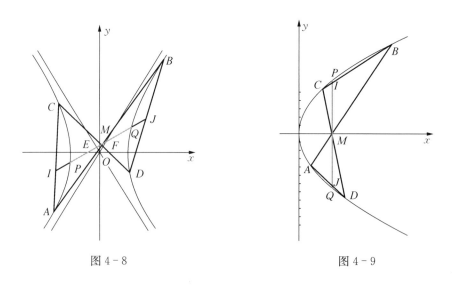

图 4 - 8　　　　　　　　　　　　　图 4 - 9

可见"蝴蝶定理",不只存在于圆内;也不只同时存在于椭圆。因为椭圆与圆的图形结构最相近。圆锥曲线中,都存在"蝴蝶定理"。注意重要的条件:**"触须"中心是曲线弦的中点**。且我建议,圆锥曲线的"蝴蝶定理",我们都争取能用解析几何方法证明出来。

既然我们说"蝴蝶定理"无所不在,显然它的成立不局限在(圆锥)曲线的图形里。我们是否先休息一下,然后看看"蝴蝶定理"在相关多边形结构里,是不是也都能存在,也都能成立。

……

汪评委:在多边形里,正方形、矩形、菱形、平行四边形,直至筝形(对角线互相垂直,有一条被平分于交点的四边形)、梯形、一般四边形,都存在有"蝴蝶定理",见图4-10~4-15。同样注意"触须"中心是相关线段——往往是四边形的一条对角线——的中点。真是无所不在的蝴蝶呀!

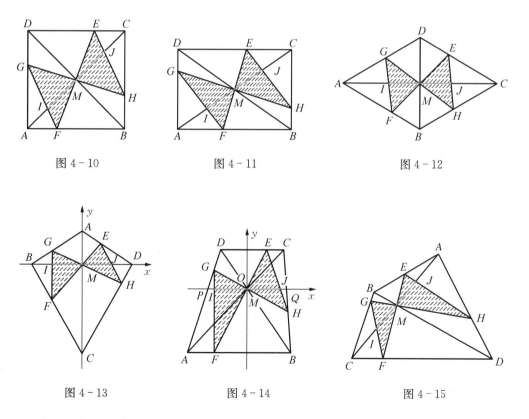

图4-10　　　　　　图4-11　　　　　　图4-12

图4-13　　　　　　图4-14　　　　　　图4-15

董新民、李刚(《中学数学》1993.4.)在正方形之中"找"出了"一只迷人的蝴蝶",见图4-16A,且指出"框架"也可变化为平行四边形(图4-16B)。其中O_1,O_2,O_3是相关边的中点。

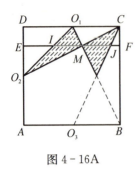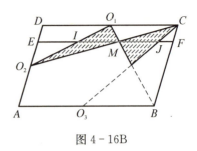

图 4 - 16A   图 4 - 16B

其实在正方形内，"蝴蝶"几乎可以在任意位置变大变小，自在飞翔，就像七十二变的孙悟空腾挪其内。如图 4 - 17，O_1，O_2，O_3 未必是边的中点，只须 $O_2G \parallel O_1C$ 即可；如图 4 - 18各图，情况、条件怎么改变，看得很清楚，没有必要细述了。

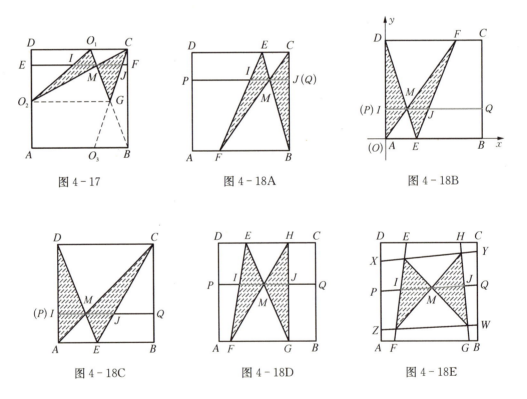

图 4 - 17   图 4 - 18A   图 4 - 18B

图 4 - 18C   图 4 - 18D   图 4 - 18E

三角形中的"蝴蝶定理"怎么理解呢？如图 4 - 19，只要 $DE \parallel BC$，蝴蝶立刻产生。比如我们设 $|IM| = x$，$|MJ| = y$；$|BC| = a$，$|DE| = b$ 以及三角形相似，很快证得"蝴蝶定理"。即

$$\frac{x}{a} = \frac{DI}{DB}, \frac{y}{a} = \frac{EJ}{EC}; \frac{DI}{DB} = \frac{EJ}{EC} \Rightarrow x = y.$$

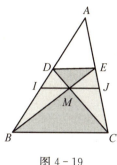

图 4 - 19

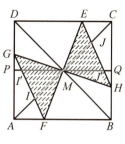

图 4 - 20

又有 $\dfrac{x}{a}=\dfrac{DM}{DC}$，$\dfrac{y}{b}=\dfrac{CM}{CD}$；$\dfrac{x}{a}+\dfrac{y}{b}=\dfrac{DM+CM}{CD}=1$，$x\left(\dfrac{1}{a}+\dfrac{1}{b}\right)=1$。所以 $x=$

$\dfrac{1}{\dfrac{1}{a}+\dfrac{1}{b}}$。

所以 $IJ=\dfrac{2}{\dfrac{1}{a}+\dfrac{1}{b}}$。对照图 4 - 14 的梯形，这里图形产生蝴蝶的过程要简单得多。即

"触须"长是**梯形上、下底的调和平均数**。

这样，同一框架结构内"飞"出不同"蝴蝶"的变化情形非常容易出现。又比如图 4 - 20 正方形中的"蝴蝶"，如果过点 M 再作一条底边的平行线，则一只"蝴蝶""长"出了两对"触须" IJ，$I'J'$。

真是无所不在的蝴蝶！真是千变万化的蝴蝶！真是无与伦比的蝴蝶！

有什么新的发现，我们还可以继续交流。

今天的活动就到这里。

● **参考文献**

梁开华. 无所不在的蝴蝶. 河北理科教学研究,1993.

挑 战 精 选 题

1. 证明如图 4 - 18E 中的蝴蝶定理。

2. 证明筝形中的蝴蝶定理(此为 1990 年高中数竞冬令营选拔题)。

3. 证明梯形中的蝴蝶定理。

☆4. 任意四边形一条对角线互相平分,证明其中的蝴蝶定理。

☆5. 证明抛物线中的蝴蝶定理。

第 **5** 关 让人着迷的正方形
——平方数

　　今天的过关测试很有趣,每人一个棋盘似的木板,上面 50×50 个交叉点;一个盂状的藤盒,里面共有 1 105 颗围棋子。题目是,把所有围棋子在木板上放置出两个正方形,然后写出所有的解。就是说,解☆ $x^2+y^2=1\,105$ 咯! 平方数的重要性这我知道,之后还特地记住了 30 以内的平方呢! 末两位数不过 22 种形式;比如 $12^2,38^2,62^2$,末两位数一样的,是 44。唯一两个数字一样的。这些很容易掌握。但现在又没有计算器,又没有纸和笔;摆出一个正方形,再摆另一个,看起来不费事,其实也怪麻烦的。另外,规定的时间并不多。哎呀! 厅内"哗哗哗"全是围棋子摩擦木板的声音。这样吧,差不多各一半,摆摆看,能不能搞出个解。摆放些时,嗨——真弄成个解啦! "围棋盘"似的两个角部,一边 23^2,一边 24^2。我莫名兴奋,又继续摆弄第二组解,再一看,已有人交卷了⋯⋯

　　大厅内,开始讲评了。今天是杜评委。由于提问、解说问题的互动过程络绎不绝,就拣重要的浓缩地记录整理吧!

　　◆ 正方形对应于平方数,今天的问题相当于把一个数(也就是正整数了,以后凡此不再细作说明)表示为两个平方数的和。那么,是不是不论什么数都能这样做呢? 有什么规律性的内容呢? 数分素数与合数;素数的情况搞清楚,合数也就是相乘吧! 我们可以把素数分为两类:$4k+1$ 型的与 $4k+3$ 型的。注意:

　　● **只有 $4k+1$ 型的素数能够表示为一个奇数和一个偶数的平方和。$4k+3$ 型的素数不能**。("为什么"?)这里不讲为什么,不要岔! 且我提议,杜评委,把这作为课外练习。

　　当 p 为 $4k+1$ 型素数时,$p=a^2+b^2$ 是**唯一**的。

　　● q 也是 $4k+1$ 型素数,比如 $pq=(a^2+b^2)(c^2+d^2)$,能不能还表示为两个平方数的和呢? 能! $pq=(a^2+b^2)(c^2+d^2)=(ac+bd)^2+(ad-bc)^2$。("改变符号呢?")是的,同时 $pq=(ac-bd)^2+(ad+bc)^2$。所以两个相乘就有两种不同的表示方法。大家说说,三个相乘有几种表示方法?("四种!")所以今天的问题就看 1 105 的分解情况了。有因数 5；剩 $221 = (15^2 - 2^2) = (15+2)(15-2)$。所以 $1\ 105 = 5 \times 13 \times 17$。这几个数表示为两个数的平方和很容易：$5 = 2^2 + 1^2$；$13 = 3^2 + 2^2$；$17 = 4^2 + 1^2$。就按刚才给出的方法，算呗！所以

$$1\ 105 = 31^2 + 10^2 = 32^2 + 9^2 = 33^2 + 4^2 = 24^2 + 23^2。$$

（怪不得那么快就交卷了呢！这解也怪有意思的，四个解中居然出现三个连续的数：$31,32,33$；早知道这样去摆，不亦快乎！）

> 掌握了理论的理性的知识，再实践再练习，问题往往就比较容易，甚至很简单了。

杜评委：正方形很美，平方数很常见，关联知识与问题也非常地多，请大家说说你所知道的与平方数相关的结论与常识。

◆ 对数模 3 分类，$(3k+2)^2 = 9k^2 + 12k + 4 \Rightarrow 3k' + 1$。因此，

○ 平方数不会是 $3k+2$ 型数；

○ 也不会是 $4k+2,\ 4k+3$ 型的数；

○ 以及不会是 $5k+2,\ 5k+3$ 的数。等等。

○ n^2 与 $(n+1)^2$ 之间，不存在平方数。所以 $n^2 + 1$，$n^2 + n$，$n^2 + 2n$，$n^2 + n + 1$ 等，都不是平方数；

○ $n^2 + n = n(n+1)$，是连续的两个数相乘；其实连续的三个数、四个数相乘，都不是平方数。……

杜评委：等等，是不是我们看些例子，用这些知识解决一些问题呀？刚才那位（李）同学，你能不能证明你说的命题结论。

李选手：先看连续的三个数相乘不是平方数。这三个数为 $(2m-1)2m(2m+1)$ 时，则彼此互素，因此，必须分别为平方数；但它们分别是 $3k$，$3k+1$，$3k+2$ 型的数，$3k+2$ 型的数不会是平方数；或左右相乘，得 $4m^2 - 1$ 是 $4k+3$ 型数，不是平方数。又这三个数为 $2m(2m+1)(2m+2)$ 时，即便 $2m+1$ 是平方数，提取公因式，$m(m+1)$ 不是平方数。

四个数时，设为 $x = n(n+1)(n+2)(n+3)$，然后一头一尾与中间两个分别相乘，即

$$x = n(n+1)(n+2)(n+3) = (n^2 + 3n)(n^2 + 3n + 2)$$
$$= (n^2 + 3n)^2 + 2 \cdot (n^2 + 3n)。$$

相当于 $m^2 + 2m$，当然不是平方数。

杜评委：很好！其实，只要是**连续的正整数相乘**，不论多少个，**总不是平方数**。我下

面再给大家出个题目,看看能不能做出来:

(单墫,初等数论的知识与问题之第二编,题 24)p 是质数(即素数),有一个自然数 $n > 1$,满足

$$n \mid (p-1), \quad p \mid (n^3 - 1) \quad (\text{即 } p-1 \text{ 含 } n \text{ 因子},\ n^3 - 1 \text{ 含 } p \text{ 因子}),$$

证明:$4p - 3$ 是平方数。

(半晌,终于有人上去做了)

倪选手:$4p - 3$ 肯定是奇数,因此,

$$4p - 3 = 4(p-1) + 1 \leftrightarrow (2m+1)^2 \Leftrightarrow p = m^2 + m + 1。$$ 就是说,这里的质数结构应当是这样的。

$$p - 1 = m(m+1) \Rightarrow m \mid (p-1),\ \text{表明 } p > m;\ \text{由 } (m^2 + m + 1)(m - 1) = m^3 - 1,$$ 当然 $p = m^2 + m + 1 \Rightarrow p \mid (m^3 - 1)$。

这样互逆的过程,表明 $4p - 3 = (2m+1)^2$ 能成立,是奇数的平方。

(热烈的掌声)

杜评委:注意倪同学的解答,也显现了他的思维过程。往往我们遇到一个新问题,一旦似乎生疏,马上束手无策。其实好好想一想,做一做,也许未必不能解决。

我们休息一下,然后再集中讲评与平方数相关的问题。

(休息以后)

杜评委:我们继续平方数的解析。说三个问题:

第一个问题:什么样的数(的相关特征)不是(不存在)平方数;平方数有什么样的特点;怎么论证一个数是平方数。

关于什么样的数不是平方数,或相关特征不存在平方数,前面已有很好的讨论。还有:

● $n > 1$, $n!$(阶乘,$1 \sim n$ 的连乘积)不是平方数。

● **平方数的个位数字**,末两位数等特征就不说了。平方数的"算术和"ssh x^2——"算术和"的概念已经知道了吧!就是数模 9 的余数——不能是 2,3,5,6,8。即 ssh $x^2 \in \{1, 4, 7, 9\}$,ssh $x^2 \notin \{2, 3, 5, 6, 8\}$。

● **约数个数是偶数的数一定不是平方数**,当然约数个数是奇数的数一定是平方数。比如 35 有约数 1,5,7,35;36 有约数 1,2,3,4,**6**,9,12,18,36。为什么会这样,因为平方数的平方根只出现一次(36~6)。

● **平方数满足** $n^2 = 1 + 3 + \cdots + (2n - 1)$。即 n 个从 **1** 开始连续的奇数之和。比如 $6^2 = 1 + 3 + 5 + 7 + 9 + 11$。学过数列的选手都知道。

● **平方数有这样的参数式**:

$$n \text{ 为奇数时},\ n^2 = \begin{cases} 120k + \begin{cases} 1^2, \\ 7^2; \end{cases} (15 \nmid n) \\ 360k + \begin{cases} 3^2, \\ 9^2; \end{cases} (3 \mid n,\ 5 \nmid n) \\ 600k + 5^2; (5 \mid n,\ 3 \nmid n) \\ 1\,800k + 15^2。(15 \mid n) \end{cases}$$

$$n \text{ 为偶数时},\ n^2 = \begin{cases} 60k + \begin{cases} 2^2, \\ 4^2; \end{cases} (15 \nmid n) \\ 180k + \begin{cases} 6^2, \\ 12^2; \end{cases} (3 \mid n,\ 5 \nmid n) \\ 300k + 10^2; (5 \mid n,\ 3 \nmid n) \\ 900k(15 \mid n)。 \end{cases}$$

这样表示的意义是,比如 $6k \pm 1$ 囊括了所有大于 3 的素数,则所有**不被 3 整除、个位数字是 1,9 的平方数可以表示为 $120k + \begin{cases} \mathbf{1}, \\ \mathbf{49}。\end{cases}$** $k \in \mathbf{N}$。对有关问题论证时,这样表示也许很有用。简单地举个例吧:比如个位数字是 5、能被 3 整除的平方数,10 000 以内有多少?由 $1\,800k + 225$,k 取 0 到 5,最多 6 个;其实 3 个(225,2 025,5 625)。

我们了解了上述知识,有些数学问题的解决会显得相当容易。比如:

Q 费尔马致某人的信写道:"请你证明一个命题,此命题我虽然相信是正确的,但我得老实承认,我还不能证明它:若 a,b 为整数,且

$$a^2 + b^2 = 2(a+b)x + x^2。$$

则 x,x^2 均为无理数。"

其实两边加上 $2x^2$,得 $(a-x)^2 + (b-x)^2 = 3x^2$。取模 4,不能成立吧! 那么了不得的大数学家费尔马,居然困惑于这样的问题,这与当时的认知格局有关。

Q 求方程 $x^2 + (x+1)^2 + (x+2)^2 = y^2$ 的整数解。

左边整理为 $3(x+1)^2 + 2$,为 $3k+2$ 型数,不是平方数。

Q (加拿大数竞·1969)证明没有整数 a,b,c 满足 $a^2 + b^2 - 8c = 6$。

$a^2 + b^2 = 2(4c+3)$。含 $4k+3$ 型因数。

Q $x^2 + y^2 = \dfrac{a^2 + b^2}{2}$ 一定有(正整数)解。

a,b 一奇一偶,$a^2 + b^2 = 2(x^2 + y^2) = (x+y)^2 + (x-y)^2$。当然有解。

Q 如果 $f(x) = x^2 + x$,那么没有正整数 a,b 满足 $4f(a) = f(b)$。

$$4f(a) = f(b) \Rightarrow 4(a^2 + a) = b^2 + b, \quad 4a^2 + 4a - (b^2 + b) = 0。$$

$$a = \frac{-4 \pm \sqrt{16(b^2 + b + 1)}}{8}。b^2 < b^2 + b + 1 < (b+1)^2。\therefore a \notin Z。$$

解二次方程依然是整数问题常用的判定手段。

第二个问题：怎样明确表示一个数为两个数的平方和的方法种数。刚才李选手已经说到，一个 $4k+1$ 型素数唯一地可表示为一个奇数和一个偶数的平方和；两个 $4k+1$ 型素数相乘有两种表示法；三个 $4k+1$ 型素数相乘有四种表示法；那么，一般地，

● 数 x 为 m 个 $4k+1$ 型素数相乘，有 2^{m-1} 种不同的表示为两个数的平方和的方法。**两个数总是一奇一偶**；

● 另含 2^l 结构时(不妨理解为 $2^l m$)，不改变表示法的种数。设有表示 $x = a^2 + b^2$，则 l 为偶数，只能 $x = 2^l a^2 + 2^l b^2$；l 为奇数，简化为 $l = 1$，即对于 $x = 2(a^2 + b^2)$，有

$$x = (1^2 + 1^2)(a^2 + b^2) = (a+b)^2 + (a-b)^2。$$

这时，已改变为两个奇数的平方和。总之，不增加方法总数；

● 数 x 允许含(或理解为增添) $4k+3$ 型素数因子，但必须按偶次幂出现，不改变方法种数，其特征同于 2^l，l 为偶数；

● 数 x 中的 **$4k+1$ 型素数因数为指数形式时**(或理解为增添相同底数)，简言之，对于 $x = p^l$，有 $\left\lfloor \frac{1}{2}(l+1) \right\rfloor$ 种表示法。$\lfloor y \rfloor$ 表示 y 的最大整数部分。比如 $l = 1$，$x = p = a^2 + b^2$；$l = 2$，$x = p^2 = (a^2 + b^2)^2 = (a^2 - b^2)^2 + (2ab)^2$ 还是一种表示法(若是 $(a^2 + b^2)^2 + 0$，不能算)；$l = 3$，$x = p^3 = (a^2 + b^2)^3 = [(a^2 - b^2)^2 + (2ab)^2](a^2 + b^2)$，有两种表示法，其中有一种就是 $x = (a^2 + b^2)^2 a^2 + (a^2 + b^2)^2 b^2$，所以看起来是三种，实质上还是两种；$l > 3$ 略。

这样，不论数 x 是什么样的正整数，可以含 2 的幂，不影响表示方法的种数；可以含 **$4k+3$ 型素数**，但必须按偶次幂表出，且不影响表示方法的种数，否则根本就不能表示为两个数的平方和；含 **$4k+1$ 型素数可以为指数形式**。

于是，撇开不影响方法种数的因数，对于

● $x = p_1^{l_1} p_2^{l_2} \cdots p_m^{l_m}$，有 $\left\lfloor \frac{1}{2}(l_1 + 1)(l_2 + 1) \cdots (l_m + 1) \right\rfloor$ 种表示法。指数都是 1，则

$$\left\lfloor \frac{1}{2} \underbrace{(1+1)(1+1) \cdots (1+1)}_{m\text{个}} \right\rfloor = 2^{m-1}。$$

第三个问题：再解题举例。先看一个题：

☆**例 1**　是否有 $n \in \mathbf{N}^*$ 存在，使 $2\,012 + 4^n$ 是平方数？

怎么思考与解决这个问题呢？不得要领的思维茫无头绪；偏重基础理论又易于烦琐化、走弯路。这也往往正是有些高手易犯的毛病。注意争取巧法巧解。

解：当 n 是偶数时，4^n 的个位数字是 6，$2\,012+4^n$ 的个位数字是 8，不可能是平方数；

当 n 是奇数时，$2\,012+4^n=2^2(503+4^{n-1}) \Rightarrow 503+4^{n-1}$ 应为平方数。但 4^{n-1} 的末两位数是 $\overline{\alpha 6}$，$503+4^{n-1}$ 的末两位数是 $\overline{\alpha 9}$，α 是奇数，$\overline{\beta 9}$（β 是偶数）才可能是平方数的末两位数。

解法二：开始时就提取 4，$2\,012+4^n=2^2(503+4^{n-1}) \Rightarrow 503+4^{n-1} \equiv 3 \pmod 4$。这样一步到位。

再看一个题：

例 2 （单墫，初等数论的知识与问题之第二编，题 78）正整数 m，n 同奇偶，$m>n$，且 $(m^2-n^2+1) \mid (n^2-1)$。证明：m^2-n^2+1 是平方数。

解：先说说对问题的感觉。有些题，条件简单，情况明朗，怎么解决它却似乎一头雾水。刚才那道证明 $4p-3$ 是平方数的例子，是不是开始时也是这样？那道题我们已经解决了，好歹能有所启示吧！另外，解题的境界与理念，就是怎么争取把条件、把可能对应的知识结构联系起来，应用起来。这样，朦胧中似乎有了些方向。

n^2-1 肯定不是平方数。因为 $(3,4,5)$ 是最小的勾股数。设为 kd^2，为什么含平方结构呢？这个"为什么"不用问了吧（笑声）！则 m^2-kd^2 是它的因子，又是平方数，简单起见，不如就是 d^2。由此，重设 $n^2-1=(k^2-1)d^2 \Rightarrow m^2-n^2+1=d^2$，即 $m^2=k^2d^2$。于是，$k^2d^2+1=n^2+d^2$。咦！这不是平方和结构吗？k，d，n 有解，即表明命题能够成立。

注意：数学中有一类问题，往往是理论上的，即符合相关的逻辑推理，不出现问题与矛盾即可。对应到现实即实际情况，远非那么简单，甚至完全不是那么回事。比如过直线外一点，只能作一条原直线的平行线。是一条吗？对的，但也未必是对的。问题就在于，什么叫直线？这就是理论上的。

本人费了"九牛二虎之力"，找到两个解：偶数时 $m=30$，$n=26$，$n^2-1=675$，$m^2-n^2+1=15^2=225$；$\dfrac{225}{675}=\dfrac{1}{3}$。符合题意；奇数时 $m=105$，$n=99$，$n^2-1=9\,800$，$m^2-n^2+1=35^2=1\,225$；$\dfrac{1\,225}{9\,800}=\dfrac{1}{8}$。符合题意。不信，你也找个解试试看！

或曰：怎么就是平方数呢？万一相关推理成立，但 m^2-n^2+1 不是平方数呢？我们继续探究。

m，n 同奇偶，所以 m^2-n^2+1 是奇数，设 $m^2-n^2+1=k_1d^2$，$n^2-1=k_2d^2$，$d>1$。

则 $k_1 d^2 \mid k_2 d^2 \Rightarrow k_1 \mid k_2$。$d$，$k_1$ 为奇数。有 $m^2 = (k_1 + k_2)d^2 = t^2 d^2$。$m$ 为奇数时，设 $k_2 = 2s k_1 \Rightarrow k_1(2s+1) = t^2$。$k_1 \neq 1 \Rightarrow k_1 = 2s+1$，但 $k_1 < 2s+1$；m 为偶数时，设 $k_2 = (2s-1)k_1 \Rightarrow k_1 \cdot 2s = t^2$。$k_1 \neq 1 \Rightarrow k_1 \neq 2s$。

综上述，除非 $k_1 = 1$，即 $m^2 - n^2 + 1$ 是平方数；否则，$(m^2 - n^2 + 1) \mid (n^2 - 1)$ 不能成立。

平方数固然属初等数论知识范畴，但在中学数学教学中也有很广泛的应用。王连笑《最新世界各国数学奥林匹克中的初等数论试题(上)》第 3 章中，有相当多关联平方数的题目，有兴趣的可以看看、做做。

("杜评委，您刚才对题 78 举了两个例，能不能再举一个呀!")

杜评委：好吧! 我们看前面两个解，$\frac{1}{3} \Rightarrow 4 = 2^2$，$\frac{1}{8} \Rightarrow 9 = 3^2$。那么，下一个解应该是——

$$\left("\frac{1}{15} \Rightarrow 16 = 4^2"\right)$$

对! 那么，怎么找解呢? 这需要了解"佩尔方程"的解。佩尔方程的专题还没有进行。时间关系，这么说吧：如果有适合二次不定方程 $x^2 - 1 = \sqrt{15} y^2$，是不是 n^2 即 x^2，以及 $k_1 d^2$ 看作 y^2，16 个 y^2 就是 m^2 啊! 先把适合方程的 x，y 找出来吧! 佩尔方程给解的原理，就是先得出一个最简单的解，然后其他的解再由这个解"孳生"(繁殖、衍化)出来。

> **注意**：这是个极为重要的一类问题的解题思想! 比如费波那契数列，$a_{n+2} = a_{n+1} + a_n$，知道 $a_1 = a_2 = 1$，不论哪一项都可以"孳生"出来。

很显然，这里最简单的解是 $(4, 1)$；其他解通过 $x_0 + \sqrt{15} y_0 = (4 + \sqrt{15} \cdot 1)^n$ 衍化出来。随着 n 的改变，$(4, 1)$，$(31, 8)$，$(244, 63)$，…，分别适合方程。这表明佩尔方程的解是无数的。由此，我们曾经找的两组解，$\frac{1}{3}$ 也好，$\frac{1}{8}$ 也好，其实也可分别是无数的。比如 $\frac{1}{3}$ 时，

$m = 30$，$n = 26$，$n^2 - 1 = 675$，$m^2 - n^2 + 1 = 15^2 = 225$；

也可以 $m = 418$，$n = 362$，$n^2 - 1 = 131\,043$，$m^2 - n^2 + 1 = 209^2 = 43\,681$。$\frac{43\,681}{131\,043} = \frac{1}{3}$。

$\frac{1}{8}$ 时，$m = 105$，$n = 99$，$n^2 - 1 = 9\,800$，$m^2 - n^2 + 1 = 35^2 = 1\,225$ 是解；

$m = 3\,567$, $n = 3\,363$, $n^2 - 1 = 11\,309\,768$, $m^2 - n^2 + 1 = 1\,189^2 = 1\,413\,721$ 也是解。

（科学真伟大,大海里真能捞到针!）

那么,什么是 $\dfrac{1}{15}$ 应得的解呢？注意 $m^2 = 16d^2$ 是偶数,因此,n 对应于 x 也是偶数。$x = 4$, $y = 1 = k_1 d^2$;但 $d > 1$。所以第一组解可以取 $x = 244$, $y = d = 63$。这样,即可得 $m = 252$, $n = 244$;$n^2 - 1$ 即 $244^2 - 1 = 59\,535 = 15 \times 63^2$, $m^2 - n^2 + 1 = 63^2$ 是平方数。

挑战精选题

1. 证明 $4k + 3$ 型(素)数不能表示为两个数的平方和。

2. 证明两个方程 $x^2 + 10ax + 5b + 3 = 0$, $x^2 + 10ax + 5b - 3 = 0$ 都没有整数根（$a, b \in \mathbf{Z}$）。

3. $\forall a, b, x \in \mathbf{N}^*$, $y = (3a + 2)b^2 + 3 \neq x^2$。

4. （美国数竞·1977）求满足 $x^2 + y^2 = 44^2 \times 10^2 \times 33^2 + 33^2 \times 5^2 + 5^2 \times 44^2$, 且 $x > y$ 的正整数数对 (x, y) 中的任何两对。

5. (1) 有没有正整数 n 使 $\sum\limits_{k=1}^{n} k!$ 是一个平方数;

(2) 数列 $\{a_n\}$ 满足 $a_1 = a_2 = 1$, $a_{n+2} = a_{n+1} \cdot a_n + 1$。证明：当 $n \geqslant 3$ 时, $\{a_n\}$ 中没有一项是完全平方数。

(3) 已知 $\{a_n\}$ 是素数数列,在 $a_1 + 1$, $a_1 a_2 + 1$, $a_1 a_2 a_3 + 1$, $a_1 a_2 a_3 a_4 + 1$, $\cdots$, 这些数中,哪些可写为两个整数的平方和?

第6关 耐人寻味的定理
——平方和、平方差与勾股数

今天先阅读相关资料——我想是进一步了解及体会相关知识内容吧！因为关于勾股数之类，几乎人所共知。但要求去看一定是有道理的。且耐心细致地看看——然后解题。

下面是文章内容：

平方和、平方差与勾股数

梁　灶

这里出现的数，一般都指（正）整数。平方和、平方差都是经常遇到的整数结构，与很多的重要知识内容相关联，包括这里提到的勾股数。

1. 关于平方和的命题与结论，笔者整理如下：

● 如果 p 是 $4k+1$ 型素数，可以唯一地表示为一奇一偶两个数的平方和。

● 对于同为 $4k+1$ 型的两个素数相乘，仍可以表示为两个数的平方和，成立有 $pq = (a^2+b^2)(c^2+d^2) = (ac \pm bd)^2 + (ad \mp bc)^2$，显然有两种表示方法。

● 单一的 $4k+3$ 型素数，包括它的正整数指数幂，不能表示为两个数的平方和。作为因数，必须按偶次幂结构；作为系数，表示为两个数的平方和，不增多表示方法。$x = a^2 + b^2$，则 $p^{2m}x \Rightarrow (4k+3)^{2m}x = (4k+3)^{2m}a^2 + (4k+3)^{2m}b^2$，形不成变化。

● $x = a^2+b^2 \Rightarrow 2x = (a+b)^2 + (a-b)^2$，不增多表示方法，两个数由一奇一偶转化为都是奇数。

● 2^t 作为因数，t 为奇数时，给出一个 2，否则，偶数幂的情况等同于 $4k+3$ 型素数。

● 设底数都是 $4k+1$ 型素数，$x = p_1^{l_1} p_2^{l_2} \cdots p_k^{l_k}$，☆共有 $\left[\!\left[\dfrac{1}{2}(l_1+1)(l_2+1)\cdots(l_k+1) \right]\!\right]$ 种不同的表示方法。关于表示方法种数的探究，似仅为笔者早已得出。

2. 关于平方差的命题与结论，似尚未见理想讨论，笔者整理如下：

● 奇素数 $p = 2m+1 = (m+1)^2 - m^2$。m 为偶数，p 是 $4k+1$ 型的；m 为奇数，p 是 $4k+3$ 型的。即素数可以唯一地表示为两个连续数的平方差；奇数大，p 是 $4k+1$ 型的；偶数大，p 是 $4k+3$ 型的。这似乎可以说是第一次关于 $4k+3$ 型素数表示为两个数的平方差的讨论。

● 对于同为 $4k+3$ 型的两个素数相乘，还可以表示为两个数的平方差，成立有 $pq = (a^2-b^2)(c^2-d^2)=(ac\pm bd)^2-(ad\pm bc)^2$，同样有两种表示方法。注意两个括号内的"$\pm$"连接改不同为相同。

● 与 $4k+1$ 型素数情况不同的是，2 不能作为因数出现改变表达了。也就是，2^t 作为因数，t 只能是偶数。即 $x=a^2-b^2 \Rightarrow 2^t x=2^t a^2-2^t b^2$，即一奇一偶两个数都成了偶数；反之，**两个奇数的平方差**也可以含 $4=2^2$ 因数，即此时有 $a^2-b^2 \Rightarrow 4a'b'$。不论两个奇数按 $4k\pm1$ 的哪种方式出现，一定 a'，b' 一奇一偶。

● 与 $4k+1$ 型素数情况不同的还有，$4k+1$ 型素数相乘，总还是 $4k+1$ 型素数；但 $4k+3$ 型的素数相乘，偶数个便成为 $4k+1$ 型的数。比如 21 是 $4k+1$ 型的，其实为 3×7，两个 $4k+3$ 型的素数相乘。由 $3\times7=(2^2-1^2)(4^2-3^2)=11^2-10^2=5^2-2^2$，不能以为 11^2-10^2 就是素数。3^2 也是这样，$3^2=(2^2-1^2)(2^2-1^2)=5^2-4^2$。还是一种表示法，形不成两种。这里的说明告诉我们，有些 $4k+1$ 型数本质上是 $4k+3$ 型的。

知道了这些知识原理，无疑是相当有助于解题的。

3. 关于勾股数的命题与结论，笔者先说说勾股定理与勾股数。世界各国的数学史，勾股定理总是很早就被发现的。中国还有个名称，叫"商高定理"，古希腊则叫做"毕达哥拉斯定理"。毕达哥拉斯是毕达哥拉斯学派的代表人物，其人及其学派对有理数数学有很大贡献。"毕达哥拉斯定理"被发现后，据悉宰了 100 头牛以示庆祝。这样的故事可谓家喻户晓。对勾股定理的证明，不下数百种，包括美国、法国总统等大腕政治人物。勾股数是适合勾股定理的整数解，自然更是"身价百倍"。与勾股定理、勾股数相关的著作，古今中外可谓多如牛毛。勾股定理尤其是勾股数的广泛应用太过普及，以致我国数学界泰斗华罗庚认为，地球村的居民与外星人联系，宇宙飞船上只要画上勾股定理、勾股数的图案即可。

再整理重要性质如下（一般无须作证明），有些仅为笔者提出：

性质 1：可倍性。对于勾股数 (A, B, C)，$k(A, B, C)=(kA, kB, kC)$ 也是勾股数。

因此，讨论勾股数往往认为 $(A,B)=1$，即彼此互素。这样的勾股数叫做"**本原**"的。行文一般不作说明，勾股数即指"**本原**"的。A，B，C 是勾股数组的**元素**。C 最大。

性质 2：制约性。如果 (A,B,C) 是勾股数，那么 $C<A+B<\sqrt{2}C$。

性质 3：奇偶性。$(A,B)=1$ 时，A，B 一奇一偶，C 为奇数。

由奇偶性，很容易知勾股数形不成等比数列。不妨 A 是偶数，$A^2 \neq BC$，$B^2 \neq AC$。

性质 4：整除性。$3|A$ 或 $3|B$，$4|A$ 或 $4|B$，$5|A$ 或 $5|B$ 或 $5|C$。

由此,一定 $60 \mid abc$。

性质 5:代换性。也就是给出勾股数的**通解**。

(1) $\begin{cases} A = 2ab, \\ B = \mid a^2 - b^2 \mid, \\ C = a^2 + b^2 。 \end{cases}$ 这里 A 是偶数,$(a, b) = 1$,$a + b \equiv 1 \pmod 2$。即 a,b 一奇一偶;

(2) $\begin{cases} A = a + \sqrt{2ab}, \\ B = b + \sqrt{2ab}, \\ C = a + b + \sqrt{2ab} 。 \end{cases}$ $(a, b) = 1$,$a + b \equiv 1 \pmod 2$;且 $2a$ 及 b 是平方数。[1]

之所以叫通解,就是说,只要 a,b 正确取值,勾股数可做到遍历出现。又通解为什么不是单一的。有些不应该置问的问题,其实越想搞明白越容易糊涂。简单地说起来,只要表达式能达到要求,为什么偏"那个"样子呢?表达式是怎么得到的?掌握一个原理:即争取使左边两个整数的平方和做到是平方数。这谈不上是理念,这种潜意识却很重要。以代换式(1)为例,思考本文为什么讨论勾股数,把平方和、平方差扯在一起。其实数的结构表达,由最简单到渐次复杂,无不从两数和、两数差开始至平方差、两数积等。再考虑"齐次性",ab 结构的参与,是不是 $(a^2 - b^2)^2 + (2ab)^2 = (a^2 + b^2)^2$ 带有一定的必然性?这样,比如说,要表示不定方程 $x^2 + 2y^2 = z^2$ 的通解,给出以 $x = \mid 2a^2 - b^2 \mid$,$y = 2ab$,$z = 2a^2 + b^2$。或许你也能推导出来,至少不至于感到突兀。总之,怎样巧妙地使左边构造成完全平方,就是问题思考的瓶颈。代换式(1)的证明不难看到;(2)虽然很难想到,但相关原理是相通的。原书中没有证明,更无举例。充分性自不必说,下面给出必要性:

Ⓠ **证明:**令 $C - A = b$,$C - B = a$,不妨 a 偶 b 奇,a,b 互素,则 $C - b$,$C - a$,C 是勾股数,

$$(C - a)^2 + (C - b)2 = C^2, \quad C^2 - 2(a + b)C + a^2 + b^2 = 0。$$

所以 $C = a + b \pm \sqrt{2ab}$。$C \in \mathbf{N}^*$。$C > a$,$C > b \Rightarrow C = a + b + \sqrt{2ab}$。

a,b 互素,所以 $2a$ 及 b 是平方数。所以 $A = C - b = a + \sqrt{2ab}$,$B = C - a = b + \sqrt{2ab}$。

由于结构(2)样式特殊,由通解作代换往往指结构(1)。

注意:(3,4,5)是一组最小的勾股数,也是唯一成等差数列的本原勾股数。因之,1、2 不会出现在勾股数组里。

道理很简单,只能 $2 \cdot 2ab \Rightarrow a^2 + b^2 + \mid a^2 - b^2 \mid = 2a^2 \Rightarrow a = 2b$;不妨 a 是偶数,由 $(a, b) = 1 \Rightarrow b = 1$,$a = 2$。$4ab = 2b^2$,$b = 2a$ 时无解。

性质 6:可辨性。由性质 5,(A, B, C) 是勾股数,A 是偶数,则 $C \pm A$ 是完全平方数,

$C \pm B$ 是完全平方数的两倍，$|A \pm B|$ 不可能同时为平方数。

性质 7：稳定性。 任意两组勾股数不含有两个相同元素。即 A，B，C 是勾股数，A，B、D；D、A、B；D、A、C；A、C、D；D、B、C；B、C、D 不可能再是勾股数。

这其实由代换性很好理解，任两个元素的表达对应于第三个元素，必然是唯一的。

这一性质，亦可简单解决一些不定方程问题。比如 $x^4 + y^4 = z^4$ 没有正整数解，考察 $x^2 \cdot x^2 = (z^2 + y^2)(z^2 - y^2)$，$(x, y, z)$，$(z, y, x)$ 只能成立一组勾股数。

性质 8：奇数 $2m + 1$，$m \in \mathbf{N}^*$，或偶数 $4k$，$k \in \mathbf{N}^*$，一定可以是勾股数的元素。

由性质 5（代换性），$B = 2m + 1 = (m+1) + m$，取 $a = m+1$，$b = m$；存在勾股数 (A, B, C)；$A = 4k = 2 \cdot 2k \cdot 1$，取 $a = 2k$，$b = 1$。存在勾股数 (A, B, C)。

上述情形，用一个参变量表达，即有勾股数

$(4a, 4a^2 - 1, 4a^2 + 1)$；$(2b+1, 2b^2 + 2b, 2b^2 + 2b + 1)$。[2]

同时也告诉我们，可怎样简单构造 $C - A = 1$ 以及 $C - B = 2$ 的勾股数。

4. 应用举例

例 1 （意大利数竞·2006）求所有的三元数组 (m, n, p)，满足

$$p^n + 144 = m^2。$$

其中 $m, n \in \mathbf{N}^*$，p 是质数。

解：$144 = 12^2 = (2^2 \cdot 3)^2$，$p^n = (m+12)(m-12)$。$p$ 是质数，所以

① $m - 12 = 1$，$m = 13$，$p = 5$，$n = 2$；得解 $(13, 2, 5)$；

② $m = 4m'$，m' 是奇数，$p = 2$ 时，$2^{n-2} = (m'+3)(m'-3) \Rightarrow \begin{cases} m' + 3 = 2^k, \\ m' - 3 = 2^l。 \end{cases} k > l$，

$2m' = 2^l(2^{k-l} + 1) \Rightarrow l = 1$，$m' = 5$，$m = 20$，$p = 2$，$k = 3$，$l = 1$，$n = 2(3+1) = 8$。

得解 $(20, 8, 2)$；

③ $m = 3m'$，m' 是奇数，$p = 3$ 时，$3^{n-2} = (m'+4)(m'-4) \Rightarrow \begin{cases} m' + 4 = 3^k, \\ m' - 4 = 3^l。 \end{cases} k > l$，

$2m' = 3^l(3^{k-l} + 1) \Rightarrow l = 0$，$m' = 5$，$m = 15$，$p = 3$，$k = 2$，$n = 2 + 2 = 4$。

得解 $(15, 4, 3)$。

综合得解 $(m, n, p) = (20, 8, 2)$；$(15, 4, 3)$；$(13, 2, 5)$。

对平方差的讨论，注意含提取公因式。

例 2 （北京初中数竞·2004）已知 $a \in \mathbf{N}^*$，且 $a^2 + 2004a$ 是完全平方，求 a 的最大值。

解法一：设结果为 b^2，a，b 同奇偶，设 $b + a = 2d_1$，$b - a = 2d_2$，即

$$(a+1\,002)^2 = b^2 + 1\,002^2 \Rightarrow (a+1\,002)^2 - b^2 = 1\,002^2 。$$

$$(a+1\,002+b)(a+1\,002-b) = 1\,002^2 \Rightarrow (d_1+501)(d_2+501) = 501^2 。$$

所以 d_1，d_2 皆偶数，即 a，b 是偶数。设 $a=2a'$，$b=2b'$，由

$$(a'+501+b')(a'+501-b') = 501^2 ，为定值，所以$$

$$\begin{cases} a'+b'+501 = 501^2, \\ a'-b'+501 = 1. \end{cases} 2a' = (501-1)^2 = 250\,000 = a \text{ 为最大。}$$

解法二：设结果为 b^2，即 $(a+1\,002)^2 = b^2 + 1\,002^2$。由勾股数 $(A，B，C)$ 通式，且使 $C = m^2 + n^2$ 为最大，理想情况 $n=1$。所以 $1\,002 = 2 \times 501 \times 1 \Rightarrow m = 501$。所以

$$a+1\,002 = 501^2 + 1^2 = 251\,002 \Rightarrow a_{\max} = 250\,000 。$$

这样得解很直接。表明勾股定理式一般不宜再作平方差类的讨论。这个年份题，显然 2 004 改 2 012 解法相同。

例 3　（我爱数学初中夏令营数竞·2007）若 $x \in \mathbf{Z}$，$3 < x < 200$，且 $x^2 + (x+1)^2$ 是一个完全平方数，求整数 x 的值。

解法一：由代换性 (2)，不妨 $x = a + \sqrt{2ab}$，$x+1 = b + \sqrt{2ab}$，$b > a \Rightarrow b - a = 1$，且 $2a$ 及 b 或 $2b$ 及 a 是平方数。

① 设 $2a = (2m)^2$，$b = n^2 \Rightarrow n^2 - 2m^2 = 1$。其解通过 $n_0 + \sqrt{2}m_0 = (3 + 2\sqrt{2})^k$ 给出。$(n_0，m_0) = (3，2) = (17，12) = (99，70) = \cdots$

所以 $x = a + \sqrt{2ab}$。$b = 9$，$a = 8 \Rightarrow x = 20$；$b = 289$，$a = 288$，$x > 200$。

② $2b = (2m)^2$，$a = n^2 \Rightarrow 2m^2 - n^2 = 1$。对于佩尔方程 $n^2 - 2m^2 = -1$，其解通过 $n_0 + \sqrt{2}m_0 = (1 + \sqrt{2})^{2k-1}$ 给出。$(n_0，m_0) = (1，1) = (7，5) = (41，29) = (239，169) = \cdots$

所以 $x = a + \sqrt{2ab}$。$a = 1$，$b = 2 \Rightarrow x = 3$（舍去）；$a = 49$，$b = 50 \Rightarrow x = 119$；$a = 41^2$（舍去。下略）。

综合，得 $x = 20$，$x = 119$。

当然两者合并讨论也可以。即 $n^2 - 2m^2 = \pm 1$，通解 $n_0 + \sqrt{2}m_0 = (1 + \sqrt{2})^n$ 给出。n 取偶数对应于等号右边是 1，n 取奇数对应于 -1。

解法二：设 $x^2 + (x+1)^2 = y^2$，$4x^2 + 4x + 2 = 2y^2$，$(2x+1)^2 - 2y^2 = -1$。同样形成佩尔方程。解为 $(2x+1，y) = (1，1) = (7，5) = (41，29) = (239，169) = \cdots$

$2x + 1 = 1$，$x = 0$（舍去）；$2x + 1 = 7$，$x = 3$（舍去）；

$2x + 1 = 41$，$x = 20$；$2x + 1 = 239$，$x = 119$。下略。

即 $x = 20$，$x = 119$。

看起来,解法二相对简单。但解法一用到了相当奇特的勾股数通解的第二个表达式,毕竟颇有意思。

本题看起来符合勾股定理结构,却不用勾股数去解,耐人寻味。因为那样参变量较多。这就叫具体问题思考恰当的具体解法。

例 4 (根据中国国家队集训题**改编**)☆找出两组本原勾股数 (x, y, z),(u, v, w),使 $|u-x|$,$|v-y|$,$|w-z|$(打乱次序)为最小的勾股数 $(3,4,5)$。

解法一:不妨 x, v 为偶数,由勾股数通式,设

$$\begin{cases} x=2ab, \\ y=a^2-b^2, \\ z=a^2+b^2; \end{cases} \begin{cases} u=m^2-n^2, \\ v=2mn, \\ w=m^2+n^2。 \end{cases} \quad (*)$$

两组勾股数数据之差相近,且不妨设 $a<m$,a,m 为偶数;$b>n$,b,n 为奇数。

则 $||m^2-n^2|-2ab|=3$ 或 5;$|2mn-|a^2-b^2||=5$ 或 3;$|m^2+n^2-(a^2+b^2)|=4$。

设 $m=a+2c$,$n=b-2d$,则 $4=|4ac+4c^2-4bd+4d^2| \Rightarrow |c(c+a)-d(b-d)|=1$。

由 $||a^2+4ac+4c^2-b^2+4bd-4d^2|-2ab|=3$ 或 5,

及 $||a^2-b^2|-2(a+2c)(b-2d)|=||a^2-b^2|-2(ab-2ad+2bc-4cd)|=5$ 或 3,

代入具体数 a,b,解出 c,d。由于勾股数数据之差相近,解的对应数据一般也较小。

$a=6$,$b=5$ 时,$c=1$,$d=2 \Rightarrow m=8$,$n=1$,代入 $(*)$,

得解 $(x, y, z)=(60, 11, 61)$,$(u, v, w)=(63, 16, 65)$;

$a=2$,$b=19$ 时,$c=5$,$d=2 \Rightarrow m=12$,$n=15$,代入 $(*)$,

得解 $(x, y, z)=(76, 357, 365)$,$(u, v, w)=(81, 360, 369)$。

解法二:由 $4k+1$ 型素数(积)原理,对两数平方和扫描确定 z,w。当 $z=37=6^2+1^2$,$w=41=5^2+4^2$ 时,由 $(*)$,得解

$$(x, y, z)=(12,35,37), (u, v, w)=(9,40,41);$$

$z=61=6^2+5^2$,$w=65=8^2+1^2$ 时,由 $(*)$,得解

$$(x, y, z)=(60,11,61), (u, v, w)=(63,16,65)。$$

给出关系式是理论,找解是实践。实践的过程也许很顺,也许相当麻烦,似乎很类似于地质勘矿。本例应用平方和特征,扫描找解比代换硬做显得灵活些。表明问题遍历也有相当差异。其实麻烦的计算也可以用计算机编程解决。总之,信心、耐心、细心就应融合在提升素质的历练里。

● **参考文献**

[1]　伽莫夫. 从 1 到 ∞. 暴永宁, 译. 北京：科学出版社, 1961.

[2]　陈景润. 初等数论 I. 1 版. 北京：科学出版社, 1978.

好家伙！看上面的内容很费时间, 但值得的。果然有许多先前不知道的东西。这一定是对接着的解题有利的。

题 1　若 $x \in \mathbf{Z}$, $3 < x < 200$, 且 $(x+1)^2 - x^2$ 是一个完全平方数, 求整数 x 的值。

那道夏令营的竞赛题, 还是初中的呢？不是看资料, 未必就能做得顺; 就是那道夏令营上出现的题, 这里改加为减而已。好在我看得还比较静心、认真。所以, 做改变了的题, 应不在话下。我记得这应是对于不小于 3 的奇数及 $4k$ 型偶数而言的。

解：勾股数 $(A, B, C) = (y, x, x+1)$, $C - B = 1$, 即

$$(A, B, C) = (2b+1, 2b^2+2b, 2b^2+2b+1)。$$

所以 $x = 2b(b+1)$。可得解列之如下：$(b, x) = (1, 4), (2, 12), (3, 24) \cdots$ 那么, 一直到 $b = ?$ 呢？$2b(b+1) \leqslant 200$, $b \leqslant 9$。看！解得还顺当吧！也就是有

$$(A, B, C) = (3, 4, 5), (5, 12, 13), (7, 24, 25), \cdots (19, 180, 181)。$$

不一个个列了。

所以, 这样的心得很重要, 就是看东西一定要沉下心来, 过细些; 必要时还得琢磨, 还得反复。总之, 以理性指导解题。知识环节弄扎实了, 再谈创造性。

题 2　（台湾数竞选拔题·2007）解正整数方程 $2^x = 3^y 5^z + 7^w$。

本题有意义的是, 4 个底数依次是最小的素数。

解：因为 $3^y 5^z + 7^w \equiv 1 \pmod 3$, 所以 x 是偶数; 令 $x = 2x_1 \Rightarrow 4^{x_1} = 3^y 5^z + 7^w$, 4^{x_1} 的个位数字是 4, 7^w 的个位数字是 9; 4^{x_1} 的个位数字是 6, 7^w 的个位数字是 1。总之 w 是偶数。

所以, 对于 $5 \mid (4^{x_1} - 7^w)$, $w = 4k - 2$, $x_1 = 2d + 1$。$k, d \in \mathbf{N}^*$, 此时, 有

① $(2^{2d+1} + 7^{2k-1})(2^{2d+1} - 7^{2k-1}) = 3^y 5^z$;

$w = 4k$, $x_1 = 4d + 2$, $k, d \in \mathbf{N}^*$, 此时, 有

② $(2^{4d+2} + 7^{2k})(2^{2d+1} + 7^k)(2^{2d+1} - 7^k) = 3^y 5^z$。

由①, $d = 1$, $k = 1$, $x_1 = 3$, $w_1 = 1$, $x = 6$, $w = 2$, $y = z = 1$ 恰是解。$d > 1$, $k > 1$, 左边因式分解, 约去 15, 一定产生 $m \mid 3^{y-1} 5^{z-1}$, $m \in \mathbf{N}^*$ 不能成立的因式;

对于②, $(2^{4d+2} + 7^{2k}) \mid 3^x 5^y$ 不能成立。

综合, 得唯一解 $(x, y, z, w) = (6, 1, 1, 2)$。

讲评会开始后, 两道题的分析, 第 1 题还马马虎虎, 我用一个变量去解, 同恩评委讲评

的差不多;第 2 题我上面解出的,就是恩评委讲解的记录。自己解是弄出了,说理有些不够清楚。除了这两道题,恩评委还讲了怎么用复数方法推导勾股数代换(1)。有点像佩尔方程对解的给出。即

利用复数求不定方程 $x^2 + y^2 = z^2$　　　　　　　　　　　　　　　　　　（1）
的正整数解。其中 x 为偶数,y 为奇数。x,y 互质。

解：由 $x^2 + y^2 = (x + yi)(x - yi) = z^2$。把 z 也表示为复数,可得 x,y 的**唯一表示**：对于

$$z^2 = (c + di)^2 (c - di)^2$$

由

$$x_0 + y_0 i = (c + di)^2 = c^2 - d^2 + 2cdi,$$

得 $x_0 = |c^2 - d^2|$,$y_0 = 2cd$。
但 y 是奇数。不合,舍去;
又对于 $z^2 = i(-a + bi)^2 (-i)(-a - bi)^2$,由

$$x_0 + y_0 i = i(-a + bi)^2 = 2ab + (a^2 - b^2)i,$$

得 $x_0 = 2ab$,$y_0 = |a^2 - b^2|$,$(a, b) = 1$,$a + b \equiv 1 \pmod 2$,
所以 $z_0 = \sqrt{(2ab)^2 + (a^2 - b^2)^2} = a^2 + b^2$。
所以(1)的正整数解是

$$\begin{cases} x = 2ab, \\ y = |a^2 - b^2|, (a, b) = 1, a + b \equiv 1 \pmod 2. \\ z = a^2 + b^2. \end{cases}$$

经过这一讲我就明白了。就是由互质性,把 $(x + yi)(x - yi)$ 的每一项表达为复数的平方,即 $z^2 = (\pm i)^2 (a + bi)^2 (a - bi)^2$。再把 $x_0 + y_0 i$ 的对应表示出来,得出符合要求的解。

挑 战 精 选 题

☆1. E 是正方形 $ABCD$ 上边 DC 上的一点,两直角三角形的边长**如果**分别是勾股数,证明正方形边长是 120 的倍数。

2. (改编于美国纽约数竞·1976)☆求圆 $x^2 + y^2 = 625$ 上整点所围成的多边形面积。

3. (中国数竞・1982)已知圆 $x^2 + y^2 = r^2$(r 为奇数)交 x 轴于 $A(r, 0)$,$B(-r, 0)$,交 y 轴于 $C(0, -r)$,$D(0, r)$。$P(u, v)$ 是圆周上的点,$u = p^m$,$v = q^n$(p,q 都是质数,m,$n \in \mathbf{N}^*$),且 $u > v$,点 P 在 x 轴、y 轴上的射影分别是 M、N。

求证:$|AM|$,$|BM|$,$|CN|$,$|DN|$ 分别为 $1, 9, 8, 2$。

4. 求 $2^x + 3^y = z^2$ 的正整数解。

☆5. 证明:存在两组勾股数 (x_0, y_0, z_0),(u_0, v_0, w_0),代换变量 a,b;m,n,打乱次序后成等差数列,使 $|u-x|$,$|v-y|$,$|w-z|$ 的三个数,打乱次序后满足两个数相加等于第三个数。

6. (齐小圣网上提出・美国竞赛选拔):已知 N 是正整数,$5N+1$ 与 $7N+1$ 都是完全平方数,证明:N 能被 24 整除。

打开空间魔方
——特殊几何体与最值

今天是空间图形问题，要解决的第一个问题（给出在电脑上）是这样的：

问题一：把一个单位立方体（如图 7-1）削成 A、B、C 的形状，(C) 与 (C') 其实等同，因之再给出 (D)。如果恰有与 A、B、C、D 体积等同的液体注入图 7-2 上方的小孔里，小孔是立方体各面中心围成的一个中空的凸多面体（正八面体）的一个顶点。请点击（共 2 次）下表中的解答选择：

A			B			C			D		
不足	正好	过剩	不足	正好	过剩	不足	正好	过剩	不足	正好	过剩

图 7-1

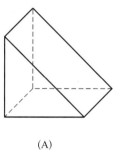

(A)

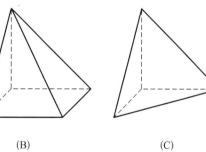

(B)　　　　　(C)

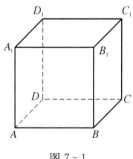

(C)

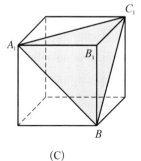

(D)

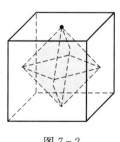

图 7-2

解好以后,对问题盒(一)中的实物进行检验。

哎呀,真是巧了,我对空间图形本来就很感兴趣,虽然离高考时间还远,同济大学建筑系,我那志愿早已明确无异。与这题有点相仿的 2009 年陕西高考题,我都做过了:

例 若正方体的棱长为 $\sqrt{2}$,则以该正方体各个面的中心为顶点的凸多面体的体积为( )。

A. $\dfrac{\sqrt{2}}{6}$ B. $\dfrac{\sqrt{2}}{3}$ C. $\dfrac{\sqrt{3}}{3}$ D. $\dfrac{2}{3}$

中间的四边形对角线互相垂直,两个正四棱锥体积相加;正方体棱长为 a,所以,体积

$$V = \frac{1}{3} \cdot \frac{1}{2} a \cdot a \cdot \left(\frac{1}{2}a + \frac{1}{2}a \right) = \frac{1}{6} a^3 = \frac{1}{6} (\sqrt{2})^3 = \frac{\sqrt{2}}{3}。\text{选择 B}。$$

换句话说,正八面体的体积是正方体体积的 $\dfrac{1}{6}$。当然解答题应**选择 C**,再揿"**正好**"。事后获悉,我解这道题,用时最少了。

我把**问题盒(一)**打开,恰是上述图形的实物,而且不知是什么物质,按说明要求,一弄就碎,像细沙似的,放在一张纸内,卷成漏斗状,可可地沿正方体小孔倒入,把正八面体装满。

下面是问题二:请打开**问题盒(二)**,且看(电脑上的)第二个问题:

如图 7-1 的立方体实物,可沿正面打开如图 7-3,内壁上特殊的凹槽结构,可使在任何位置上,插上与底面平行的(问题盒(二)中的厚度忽略不计)10×10 薄板,薄板的四周略有所凸起,不致使边上的球滚落。已知立方体盒子 $10 \times 10 \times 10$ 单位,现有直径为 1 的钢珠球至少 1 000 粒,请把薄板插入立方体盒,设计好钢珠球的放法,且最后盖上(盖不拢表明体积超值),使立方体盒可放入最多的钢珠球数目为_____。(薄板允许用 1~10 块,即一块薄板可放若干层钢珠球)

这倒是挺有趣的一个问题呵!如果放置 $10 \times 10 \times 10 = 1\,000$ 粒,傻瓜才会那样;这题目出出来,肯定希望通过球与球的放置叠加,尽量使占据空间减小,以争取放置更多的球。那么,到底怎么放置为好呢?

四个钢珠球呈方形排布,上面中间部位再放一个球,五个这样的球能形成的高度是多少呢?一正一反,九个这样的球有三层了,高度是多少呢?让一个球摞在四个球上,彼此相切如图 7-4,五个球心形成一个正四棱锥。如图 7-5,底面正方形边长为 1,侧面是边长为 1 的正三角形。斜高为 $\dfrac{\sqrt{3}}{2}$,则高为 $\dfrac{\sqrt{2}}{2}$。设五个球的实际高度为 h_1,则上顶点向上,底面向下各为半个球高度需加入。所以 $h_1 = \dfrac{1}{2} + \dfrac{\sqrt{2}}{2} + \dfrac{1}{2} = 1 + \dfrac{\sqrt{2}}{2}$。五

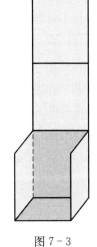

图 7-3

个球上方再放四个球,一正一反,九个这样的球,上面五个球的球心结构相当于下面五

个球的球心样式的倒置。设此时能够形成的高度为 h_2,则 $h_2 = \frac{1}{2} + 2 \cdot \frac{\sqrt{2}}{2} + \frac{1}{2} =$

$1 + \sqrt{2}$。

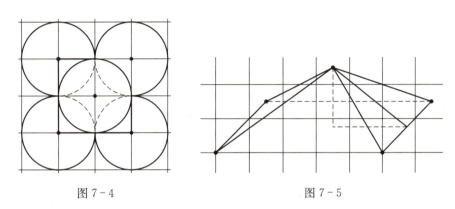

图 7 - 4   图 7 - 5

这样,放置方案大致明确了:第一层,100 个;第二层,只能放 $9 \times 9 = 81$ 个,第三层再

放 100 个。第三层相对于第二层,犹如第一层相对于第二层的倒置。3 层一个“周期”。

第三、四、五层,第五、六、七层,…,同于第一、二、三层。那么,因之一共可放多少层呢? 13

层。共六个“周期”。

这时的总高度为 $\frac{1}{2} + 6\sqrt{2} + \frac{1}{2} \approx 9.49 < 10$。共可放 $6 \times (100 + 81) + 100 = 1\ 186$(个)。

好家伙,多放近 200 个! 我非常兴奋,心想肯定是这么回事。于是把问题盒(二)中的

东西抖落出来,小心翼翼地摆弄薄板钢珠。虽说有通磁设备可使钢珠带上或消去磁性,可

我还是显得拙手笨脚。耳朵时不时听到钢珠落地清脆的蹦跳声,看来其他人也好不到哪

儿,真有意思……

一次不行,再来! 突然,一个现象及对应思考在脑瓜里一闪:薄板内的钢珠似可不止

100 个嘛! 这一惊非同小可! 这意味着原有方案可能应

推倒重来。是啊,一共可放 13 层,这高度上可叠加,平面

内怎么不也能“挤挤”呢? 那么,第一行 10 粒,第二行 9

粒,第三行再 10 粒,…,由此,可放多少行呢? 能挤下 11

行吗? 见图 7 - 6,设可排下 11 行,则由图中的 Rt△,斜

边恰等于 10,短直角边是 5,则长直角边 $\sqrt{10^2 - 5^2} =$

$5\sqrt{3} \approx 8.660\ 25$。这样,$\frac{1}{2} + 5\sqrt{3} + \frac{1}{2} \approx 9.660\ 25 < 10$。

11 行还是放得下的。由此,$6 \times 10 + 5 \times 9 = 105$(个)。

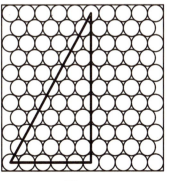

图 7 - 6

是不？相对于 $10 \times 10 = 100$，多放了 5 个。那么，这第二层……唉，这么一闹腾，脑瓜里全乱了。越是担心时间上可能不够，越是理不清头绪。第二层错开放，那应当是 $5 \times (9 + 10) = 95$。好家伙，最原始放法，$100 + 100$，两层 200，高度 2；现在，$105 + 95$，两层也是 200，但高度小于 2 了。我那原来的方案，两层才 181 呀。

这一模式，"底面"是三个球，不是四个球，上面摆一个，正四面体的总高度比相应的正四棱锥总高度要高些。正四面体的高，即上顶点到底面的距离，这个我算过，棱长 1，正三边形外接圆半径 $\frac{\sqrt{3}}{3}$，所以高 $\frac{\sqrt{6}}{3}$。也还是那样，三层 1 个周期，一正一反，形成高度 $1 + \frac{2}{3}\sqrt{6} \approx 2.632\,99$。看来，最多不到六个周期了。总高度为 $1 + \frac{2 \times 5.5}{3}\sqrt{6} \approx 9.981\,46$。所谓 5.5，即 **1,2,3**；3,4,5；**5,6,7**；7,8,9；**9,10,11**；11,12。最后一次过程不完整。由 $12 \div 2$，共可放 $(105 + 95) \times 6 = 1\,200$（个）。真的多放好多！我手忙脚乱忙着整理，脑袋瓜都疼，却还在不停地打转：都快放差不多了，竟又突发奇想：万一 13 层放得下呢？当然原方案高度上压得低，先尽之。那么，能否原方案 4.5 个周期，10 层；新方案 1 个周期，3 层；还是 13 层。高度，别急，别急，时间是不多了，坚持把高度算算好。我静了静脑子，做了几个深呼吸，分两步算吧：

$$\left(\frac{1}{2} + 4.5 \cdot \sqrt{2} + \frac{1}{2}\right) + \left(\frac{1}{2} + \frac{2}{3}\sqrt{6} + \frac{1}{2}\right) \approx 9.997 < 10。$$

谢天谢地！够了！能放 13 层。$10 \div 2 = 5$，所以，共可放钢珠球

$$5 \times (100 + 81) + 105 + 95 + 105 = 1\,210（个）。$$

嗨！居然真比新方案还多呢！

再…… $\left(\frac{1}{2} + 4\sqrt{2} + \frac{1}{2}\right) + \left(\frac{1}{2} + \sqrt{6} + \frac{1}{2}\right) \approx 10.106\,3 > 10$。多不了了。

我是又紧张又激动，一块薄板先插入，按第一种方案放 10 层；第二块薄板再插入，再按第二种方案放 3 层。待把所有事弄妥，交上东西，铃声已响。再看看厅内，除了我和工作人员，荡无一人。赶到会议厅时，柯评委马上宣布讲评开始。

柯评委：我们这次的闯关活动，计算机都保留有很好的全部记录，我们也在扫描观察选手们的解答情况。有一个选手很有意思，第一个题目第一个答出，几乎随看随答；第二个题目最后一个答完，几乎迟交作废。（哎呀，这是在说我呢！）我们请这位欧阳同学说说他的解。

我于是把第一个问题的解作了板演与解说。

柯评委：通过刚才的讲解，可以看出欧阳同学有不错的空间概念以及空间图形较好的学习基础。我今天说明三个问题：我国古代对空间图形的研究；几个基本空间图形的

特征与(体积)计算;几何体与最值。

1. 正方体切割得到的几何体,像题解中出现的 A、B、C 选项,在我国古代分别叫做"堑堵""阳马""鳖臑(nǎo)"。我们知道,这类图形教学过程中也很常见。可见我国古代数学空间图形的研究相当重视基本图形,且卓有成果。对立体几何贡献忒大的一个学者叫谁,知道吗?["祖暅(gèng)"]对! 祖暅原理这里就不讲了。

2. 从体积上来说,堑堵 $\frac{1}{2}$,阳马 $\frac{1}{3}$,鳖臑 $\frac{1}{6}$。有趣的是,鳖臑的体积恰与正八面体的体积相等。我们说欧阳选手有较好的学习基础,固然对于相关问题,他都有所探究;还在于他的解法有思想。比如正八面体中的四边形面积,按 $\frac{1}{2}pq\sin\alpha$ 计算。p, q 是对角线长,α 是对角线夹角。当然面积用正方形边长的平方去做也可以,但关联正方体的棱长,反而欠直接。因此,重视学习的具体问题具体分析。要做到这一点,以认知的娴熟透彻为基础。

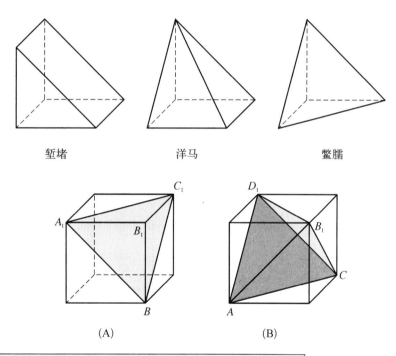

堑堵　　　　　　　阳马　　　　　　　鳖臑

(A)　　　　　　　　　　(B)

> 　　现在一般把鳖臑叫作**"直四面体"**,拟题概率相当的高,四个面都是直角三角形的直四面体更引人注目。

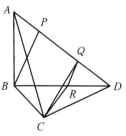

如图 7-7,直角顶点集中于 B、C。以其棱为棱的二面角中,三个是直二面角,2 个是现成的($\angle CBD$, $\angle ACB$),就是 $B-AD-C$(也就是直角顶点所对的棱为二面角的棱)有计算意义。现在用向量方法解,分别给出平面 ABD、平面 ACD 的法向

图 7-7

量就是;或就由向量 BP、向量 CQ 直接计算,P、Q 是垂足。传统解法则有些讲究:由 $CR \perp BD$ 于 R,$QR /\!/ BP$,在 $\text{Rt}\triangle CRQ$ 中完成计算。R 是直角顶点。说理、计算都很麻烦的。但问题很典型。

又 C'、C 体积是一回事。$B_1 - A_1BC_1$ 是正三棱锥,$B_1 - D_1AC$ 是正四面体。怎么对此说明? 比较重要。底面 A_1BC_1 与底面 D_1AC 其实是平行的。过 B_1 的对角线穿过它们,且与它们都垂直。两个垂足分别是正三角形底面的中心,且把对角线平分。这些都是重要的特征。如图 7-8,中间的是一个正六边形,顶点分别是棱的中点,中心是对角线的中点;六边形所在平面与两个底面也平行。

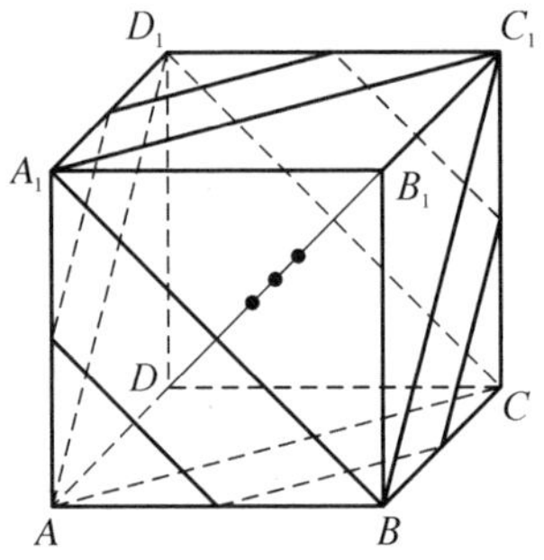

再来看看相关体积计算:$V_{B_1-A_1BC_1} = \dfrac{1}{6} \Rightarrow V_{B_1-D_1AC} = \dfrac{1}{3}$。另一方面,正四面体(即图形 D)的体积要会计算,已知其高为 $\dfrac{\sqrt{6}}{3}a \Rightarrow V = \dfrac{1}{3} \cdot \dfrac{\sqrt{3}}{4}a^2 \cdot \dfrac{\sqrt{6}}{3}a = \dfrac{\sqrt{2}}{12}a^3 = \dfrac{\sqrt{2}}{12} \cdot 2\sqrt{2} = \dfrac{1}{3}$。恰与洋马体积相同。

图 7-8

以正六边形为底面,B_1 为顶点,正六棱锥的体积如何呢? $V = \dfrac{1}{3} \cdot 6 \cdot \dfrac{\sqrt{3}}{4} \cdot \left(\dfrac{\sqrt{2}}{2}\right)^2 \cdot \dfrac{\sqrt{3}}{2} = \dfrac{3}{8}$。

像这些几何图形的特征,包括相关计算,越熟越好。需要说理,需要数据值,应能相当从容地应对。其中几乎所有的计算问题——比如表示正四面体、正八面体体积为棱长的函数——都很实用。

如果今天我讲评以后,比如对图 7-8 我们截去正三棱锥 $B_1 - A_1BC_1$,$D-D_1AC$,再沿正六边形把剩下的几何体剖开,拿出一个来直接计算它的体积,你能有条不紊、正确无误,那就可以了。这样的相关练习有助于提高空间想象能力。

3. 提到几何体形成最值问题,最先应源于对现实世界的认知与感觉。比如水珠是球状的;如果这还不明显,水银,也就是汞,落到地上,一定呈球状。蜂房的外形、雪花,是正六边形。等积的长方体,一定是正方体三度和最小。反之,三度和确定,正方体体积最大。为什么一定这样呢? 看起来是数学定理,实际上是哲学原理:即事物是"内敛"存在的,天生存在聚合性。宇航员在太空已对此验证确认。因此,$a^2 + b^2 + c^2 \geqslant ab + bc + ca$ 不奇怪。我们有这种理念,就容易产生对最值问题解决的灵感。立方体盒放钢珠球的问题,没有人只放 $10 \times 10 \times 10 = 1\,000$(个)吧! 怎么样也要在一个、两个、甚至三个方向上"内敛"以争取多放些。我们现在就解决这个问题。请大家说明自己的方案。

（无独有偶，真还就分别有人给出了前两个方案）

东方选手：观察图 7-6，这是在平面之内，可放 11 行，已至最多可放 $6 \times 10 + 5 \times 9 = 105$（个）；**理解为空间**，增多至 13，现在的高度，此时 12 为斜边，但应是等腰直角三角形的斜边，所以高度为 $\frac{1}{2} + 12 \cdot \frac{\sqrt{2}}{2} + \frac{1}{2} = 1 + 6\sqrt{2} < 10$。我的答案是：$7 \times 100 + 6 \times 81 = 1\,186$（个）。

夏侯选手：刚才东方选手把图 5 的不同行，10，9，10，…，转化为不同层，100，81，100，…；每一层的量太少了。图 5 一个面就是 105 个，取行与行之间的位置，即 9，10，9，…，第二个面 95 个。由此去放，两层就是 200 个。高度按摞着的形式，正四面体计算，设想 12 层：$\frac{1}{2} + 11 \cdot \frac{\sqrt{6}}{3} + \frac{1}{2} < 10$。注意 $\frac{1}{2}$，$\frac{1}{2}$ 算一个，所以 11 乘。$6 \times 200 = 1\,200$（个）。

柯评委：还有没有其他答案？（寂静）欧阳选手，你做这一题几乎迟交。为什么呀？你做的结果呢？

（我本想也会有人与我的想法一样，让他们解好了。谁知柯评委又点到我。于是，把 1 210 的解说了说）

我认为，争取把两者的解法结合起来。即是不是还给出 13 层，只要高度允许，然后换上每层个数多的。具体地说，10 层用方法一，3 层用方法二。高度是 $1 + 9 \cdot \frac{\sqrt{2}}{2} + 1 + 2 \cdot \frac{\sqrt{6}}{3}$，还不到 10。相差一点点点点……共可放钢珠球

$$5 \times (100 + 81) + 105 + 95 + 105 = 1\,210 \text{（个）}。$$

挑 战 精 选 题

1. （1）一个正四面体的四个顶点都在单位球面上，球心是在正四面体内，还是在正四面体外？设上顶点、下底面中心、球心、在一条直线上，中心到球心的距离是_____。

（2）（2007·陕西）一个正三棱锥的四个顶点都在单位球面上，其中底面的三个顶点在该球的一个大圆上，则该正三棱锥的体积是（　　　　）。

A. $\frac{3\sqrt{3}}{4}$ 　　　　　　　　B. $\frac{\sqrt{3}}{3}$

C. $\frac{\sqrt{3}}{4}$ 　　　　　　　　D. $\frac{\sqrt{3}}{12}$

2. (2010·湖北)圆柱形容器内部盛有高度为 8 cm 的水,若放入三个相同的球(球的半径与圆柱的底面半径相同)后,水恰好淹没最上面的球(见题 2 图),则球的半径是_____cm。

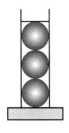
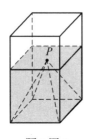
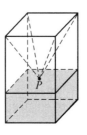
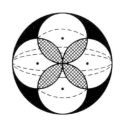

题 2 图　　　　　题 3 图 1　　　　　题 3 图 2　　　　　题 4 图

3. (2008·江西)一个正四棱柱形的密闭容器水平放置如题 3 图 1,其底部镶嵌了同底的正四棱锥形实心装饰块,容器内盛有 a L 水,水面恰好经过正四棱锥的顶点 P,如果将容器倒置,水面也恰好过点 P(如题 3 图 2)。有下列四个命题:

① 正四棱锥的高等于正四棱柱高的一半;

② 将容器侧面水平放置时,水面也恰好过点 P;

③ 任意摆放该容器,水面都恰好过点 P;

④ 若往容器内再注入 a L 水,则容器刚好能装满。

其中真命题的序号有_____。

4. (2008·重庆)体积为 V 的大球内有四个小球,每个小球的球面都过大球球心,且与大球球面有且只有一个交点,四个小球的球心是以大球球心为中心的正方形的四个顶点。设 V_1 为小球相交部分(图中阴影区域)的体积,V_2 为大球内、小球外黑色区域的体积。则下列关系式中,正确的是(　　)。

A. $V_1 > \dfrac{V}{2}$ 　　　　　　　　　　　B. $V_2 < \dfrac{V}{2}$

C. $V_1 > V_2$ 　　　　　　　　　　　　　D. $V_1 < V_2$

☆5. (第二届全国中学数学教师解题基本功技能大赛)设一正方形纸片边长为 m,从此纸片中裁剪出一个正方形和四个全等的等腰三角形(如题图 1),恰能做成一个正四棱锥(如题图 2)(粘接损耗不计)。

(1) 设等腰三角形底角为 x,把正四棱锥体积 V 表示为 x 的函数;

(2) 若正四棱锥的棱长都相等,求体积 V;

(3) 讨论正四棱锥体积 V 的最值。

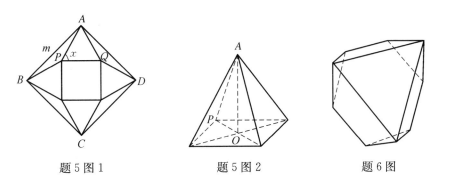

题 5 图 1　　　　　题 5 图 2　　　　　题 6 图

☆6. 对 P46 图 7-8 截去正三棱锥 B_1-A_1BC_1，再沿正六边形把剩下的几何体剖开，如题图 1，显然其体积 $V = \dfrac{1}{2} - \dfrac{1}{6} = \dfrac{1}{3}$。请对体积直接计算它的值。

第 **8** 关 万变中的不变
—— a^k 的数字特点

讲到数字特点,给出的数,比如 a,比如 k,都是正整数。总之,不说明,就是正整数了。今天的闯关题有点像考试或竞赛:若干选择题、填空题及解答题。不同的是,选择题填空题有没有解答过程,得分不一样。选几道说说吧!比如:

◇费尔马数 $2^{2^n}+1(n \geqslant 2)$ 的个位数字是( )。

A. 5 B. 7 C. 9 D. 不确定

☆◇ $\overline{abc}$ 表示一个三位数,且 a,b,c 互不相等,$\overline{abc}^n$ 的末三位数还是 $\overline{abc}$。比如 625^n 的末三位数还是 625。则这样的 $\overline{abc}$ 是( )。

A. 唯一的 B. 至多还有一个 C. 至少还有一个 D. 无限多个

☆◇ 2012^{2013} 除以 100 的余数是_____;

☆◇ 2013^{2012} 除以 100 的余数是_____;

☆◇ $13^{\cdot^{\cdot^{12^{11^{\cdots^{3^{2^1}}}}}}}$ 除以 100 的余数是_____;

◇(青海数竞·1979) 4^m+4^n 是 100 的倍数,则 $m+n$ 最小是_____;

◇(第 20 届 IMO) 1978^m,1978^n 末三位数相同,则 $m+n$ 最小是_____;

☆◇给出一个 a^k 的个位数字、末两位数、末三位数变化特点的一般性总结;

……

显然青海的数竞题是根据国际数学奥林匹克题改编的。个人的解答情况就不多赘述了。直接切入会议厅中的讲评吧!

曹评委:今天我们相当于对 a^k 的数字特点进行了测试。在解题交流之前,是不是请各位选手畅所欲言,说说你所知道的一些重要结论性的内容。

陈选手:a^k 的数字特点,首先看个位数字:

☆a 的个位数字是 $0,1,5,6$，a^k 的个位数字还是 **0,1,5,6**。此外仅有 **4,9**。

☆平方数的末两位数，共 22 种形式。除 $00,25$ 外，有 $\overline{\beta 1},\overline{\beta 4},\overline{\alpha 6},\overline{\beta 9}$。其中 $\overline{ab}$ 表示一个两位数，不是 a 与 b 相乘；x 表示数字，α 表示奇数字，β 表示偶数字。其分布形式为：

a	$\overline{x00}$	$\overline{x01}$	$\overline{x02}$	$\overline{x03}$	$\overline{x04}$	$\overline{x05}$	$\overline{x06}$	$\overline{x07}$	$\overline{x08}$	$\overline{x09}$
a^2 的末两位数	00	01	04	09	16	25	36	49	64	81
a	$\overline{x10}$	$\overline{x11}$	$\overline{x12}$	$\overline{x13}$	$\overline{x14}$	$\overline{x15}$	$\overline{x16}$	$\overline{x17}$	$\overline{x18}$	$\overline{x19}$
a^2 的末两位数	00	21	44	69	96	25	56	89	24	61
a	$\overline{x20}$	$\overline{x21}$	$\overline{x22}$	$\overline{x23}$	$\overline{x24}$	$\overline{x25}$	$\overline{x26}$	$\overline{x27}$	$\overline{x28}$	$\overline{x29}$
a^2 的末两位数	00	41	84	29	76	25	76	29	84	41

有条件时，30 以内的平方数应该记住。

☆平方数的末三位数，奇数时，共 53 种形式，有 $025,225,625$，以及 $\overline{\beta 01},\overline{\beta 09},\overline{\beta 41},\overline{\beta 49}$，$\overline{\beta 81},\overline{\beta 89},\overline{\alpha 21},\overline{\alpha 29},\overline{\alpha 61},\overline{\alpha 69}$；偶数时，共 106 种形式，有 $000,100,400,500,600,900$，以及 $\overline{x\beta 4},\overline{x\alpha 6}$。

末两位数的特征最好明确，末三位数变化太多，知道怎么回事就行了。

成选手：我说一说两个数模 10、100、$1\,000$ 余数相同的特征：

☆$y\pm x=10m$，y^2 与 x^2 个位数字相同；

☆$y\pm x=50m$，y^2 与 x^2 末两位数相同；

比如 $13^2=\mathbf{169}$，$37^2=1\,\mathbf{369}$，$63^2=3\,\mathbf{969}$，$87^2=7\,\mathbf{569}$。

☆x 与 y 都是奇数，$y\pm x=250m$，y^2 与 x^2 末三位数相同；x 与 y 都是偶数，$y\pm x=500m$，y^2 与 x^2 末三位数相同。

比如 $13^2=\mathbf{169}$，$237^2=56\,\mathbf{169}$，$263^2=69\,\mathbf{169}$，$487^2=237\,\mathbf{169}$；

$14^2=\mathbf{196}$，$586^2=236\,\mathbf{196}$，$514^2=264\,\mathbf{196}$，$986^2=972\,\mathbf{196}$。

程选手：前面选手提到平方数，且说记住 30 以内的平方数。平方数的特点太重要了。也许以后会专门讨论。我想把 $40\sim 60$ 的平方数列出来，看看相关变化是否很有趣：

a	40	41	42	43	44	45	46
a^2	1 600	1 681	1 764	1 849	1 936	2 025	2 116
a	47	48	49	50	51	52	53
a^2	2 209	2 304	2 401	2 500	2 601	2 704	2 809
a	54	55	56	57	58	59	60
a^2	2 916	3 025	3 136	3 249	3 364	3 481	3 600

其中 $\overline{t5}^2$，有速算法，前两位数是 $t\cdot(t+1)$，后两位数是 25。比如 $45^2=2\,025$。这样，图表中个位数字是 0 或 5 的数的前后，相关数的平方数就能很快得出了。比如 $47^2=2\,209$。

乘选手：前面成选手说到了两个数模 10、100、1 000 余数相同的特征，那是对平方数而言；我们再来看看立方数的情况：

☆$y-x=10m$，y^3 与 x^3 个位数字相同；

☆$x\equiv y\equiv 1(\bmod 2)$，$y-x=100m$，$y^3$ 与 x^3 末两位数相同（即 x，y 同为奇数）；

$x\equiv y\equiv 0(\bmod 2)$，$y-x=50m$，$y^3$ 与 x^3 末两位数相同（即 x，y 同为偶数）。

比如 $213^3=9\,663\,59\mathbf{7}$，$313^3=30\,664\,29\mathbf{7}$；$14^3=32\,7\mathbf{44}$，$64^3=262\,1\mathbf{44}$。

☆x 与 y 都是奇数，$y-x=1\,000m$，y^3 与 x^3 末三位数相同；x 与 y 都是偶数，$y-x=250m$，y^3 与 x^3 末三位数相同。

比如 $1\,213^3=1\,784\,770\,\mathbf{597}$，$2\,213^3=10\,837\,877\,\mathbf{597}$；$1\,214^3=1\,789\,188\,\mathbf{344}$，$1\,464^3=3\,137\,785\,\mathbf{344}$。

谌选手：我说说 a^k 个位数字的数字特点：

☆一般地，a^5 的个位数字与 a 的个位数字相同；更一般地，a^{4l+m}，$m\in\{1,2,3,4\}$ 的个位数字与 a^m 的个位数字相同。即 a^k 的个位数字以 4 为周期重复出现。

☆一般地，a^{20l+1} 的末两位数与 a 的末两位数相同。

☆一般地，a^{100l+1} 的末三位数与 a 的末三位数相同。

指出两个注意点：

① 比如 2^k 个位数字：2，4，8，6，2，…；有的周期是 2，甚至 1。比如 4^k 个位数字：4，6，4，…；6^k 个位数字：6，6，…；所以说，a^k 的个位数字，一般地，是以 4 为周期重复出现；末两位数、末三位数情况类似。

② a^{20l+1} 的末两位数与 a 的末两位数相同，以及 a^{100l+1} 的末三位数与 a 的末三位数相同，这个"a"，要在"定义"结构内。比如 $26^k(k\geqslant 2)$ 的末两位数始终是 76，26 不会再现；$978^k(k\geqslant 2)$，$k=2$ 的末三位数是 484，$k=3$ 的末三位数是 352，978，484 不在"定义"结构内，即不会再现；352 在"定义"结构内，由 100 是周期，352^{101}，即 978^{103}，末三位数是 352。

所以这两个注意点，尤其第②个注意点很隐含，讨论这类问题是要注意的。

曹评委：刚才几位同学很好地讨论了 a^k 的数字特点，这些特点不注意探究，不注意总结，往往不知道、不清楚、不明了，更谈不上理想的应用。对有些数学问题的数字特征进行相关计算或论证，纯数学的其他方法会给人感觉很深奥，很麻烦，不着边际；但利用个位数、末两位数、末三位数的变化特点以及周期规律等去讨论去探究，路子就比较明确，方法也相对简单，而且解法特别，感觉上却容易接受。因此，这些数字特点未必过细把握，搞清楚原理,届时再体验一下,用相对的方法去解决问题,意义就凸显了。我们休息一下,然后解决测试的问题。

(短暂的休息,似乎很多的同学在借此反思问题的解。)

曹评委:我们现在来讨论测试问题的解。

(下面就是对解的整理,相关题重新编号。)

1. 费尔马数 $2^{2^n}+1(n \geqslant 2)$ 的个位数字是(　　)。

A. 5　　　　　　　B. 7　　　　　　　C. 9　　　　　　　D. 不确定

解:$n=2,3,\cdots,2^4,2^8,2^{16},\cdots \Rightarrow 4^2,4^4,4^8,\cdots$。对于 4^k,k 是奇数个位数字是 4,是偶数个位数字是 6。所以,费尔马数 $2^{2^n}+1(n \geqslant 2)$ 的个位数字是 7。选择 B。

2. 2012^{2013} 除以 100 的余数是_____;2013^{2012} 除以 100 的余数是_____。

解:12^k 的末两位数,重复出现的周期是 20,因此同于

$$12^{13} = 12^{2\times6} \cdot 12 \Rightarrow 44^{2\times3} \cdot 12 \Rightarrow (6^2)^3 \cdot 12 \Rightarrow 14^2 \cdot 36 \cdot 12$$
$$\Rightarrow 96 \cdot 36 \cdot 12 \Rightarrow 16 \times 12 \times 6^3 \Rightarrow 56 \times 12 \Rightarrow 6 \times 12 = 72。$$

当然途径不是唯一的。同样,考察 13^{12}。

$$13^{12} \Rightarrow 69^6 \Rightarrow 19^6 \Rightarrow 61^3 \Rightarrow 11^2 \cdot 61 \Rightarrow 21 \cdot 61 \Rightarrow 81。$$

同样途径不是唯一的。

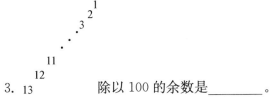

3. $13^{12^{11\cdots^{3^{2^1}}}}$　除以 100 的余数是_____。

解:$10^{9^{\cdots}} \Rightarrow m \cdot 10^l$,$l>2 \Rightarrow 11^{m \cdot 10^l}$ 的末两位数是 $\overline{\beta 1}$,β 是偶数字,包括 0。由此,$12^{k_1 \cdot 100 + k_2 \cdot 20 + 1}(k_1 \neq 0,k_2 \in \mathbf{N})$ 的末两位数还是 12。考察 13^{12},即上一题,末两位数是 81。

(这类题使我想起了今天是星期几,过多少天以后是星期几的相关二项式定理解答题。表明掌握一定的方法解题还是重要的。)

4. $\overline{abc}$ 表示一个三位数,且 a,b,c 互不相等,$\overline{abc}^n$ 的末三位数还是 $\overline{abc}$。比如 625^n 的末三位数还是 625。则这样的 $\overline{abc}$ 是(　　)。

A. 唯一的　　　　B. 至多还有一个　　C. 至少还有一个　　D. 无限多个

解:先看个位数字,$c=0,1,5,6$。显然 0 或 1 不可能有解;$c=5$,也只能是 $\overline{abc}=625$。观察 $c=6$,对于前面列出的 22 种可能性的讨论末两位数的平方表。76 的可能性多些。且由表即可知只有 76^{76} 的末两位数是 76(回顾 $y \pm x = 50m$,y^2 与 x^2 末两位数相同。

即同于 26 或 24 做底数)。容易检验 376^{376} 的末三位数还是 376。符合题意的 $\overline{abc}$ 仅 625，376 而已。选择 B。

（这么个问题，看似一头雾水，却也可解决得有板有眼。）

5. $4^m + 4^n$ 是 100 的倍数，则 $m+n$ 最小是 _____。

解：前面已经说过，对于 4^k，k 是奇数个位数字是 4，是偶数个位数字是 6。可见 m，n 一奇一偶；且易知末两位数按 $\overline{\beta 4}$，$\overline{\alpha 6}$ 结构，α 是奇数，β 是偶数。对于 04，即不妨 $m=1$，则由 96，$n=6$。此时 $m+n=7$；其他 24,76;44,56;64,36;84,16 配对，$m+n>7$。所以 $m=1$，$n=6$，$m+n=7$ 最小。

6. $1\,978^m$，$1\,978^n$ 末三位数相同，则 $m+n$ 最小是 _____。

解：978^2 的末三位数是 484，978^3 的末三位数是 352。$978^k (k \geqslant 4)$ 的末三位数，978，484 不会再现；352 则在"定义"结构内，由 100 是周期，352^{101}，即 978^{103}，末三位数是 352。所以 $m=3$，$n=103$，$m+n=106$ 最小，使 $1\,978^m$，$1\,978^n$ 末三位数相同，末三位数是 352。

一个相当复杂的国际数学奥林匹克题，就这么"轻描淡写"解决了；更不要说题 5 这样的简化题。可见 a^k 的数字特点，不知道、不清楚、不明了，当然谈不上理想的应用；对这些特点探究了，总结了，往往不定什么地方，就能得到相当奇妙的应用。

挑 战 精 选 题

☆1. 求证数列

(1) $1,11,111,1111,\cdots$；

(2) $5,55,555,5555,\cdots$；

(3) $9,99,999,9999,\cdots$。

没有一项是平方数。

2. （前苏联莫斯科数竞·1945）某个两位数与颠倒其数字顺序所得到的数之和是一个平方数，试求出所有这样的两位数。

3. （河南数竞·1978）有两个二位数，它们的差是 56，它们的平方数的末两位数相同，求此两数。

☆4. $(\overline{xy5}^{2n+1} - 1)^{2k+1}$ $(x \neq 0, n, k \in \mathbf{N}^*)$ 的末三位数是 _____。

☆5. $\overline{xy7}^{\overline{xy7}} (x \neq 0)$ 的末三位数还是 $\overline{xy7}$，则 $\overline{xy7} =$ _____。

第9关 冯·诺伊曼的智慧之光
——算法

会议厅内，人基本上都到齐了。评委开始讲话：选手们，前面几关的历险挑战进行得很正常，出现了不少精彩、出色的发挥。但也有相当的选手因怯场、错答而淘汰（按：以组队分组、人员接力方式进行，同一关也有相同题由不同选择给以不同计分。按总分排序成绩）。这一关弃权的选手请在记录处登记。历险过关的选手别忘了视频旁边窗口弹出的本关奖品及历险内容的知识解说，然后由开启的门进入下一关的会议厅。这一关淘汰的选手，这一轮历险结束后，在本会议厅看阅本次数学问题知识讲解。好！现在闯关开始。请大家拿好草稿纸与笔，沿着本厅出口，按各人的编号进入各自的数学迷宫。走错迷宫的、或在规定时间内不能进入对应迷宫的，即已淘汰。

我怀着忐忑不安的心情走向会议厅出口，也不知将至的迷宫到底是什么样子，面临的问题到底是什么问题。只是在心里一再地叮嘱自己，冷静一点，慢一点，稳一点，仔细一点，冷静一点，慢一点……不知不觉之间，已出了会议厅边门。哇！就像是来到了漫无边际的旷野，地平线处，影影绰绰有不同的山景地貌，脚下五颜六色、错综复杂、盘旋逶迤的彩带延展向四面八方。有的人已经迟迟疑疑拥向前面，四处散开了；也有人惶惑，自己的迷宫在哪里？我正想挪步，猛不丁打了个激灵。慢！我看了看自己编号的颜色……顺着那个色彩，我大步流星来到了一处面壁似的山崖，可可地有一方凿开似的不大的"房间"，却与外界似乎还这里那里漏着、透着。进到里面，却也光亮。前方有个门，门壁上有面积很大的显示屏。显示屏主要部位给出了题目：

☆"请在下方移动的数据中点击答案，数据消失时，规定时间到。有一个二进制位数1111000001，它的十进位制数是——"。

刚仔细地看完题目，刹那间，电闪雷鸣，风雨交加。一头看着移动的数据，一边用心计算，其实是很难的——那雷电风雨搅得人心烦。我有点懊恼，不该把选择计分给得那么高。看着移动的数据不紧不慢、悠然自得地闪动着，右移着，心里只感到乱得很。冷静！冷静！我迅速搜索着相应的知识结构——突然之间随着电光一闪，脑袋瓜里也似乎灵感一现。真的，有时那知识环节的由点到线，甚至由线到面，只要你的基础在，只要你的积淀在，就像那开关,能有遴选地为你绽放。那闪烁移行的数据,本来简直如随机产生一般,但此时我在全神贯注地期待那个数据的出现,一旦再现,立刻点击之。——不用说,这一关我过了。

那么,我是怎么推得这个数,这个数是多少呢? 我用的是归纳法:

$1\,001_{(2)}=9$, $110\,001_{(2)}=49$。这个数一定是一个平方数。应该是多少的平方呢? 显然 $9=3^2$, $49=7^2$,进一步感觉这其中的特点和规律就相当关键。我举例子的第一个数,两个 1,两个 0;第二个数,三个 1,三个 0;应判断的数,五个 1,五个 0。这其中一定有内在关系。这对于我去感知,应不成问题。原来 $9=3^2=(2^2-1)^2$, $49=7^2=(2^3-1)^2$, …,这样,题解答案应是 $9=3^2=(2^2-1)^2$, $49=7^2=(2^3-1)^2$, …, $(2^5-1)^2=31^2=961$。

所有联想,也就是瞬间完成。当然按 $512+256+128+64+1=961$ 去解也可以。当时太紧张了,又顾不得静心笔算,真是糗大了!

尽管这一关我已过了,也有相关的书面资料,我后来还是认真观看了这一关会议厅关于这一题的解说与讨论视频。

……

黄评委:这一题应不算难。哪位选手说一说,怎么进行不同进位数与十进位制数之间的互化,且现在上来演算,解答这道题的结果?

向选手:我很遗憾在寻找迷宫编号时超时了。其实这道题真的不难。十进位制数转化为 k 进位制数,可用"**短除法**"——请问黄老师,我能上去举例板演吗?

黄评委:可以。

那个姓向的小伙子走到黑板前,然后边说边写:比如

$$
\begin{array}{r|l}
3 & 2012 \\
\hline
 & 670(2 \\
 & 223(1 \\
 & 74(1 \\
 & 24(2 \\
 & 8(0 \\
 & 2(2
\end{array}
$$

,即 $2\,012=2\,202\,112_{(3)}$。

k 进位制数每一个数位上的数,都小于 k。

k 进位制数转化为十进位制数,用"按'权'相加法"。"权"就是每一个数位及其数字。本题的解是:

$$1\,111\,000\,001_{(2)}=2^9+2^8+2^7+2^6+0+0+0+0+1$$
$$=512+256+128+64+1=961。$$

黄评委：很好！你坐下。但是，这里面隐含什么样的特点和规律呢？比如说，二进位制数 11111 是十进位制数多少，有人能马上回答吗？

吉选手：31。

黄评委：知道为什么问这个问题吗？

吉选手：不知道。

黄评委：请看，$31^2 = 961$。那么，对于二进位制数，如下左式，这是怎么计算的：

$$
\begin{array}{r}
11111 \\
\times \quad 11111 \\
\hline
11111 \\
11111 \\
11111 \\
11111 \\
+ \quad 11111 \\
\hline
1111000001
\end{array}
\qquad
\begin{array}{r}
111111 \\
\times \quad 111111 \\
\hline
111111 \\
111111 \\
111111 \\
111111 \\
111111 \\
+ \quad 111111 \\
\hline
111110000001
\end{array}
$$

黄评委：如果再增多一位呢？则 $63^2 = 3\,969$。二进位制时，计算见上右式。由此形成非常明显的规律性。哪位选手总结一下？好！还是刚才那位同学来说。

吉选手：二进位制数有多少个 1，比如 n 个，十进位制数就是 2 的多少次幂减 1，即 $2^n - 1$。其平方二进位制数个位数字是 1，因为是奇数；前面有 n 个 0，再前面有 $n-1$ 个 1。

黄评委：很好！请坐！对于比如八进位制数，77 777 就是最大的五位数。又比如在电子计算机里，数有时用十六进位制表示。$10 \sim 15$ 就表示为 A, B, C, D, E, F。FF 就是最大的二位十六进位制数。它的十进位制数是多少呢？255。计算机中的机器语言往往安排 $00 \sim FF$ 共 256 个指令，设计 256 种不同的意义或操作。这才使计算机的运行及计算能正常进行。这里为什么用 16 进制（或 8 进制……），不用 10 进制，我想这就不用解释了。这种工作方式是谁发明的，知道吗？（"冯·诺伊曼"——有人叫道）

黄评委：对！这就是冯·诺伊曼模式。至今的数代电子计算机，都不能摆脱冯·诺伊曼模式。不按冯·诺伊曼模式工作的电子计算机几乎是不可能的。有些数据我们要敏感。比如 FF 就是 255，$2^{10} = 1\,024$（"1 个 K 字节"）。（有人举手）这位同学，有什么问题吗？

郝选手：黄老师刚才讲的那个最大数特征问题，我想说一种应用。

黄评委：好！你上来说，需要用黑板时可以结合写。

郝选手：比如十进位制数 99 999，就是 $10^5 - 1$。这在数列求和中有应用。如果计算

$$6 + 66 + 666 + \cdots + \underbrace{66\cdots6}_{n\text{个}}$$

利用最大数结构表示的性质,就可以这样：$\underbrace{66\cdots6}_{n\text{个}} = 6 \times \underbrace{11\cdots1}_{n\text{个}} \times \dfrac{9}{9} = \dfrac{2}{3} \cdot (10^n - 1)$。

所以原式 $= \dfrac{2}{3}\left[(10-1) + (10^2-1) + \cdots + (10^n-1)\right] = \dfrac{2}{3}(10 + 10^2 + \cdots + 10^n - n)$。

再用等比数列求和公式,就可以解得结果了。

黄评委：非常好！还有什么问题吗？好！这一关的讲评与讨论就到这里。

挑战精选题

☆1. 已知 k $(2 \leqslant k \leqslant 9)$ 进位制数 $1212\cdots12$ 化为十进制数后,是 5 的倍数,则 $k = $ _____。

2. 说明十进位制数模 2、模 3 化为三进位制数的对应特征。

3. 有一种游戏,俗称"角谷猜想"：一个正整数 m 如果是偶数,则除以 2；如果是奇数,则乘以 3 加 1,且始终进行这样的运算,证明：不论原来 m 是什么数,最后总能化为 1。

证明：不论原来 $2^k n$ $(k, n \in \mathbf{N}, n$ 是奇数$)$ 是什么数,一旦投入运算改变了 n,不论进行到那一步,结果总不是 3 的倍数。

4. (中国国家队集训题) 设 b 是大于 5 的整数,对每个正整数 n,考虑 b 进制下的数 $x_b = \underbrace{1\cdots1}_{n-1\text{个}}\underbrace{2\cdots2}_{n\text{个}}5$。证明："存在一个正整数 M,使得对于任意大于 M 的整数 n,数 x_b 是一个完全平方数 的充要条件是 $b = 10$。"

5. (韩国数竞题·2007) 试求所有的正整数组 (x, y, z),使得 $1 + 4^x + 4^y = z^2$。

第10关 金光闪耀
——费波那契数与黄金分割数

今天的闯关题——是这样的：

1. 考察数列 $\{a_n\}$，$a_1 = a_2 = 1$，$a_{n+2} = a_{n+1} + a_n$ 的各项个位数字形成的新数列，分析是否具有周期性；如果是周期性变化，请列表表示一个周期的新数列所有项。

☆2. 对题1的数列 $\{a_n\}$ 任取一二位数的项 a_k，计算

$$b_1 = |a_k^2 - a_{k-1} \cdot a_{k+1}|,$$
$$b_2 = |a_k a_{k+1} - a_{k-1} a_{k+2}|,$$
$$b_3 = |a_k a_{k+2} - a_{k-1} a_{k+3}|,$$
$$b_4 = |a_k a_{k+3} - a_{k-1} a_{k+4}|,$$
$$b_5 = |a_k a_{k+4} - a_{k-1} a_{k+5}|,$$
$$\cdots$$

分析这个新数列的特征，给出你的结论。

3. 以十字线的交点为圆心，给出一已知圆，**十字线认为充分长**，已知圆认为是条件圆，利用上述画出的图形，☆请仅用圆规对一个圆的圆周五等分。

今天的评分，也是给出一些规则，结队互评。其中解答时间占相当比重。这也很合理，比如题1、2，谁不会算？解答方式也别致，1、2在计算机上完成；题3仍是纸质，每人桌上有圆规和带图的答题纸。

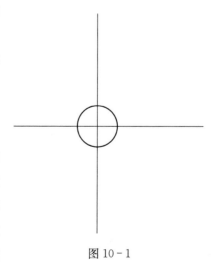

图 10-1

我知道相关数列是费波那契数列，五角星的样子很美，且与黄金分割有关。但由于立足书本及应试意识太强；老师又一再强调，不要沉迷于数学奥林匹克，所以我对课外知识，可以说不太关注、不太重视，相当于对这些问题，只是空泛的了解。再加上做

事毛手毛脚,因此,计算起来总是那么玄乎玄乎的。还要赶时间,算周期嘛!还不是其数重复出现?所以 $a_8 = 1$ 一出现,迫不及待得 $T = 7$;第二题选了 13 这个数,第一个二位数,当然数越小越好算,看:

$$13^2 - 8 \cdot 21 = 1$$
$$13 \cdot 21 - 8 \cdot 34 = 1$$
$$13 \cdot 34 - 8 \cdot 55 = 2$$
$$13 \cdot 55 - 8 \cdot 89 = 3$$
$$13 \cdot 89 - 8 \cdot 144 = 5$$
$$\cdots$$

也很快算好了,估计没错。哎呀,这不就是费波那契数列吗?我得意于计算居然这么快捷,先分别发出答案。后来才知道,周期是 $T = 60$;重复出现一个数就能确定周期值了吗?我真后悔那么冲动。

题 3 就真遇到麻烦了。作正五边形我会的呀!但那是圆规加直尺;现在只能用圆规,怎么画线段的中点?!折腾到结束,也没弄出个子丑寅卯来。讲评的时候知道,很多人和我一样,卡在了那儿。

纪评委:今天测试内容对应的相关主题,大家都知道是费波那契数列及黄金分割问题。费波那契其人及他所命名的费波那契数,我们太熟知了。据悉费波那契的意思就是"好运的儿子",注定他的离奇人生。费波那契数的成因几乎尽人皆知,费波那契数列存在的特点与规律就实在是太多了。前两道题,都是其数自身的规律。题 1 使我们感知,最早发现项的个位数字会周期性地重复出现。竟以 **60** 为周期,如果不执著于它的研究,可以说不经常把数列多次地排上几十项甚至上百项,不会注意到这一特点。完整的数据见下表:

1	**1**	**2**	**3**	**5**	**8**	**3**	**1**	**4**	**5**
9	4	3	7	0	7	7	4	1	5
6	1	7	8	5	3	8	1	9	0
9	9	8	7	5	2	7	9	6	5
1	6	7	3	0	3	3	6	9	5
4	9	3	2	5	7	2	9	1	0
1	**1**	**2**	**3**	**5**	**8**	**3**	**1**	**4**	**5**

60 这个数又是多么特殊,它是中国"天干""地支"两数的积,人生的一个 60——"花甲"是一个很带标记性的结点。题 2 则表明了费波那契数的封闭性,一个数列之中,项与

项的规则性的计算,居然使这一数列再现,这本身就显得那么魅力动人。[1]

题 3 是作图题。遗憾的是,学习平面几何时,遇到过这样的问题,很多人不会做;且几乎第一道关也过不了。见图 10-2,正五边形的基本作法是:

① 在十字线、单位圆中,作线段 OR 的垂直平分线 PQ,交点是 M;

② 以 M 为圆心,AM 为半径,作弧交 OR 于 N。

则 AN 就是五等分圆周的长度。

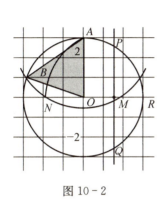

图 10-2

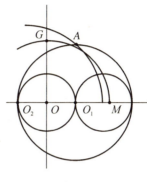

图 10-3

有同学犯难:没有直尺、单用圆规,M 点如何确定啊?

思考问题与解决问题,有一种方法就是把情况倒过来。如果要你作一个(线段)长度,再作一个长度,总之,由这样的过程是不是可以解决线段中点问题? 如图 10-3,圆 O 是原来的圆,以 M 为圆心再作一个,以切点 O_1 为圆心,O_1O_2 为半径作出的圆,就不能看作是"单位圆"吗? M 点不是有了吗? 那么,A 点怎么确定呢? 对于图 10-3,很显然,OO_1 看作 1,则 $O_2A = 2\sqrt{2}$;还原以 O 为圆心,OM 为半径的圆,是不是 $GM = 2\sqrt{2}$? 所以,以 O_2 为圆心,$2\sqrt{2}$ 为半径作弧,A 点不就确定啦。

问题变化的有意思之处是,原来点 A 确定,点 M 未定;改变以点 M 倒是先确定,点 A 未定。但确定点 A 相对容易。

为什么五角星看上去美呢? 这就与黄金分割数有关。对此大家也不陌生。与费波那契数同样有趣的是,这一"命名"权是物理学著名的欧姆定律的那个"欧姆"的弟弟。如图 10-4,设 AB 为 1,AP 为 x,满足 $\dfrac{PB}{AP} = \dfrac{AP}{AB}$,即 $\dfrac{1-x}{x} = \dfrac{x}{1} \Rightarrow x^2 + x - 1 = 0$,$x > 0 \Rightarrow$

$x = \dfrac{\sqrt{5}-1}{2}$。这个 $\dfrac{\sqrt{5}-1}{2} \approx 0.618$,就是黄金分割数。相关比例一旦对应于这个数,视觉效果一定是美的。五角星中,如图 10-5 的三角形,恰有 $\dfrac{MN}{AM} = \dfrac{AM}{AM+MN}$;对于 BE,M、N 恰为黄金分割点。

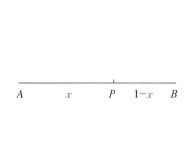

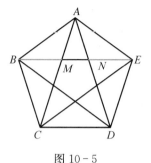

图 10-4   图 10-5

大自然的造化真是匪夷所思。黄金分割现象比比皆是,换句话说,"宇宙之神"造物造人时都"尽量"顾及了这一原则。以人体而言,腰部,头的眉部,等等,都是黄金分割点;比拟五角星中的 BE 为两臂长,M、N 恰对应于两肩。

……

那么,黄金分割数与费波那契数有什么相干呢? 我们先来看看费波那契数列(特别表示为 $\{u_n\}$)的通项公式:$u_1 = 1$, $u_2 = 1$, $n \geqslant 3 \Rightarrow u_{n+2} = u_{n+1} + u_n$;则

$$u_n = \frac{1}{\sqrt{5}}\left[\left(\frac{1+\sqrt{5}}{2}\right)^n - \left(\frac{1-\sqrt{5}}{2}\right)^n\right]。$$

看到吧,$-\dfrac{1-\sqrt{5}}{2}$ 即黄金分割数。其实是费波那契数的前一项与后一项之比(摆动趋近)的极限。而 $\dfrac{1+\sqrt{5}}{2}$ 则是后一项与前一项之比的极限。

一个数列有那么多特征与规律,实在令人感叹。难怪怎么对它研究都不为过,都还有新发现,都还有新结论。美国专门有以费波那契数列为专题的杂志《费波那契季刊》,真是不虚其名。其数据规律,比如陈木法在《关于 Fibonacci 数列的注记》(数学通报,1998,1)中,还给出有:

(1) $F_{n+d}F_{n-d} - F_n^2 = (-1)^{n-d+1}F_d^2 (n \geqslant d)$;

(2) $F_nF_{n+4} - F_{n+1}F_{n+3} = 2 \cdot (-1)^{n-1}$;

(3) $F_nF_{n+4} + F_{n+1}F_{n+3} = 2 \cdot F_{n+2}^2$。

等等。

至于现实生活中与费波那契数列对应的自然现象,更是多不胜举。比如花朵的花瓣数,有兴趣的人,可以数一数一棵向日葵盘,看看其中结多少籽。

下面看这道题:

单位正方形内接于半圆。如图 $10-6$，则 $ab=1$，$a-b=1$。令数列 $\{u_n\}$ 满足

$u_1=ab$，$u_2=a-b$，$u_3=a^2-ab+b^2$，且一般地，

$a_k=a^{k-1}-a^{k-2}b+a^{k-3}b^2-\cdots+(-1)^{k-1}b^{k-1}$。

(1) $\{u_n\}$ 存在的一个递推关系式为＿＿＿＿＿＿＿；

(2) $\{u_n\}$ 的通项公式为＿＿＿＿＿＿＿＿＿。

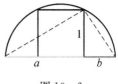

图 $10-6$

相当于大家希望解析的吧！

分析与解：$\{u_n\}$ 的递推式，可以通过前几项寻求规律猜想，然后可通过数学归纳法证明。由此继续解通项公式。

(1) 显然 $u_1=1$，$u_2=1$，$u_3=(a-b)^2+ab=2$；

$u_4=a^3-a^2b+ab^2-b^3=a^2(a-b)+b^2(a-b)=(a-b)^2+2ab=3$；

…

猜想 $n\geqslant 3 \Rightarrow u_{n+2}=u_{n+1}+u_n$。用数学归纳法证明。

① 当 $n=3$ 时，$u_3=2=1+1=u_1+u_2$ 已验证；

② 假设当 $n=k$ 时，$u_k=u_{k-1}+u_{k-2}$ 成立，则当 $n=k+1$ 时，

$$u_{k+1}=a^k-a^{k-1}b+a^{k-2}b^2-\cdots+(-1)^k b^k=\frac{a^{k+1}-(-1)^{k+1}b^{k+1}}{a+b}$$

$$=\frac{(a^k-(-1)^k b^k)(a-b)-a(-1)^{k-1}b^k+ba^k}{a+b}=(a-b)u_k+abu_{k-1}。$$

即 $u_{k+1}=u_k+u_{k-1}$ 仍成立。

综合①、②，命题对任意 $n\in \mathbf{N}^*$，$n\geqslant 3$ 都成立。即 $n\geqslant 3 \Rightarrow u_{n+2}=u_{n+1}+u_n$。

(2) 设 $u_n=\alpha^n \Rightarrow \alpha^{n+2}-\alpha^{n+1}-\alpha^n=0$。$\alpha_1=\dfrac{1+\sqrt{5}}{2}$，$\alpha_2=\dfrac{1-\sqrt{5}}{2}$。

因为 $u_n\neq \left(\dfrac{1+\sqrt{5}}{2}\right)n$，$u_n\neq \left(\dfrac{1-\sqrt{5}}{2}\right)n \Rightarrow u_n=p\left(\dfrac{1+\sqrt{5}}{2}\right)n+q\left(\dfrac{1-\sqrt{5}}{2}\right)n$。

$n=1 \Rightarrow p\left(\dfrac{1+\sqrt{5}}{2}\right)+q\left(\dfrac{1-\sqrt{5}}{2}\right)=1$；$n=2 \Rightarrow p\left(\dfrac{1+\sqrt{5}}{2}\right)^2+q\left(\dfrac{1-\sqrt{5}}{2}\right)^2=1$。

所以 $p=\dfrac{1}{\sqrt{5}}$，$q=-\dfrac{1}{\sqrt{5}}$。

所以 $u_n=\dfrac{1}{\sqrt{5}}\left[\left(\dfrac{1+\sqrt{5}}{2}\right)^n-\left(\dfrac{1-\sqrt{5}}{2}\right)^n\right]$。

这里求通项公式的方法，叫做**"特征根"**法。由于 α^n 不能用单一根的方式直接表出，所以用两根形式的线性组合。再用**"待定系数法"**解出 p，q。

由本例可见，费波那契数列的应用面很广。

显然 $ab=1$，$a-b=1$ 可以解出 a，b。其实 $a=\dfrac{1+\sqrt{5}}{2}$，$b=-\dfrac{1-\sqrt{5}}{2}$。这正是特征方程的特征根。

● 参考文献

[1] 梁开华. 费波那契数的封闭特点. 中学数学，2003(11).

其中有

定理 $F_nF_{n+d}-F_{n+1}F_{n+d-1}=(-1)^{n+1}F_{d-1}(d\geqslant 2, n, d\in\mathbf{N}^*)$。

挑 战 精 选 题

1. 费波那契数列中，$a_1=a_2=1$ 是平方数，下一个平方数是第几项，值是多少？

2. 计算第三个题目中单位圆上正五边形的边长。

☆3. 应用余弦定理求单位圆上正五边形的边长。

4. （上海数竞·2005）数列 $\{u_n\}$ 的通项公式为 $u_n=\dfrac{1}{\sqrt{5}}\left[\left(\dfrac{1+\sqrt{5}}{2}\right)^n-\left(\dfrac{1-\sqrt{5}}{2}\right)^n\right]$，记 $S_n=C_n^1u_1+C_n^2u_2+\cdots+C_n^nu_n$，求所有的正整数，使得 $8\mid S_n$。

5. （捷克-斯洛伐克-波兰数竞·2007）已知 $a_1=a_2=1$，$a_{n+2}=a_{n+1}+a_n(n\in\mathbf{N}^*)$，证明对任意的正整数 m，满足 $m\mid(a_n^4-a_n-2)$。

试以 $m=21,22,23$ 为例，分别找出 a_n 检验命题的正确性。

第11关 **平均·调节·平衡**
——数学上的分形

　　一些不太麻烦的基本计算,我是最得心应手的了,有的甚至心算就能解决问题。但今天看到的闯关题却是这样的:

　　1. 在下面的九个方格中分别填入 1~9 九个数字,分母看作两位数,使等式成立。即

$$\frac{\Box}{\Box\Box}+\frac{\Box}{\Box\Box}+\frac{\Box}{\Box\Box}=1;$$

☆2. $\frac{1}{n}$, $n \in \mathbf{N}^*$ 叫做单位分数。试给出五个不同的单位分数,使其和为1。

　　据说题 1 出自一份日本杂志,还真不太好弄;题 2 也不是省油的灯,且 $\frac{1}{a}+\frac{1}{b}+\frac{1}{c}+\frac{1}{d}+\frac{1}{e}=1$, $a+b+c+d+e$ 越小,解的计分值越高。

　　绝大多数的选手和我的境况差不多。只能静候讲评了。

　　冯评委:今天的题,样式简单,做出来却不容易。可以说是凤毛麟角。方同学,据悉题 1 做出来了。是不是把答案公布一下?

　　方选手: $\frac{9}{12}+\frac{5}{34}+\frac{7}{68}=1$。

　　冯评委:能不能讲一讲道理与过程吗?

　　方选手:硬凑出来的。

　　冯评委:不容易。首先注意这个解是唯一的。那么,怎么思考与解决比较合理呢?与现实生活中可能所遇需要解决的问题类比。叫做**平均、调节、平衡**。如果每个加数都是 $\frac{1}{3}$,当然是解,但不合。且九个不同的数字,形成加数的分数值,分母往往较大,所以,值是很小的。加以调节,一个分数的值应当偏大;不仅如此,还必须最大。因此,$\frac{9}{12} \Rightarrow \frac{3}{4}$ 有必然性。另外两个加数加起来是 $\frac{1}{4}$,重要的考虑,得加得起来。由此,分母的可能性相当局限，$\dfrac{5}{34} + \dfrac{7}{68} = \dfrac{10+7}{68} = \dfrac{1}{4}$。如此分析，是不是既得出了解，也表明这个解是唯一的。

这个题目，不仅形式雅致，解别致，再看看解的结构，蕴含着充分的美：1、2、9 分组；然后是 3、4、5；然后是 6、7、8。当然，把解说出来了，不稀奇；但仔细想想，是不是很有韵味。由**平均、调节、平衡**，给我们以相当深刻的启示。

其实，类似性的问题，计算机程序解决也不失为一种方法，但是，这是另一个路子与方向。结合思考，对开发脑力、重视思想方法有利。因此，比如小孩子玩四张扑克牌四则运算结果二十四点游戏，对智力发展是很好的。

问题解决显现思维的针对性、有效性，是人的思维品质很高的境界了。我们再来看第 2 题。有没有解出来的呀？

（鸦雀无声）

单位分数相加是 1，两个加数怎么样？$\dfrac{1}{2} + \dfrac{1}{2} = 1$，不可能是其他形式。三个加数怎么样？这就变成另一个问题：$\dfrac{1}{2} = \dfrac{1}{x} + \dfrac{1}{y}$。这里 x，y 当然是正整数，以后这些就不说了。解是什么？

$$\left(\text{``}\dfrac{1}{3} + \dfrac{1}{6}\text{''} \right)$$

对！$\dfrac{1}{3} + \dfrac{1}{6}$。这也是唯一的。请回顾第 7 关，实物模型背景是：一个正方体，恰能分割出一个堑堵、一个洋马和一个鳖臑。问题在于，下面怎么思考。

韩国数竞·2006 有一道题（按：见王连笑《最新世界各国数学奥林匹克中的初等数论试题（上）》P246），给出了一个等式：$\dfrac{1}{m} = \dfrac{1}{m+1} + \dfrac{1}{m(m+1)}$。这个关系式的给出，使数据"克隆"形成做法。也就是

$$1 = \dfrac{1}{2} + \dfrac{1}{2}$$
$$= \dfrac{1}{2} + \dfrac{1}{3} + \dfrac{1}{6}$$
$$= \dfrac{1}{2} + \dfrac{1}{3} + \dfrac{1}{7} + \dfrac{1}{42}$$
$$= \dfrac{1}{2} + \dfrac{1}{3} + \dfrac{1}{7} + \dfrac{1}{43} + \dfrac{1}{1\,806}$$
$$= \cdots$$

上述关系式以及关系式的应用,就是高档次思维的意识与境界。这种类似潜意识的自我培养与追求极为重要。学习的高下状况是怎么造成的? 凡此值得深思。

那么,这一解法是不是唯一的,最好的呢? 单位分数的相加和,解的形式加数多起来以后,可能性也多了。遵循刚才分析**平均、调节、平衡**的原理,由"**构造法**",形成不同的结果形式。

(按:下面是著者给出的方法之表达演绎)

我们再来看怎么变化 $\dfrac{1}{2}$。其实可以这样:

$$\frac{1}{2} = \frac{1}{3} + \frac{1}{6}$$

$$= \frac{1}{4} + \frac{1}{6} + \frac{1}{12}$$

$$= \frac{1}{4} + \frac{1}{8} + \frac{1}{12} + \frac{1}{24}$$

$$\cdots$$

所以 $1 = \dfrac{1}{2} + \dfrac{1}{4} + \dfrac{1}{8} + \dfrac{1}{12} + \dfrac{1}{24}$。

这一表示的意义在于,单位分数的分母值,可一直保持相对比较小。五个加数时,是 $a + b + c + d + e = 50$。

如果单位分数的个数为项数,分母的和设为 S,则数列 $\{S_n\}$,$n \geqslant 3$ 的通项公式,大家能不能算一算?

(这下子,我的优势来了:" $S_n = \begin{cases} 11, & n = 3 \\ 2S_{n-1} + 2, & n \geqslant 4 \end{cases}$ ",我把上面结果分两句话嚷出来)

对的! 是这个答案。

由这样分形的原理揭示的解,毕竟不是穷举所得,分母和虽然相对较小,未必最小。

(按:下面是著者朋友田洪瑜先生由编程得到其和更小的解)

田先生编程得到共四个解其和小于 50:

$$\frac{1}{2} + \frac{1}{4} + \frac{1}{9} + \frac{1}{12} + \frac{1}{18} = 1,$$

$$\frac{1}{2} + \frac{1}{4} + \frac{1}{10} + \frac{1}{12} + \frac{1}{15} = 1,$$

$$\frac{1}{2} + \frac{1}{5} + \frac{1}{6} + \frac{1}{12} + \frac{1}{20} = 1,$$

$$\frac{1}{3} + \frac{1}{4} + \frac{1}{5} + \frac{1}{6} + \frac{1}{20} = 1.$$

最后一个解和是 38,绝对最小了。非常精彩与理想!

冯评委:我们今天问题解决的主题,对应一个什么样的数学思想呢?这就是"分形"。也就是,每一次的数学形式的变化,不仅与上一次的变化特征有传承关系,而且,整个变化方式都遵循某种特点与规律,且外化为相当程度的自相似。你们看那单位分数数量的依次增多,尤其是第二类式子,是不是隐含一种特定的两倍关系。但又不单纯是这样。这就是分形的原理与表象。

分形,美籍波兰科学家曼德尔布罗特提出。意为细片、破碎、分级等,引申为**局部和整体具有几何的或统计上的自相似形,且有无穷嵌套精细结构的集合。**

天地万物,分形的现象可以说比比皆是。宇宙星系的模型与分子原子的结构,其实是完全一致的;中医学经络理论,人体穴位的分布,不同器官穴位效应的自相似对应,既匪夷所思,又相当突出地协调于分形规则的人体统一。比如内脏有病,手上或耳部扎针,起到直接对脏器治疗或司药同样的疗效。这就是分形的普遍存在,可以说是自然最重要的规律之一。不言而喻,分形会自然地在数学这样的文、理地位特殊的学科中渗透显现。其实,在已曾学过的知识及大量数学问题的接触与解决过程中,我们就遇到不少分形现象。这里作相应的分析,且继续看看其他数学中的分形问题。

数学中的分形现象,有这么几种形式:比如

$$35^2 = 1\ 225, 335^2 = 112\ 225, 3\ 335^2 = 11\ 122\ 225, \cdots$$

这种平方数的分形表象中,自相似现象始终如一,不出现任何其他变化:1 的个数与 3 的个数一样多,2 的个数多一个;

刚才提到本次解题单位分数的例子:既遵循始终如一的规律,又大模样不变化,细节上有变化;

还有一种分形现象,分形规则是"克隆"的,分形结果的表象不仔细分析,也许不明了是分形形成的结果;或相关的局部解,只有用分形理念去解析它,尤其是因之规范解的表出,结果才是完整的,明晰的;且因之可以确立类似问题的解题思想与解决办法。

为使大家进一步体会感悟与加深理解分形思想及因之形成的解题意识,我们再举些例子。

☆**例 1** (1) 2 的正整数次幂数列 $\{a_n\}$:2,4,8,$\cdots$ 的通项公式是 $a_n = 2^n$。

(2) 正奇数数列 $\{b_n\}$($b_1 = 3$):3,5,7,$\cdots$ 的通项公式是 $b_n = 2n+1$;

试给出上述两数列的另一个通项公式,各项表达为三角比的结构式。比如

$$a_2 = \cfrac{1}{\cos\dfrac{\pi}{5}\cos\dfrac{2\pi}{5}} = 4, \quad b_2 = \left(\tan\dfrac{\pi}{5}\tan\dfrac{2\pi}{5}\right)^2 = 5。$$

我们知道,三角函数值往往是无理数,能表示为带根号的精确值就不错了;用三角比的结构式把 2^n、把 $2n+1$ 表示出来,近乎异想天开,但这却真的是可以做到的。

先来看

$$\cos x \cos 2x \cdots \cos 2^n x$$

怎么化简呢?

("……二倍角……")

冯评委:对!利用正弦的二倍角关系:

$$原式 = \frac{2^{n+1} \sin x \cos x \cos 2x \cdots \cos 2^n x}{2^{n+1} \sin x} = \frac{\cos 2^n x}{2^{n+1} \sin x}。$$

选取适当的角度,能使分子、分母的三角比表示约去,是不是就是 2 的幂的倒数呢?所以,

解:(1) $a_n = \dfrac{1}{\cos \dfrac{\pi}{2n+1} \cos \dfrac{2\pi}{2n+1} \cdots \cos \dfrac{n\pi}{2n+1}} = 2^n。$

(2) $b_n = \left(\tan \dfrac{\pi}{2n+1} \tan \dfrac{2\pi}{2n+1} \tan \dfrac{3\pi}{2n+1} \cdots \tan \dfrac{n\pi}{2n+1} \right)^2 = 2n+1。$

(2)的解怎么形成的呢?《数学通报》上,曾经有道题:

证明:$\tan \dfrac{\pi}{7} \tan \dfrac{2\pi}{7} \tan \dfrac{3\pi}{7} = \sqrt{7}。$

把这个证明精神按一般地数据情况说一说:对于

$$x^{2n+1} - 1 = (x-1)(1 + x + x^2 + \cdots + x^{2n}) = 0, \qquad (*)$$

$2n+1$ 个复根所对应的点把单位圆周 $2n+1$ 等分;各点对应的复数依次为 $\cos \dfrac{2k\pi}{2n+1} + i\sin \dfrac{2k\pi}{2n+1}$,$k = 0, 1, 2, \cdots, n$;且 x 轴下方的点所对应的复数分别为 x 轴上方的点所对应的共轭复数。亦即

$$x^{2n+1} - 1 = (x-1)\prod_{k=1}^{n}\left(x - \cos\frac{2k\pi}{2n+1} - i\sin\frac{2k\pi}{2n+1}\right)\left(x - \cos\frac{2k\pi}{2n+1} + i\sin\frac{2k\pi}{2n+1}\right) =$$

$$(x-1)\prod_{k=1}^{n}\left(x^2 - 2\cos\frac{2k\pi}{2n+1}x + 1\right) = 0。 \qquad (**)$$

对照$(*)$、$(**)$,得 $1 + x + x^2 + \cdots + x^{2n} = \prod_{k=1}^{n}\left(x^2 - 2\cos\frac{2k\pi}{2n+1}x + 1\right)。$

令 $x = 1$,得 $2n+1 = \prod_{k=1}^{n}\left(1 - 2\cos\frac{2k\pi}{2n+1}x + 1\right) = 2^n \cdot \prod_{k=1}^{n}\left(2\sin^2\frac{k\pi}{2n+1}\right)。$即

$$\sqrt{2n+1} = 2^n \sin\frac{\pi}{2n+1} \sin\frac{2\pi}{2n+1} \sin\frac{3\pi}{2n+1} \cdots \sin\frac{n\pi}{2n+1}。$$

所以 $\sin\dfrac{\pi}{2n+1} \sin\dfrac{2\pi}{2n+1} \sin\dfrac{3\pi}{2n+1} \cdots \sin\dfrac{n\pi}{2n+1} = \dfrac{\sqrt{2n+1}}{2^n}$．

又 $\cos\dfrac{\pi}{2n+1} \cos\dfrac{2\pi}{2n+1} \cos\dfrac{3\pi}{2n+1} \cdots \cos\dfrac{n\pi}{2n+1} = \dfrac{1}{2^n}$，

所以，得 $b_n = \left(\tan\dfrac{\pi}{2n+1} \tan\dfrac{2\pi}{2n+1} \tan\dfrac{3\pi}{2n+1} \cdots \tan\dfrac{n\pi}{2n+1} \right)^2 = 2n+1$．

分形原理解决了从 $\sqrt{7}$ 到例 1 的演进。

例 2　（美国第 5 届数竞）确定（并加以证明）方程 $a^2 + b^2 + c^2 = a^2 b^2$ 的全部整数解。

解：设 a, b 皆奇数，则 $a^2 b^2 \equiv 1 (\mathrm{mod}\, 4)$。$c$ 亦奇数，$a^2 + b^2 + c^2 \equiv 3 (\mathrm{mod}\, 4)$；$c$ 为偶数，$a^2 + b^2 + c^2 \equiv 2 (\mathrm{mod}\, 4)$。所以 a, b 含偶数。

设 $a = 2a_1 \Rightarrow a^2 b^2 \equiv 0 (\mathrm{mod}\, 4)$；可见 b, c 也含偶数，且都为偶数。设 $b = 2b_1$，$c = 2c_1$，代入方程，得 $a_1^2 + b_1^2 + c_1^2 = 4a_1^2 b_1^2$。这使等号左边又得含偶数，且必须都是偶数。

设 $a_1 = 2a_2$，$b_1 = 2b_2$，$c_1 = 2c_2$，又得 $a_2^2 + b_2^2 + c_2^2 = 16a_2^2 b_2^2$。$a_2, b_2, c_2$ 又都是偶数。……

总之，如果 (a_0, b_0, c_0) 是解，则 $\left(\dfrac{a_0}{2}, \dfrac{b_0}{2}, \dfrac{c_0}{2} \right)$ 也是解；

$\left(\dfrac{a_0}{4}, \dfrac{b_0}{4}, \dfrac{c_0}{4} \right)$，$\left(\dfrac{a_0}{8}, \dfrac{b_0}{8}, \dfrac{c_0}{8} \right)$，$\cdots$，$\left(\dfrac{a_0}{2^n}, \dfrac{b_0}{2^n}, \dfrac{c_0}{2^n} \right)$，都是解。这显然是不可能的。所以，如果方程有整数解，只能是 $(0, 0, 0)$；没有正整数解。

这一解题方法叫做"**无穷递降**"法，是大名鼎鼎的费尔马创造的。看来他那时就懂得分形，克隆解的子子孙孙了。

例 3　（第 43 届 IMO 预选题）是否存在正整数 m，使得方程

$$\frac{1}{a} + \frac{1}{b} + \frac{1}{c} + \frac{1}{abc} = \frac{m}{a+b+c}$$

有无穷多组（正整数）解 (a, b, c)？

分析与解：这个 m 一定有某种特征。如果 $a = b = c = 1 \Rightarrow m = 12$。12 是个很有趣的合数。英国采用的 12 进位制计数，曾盛极一时。翻译过来叫"一打"；钟表的时进制也是 12，无独有偶，中国的古代计时也是 12 进位制的，一个时辰为两个小时。一年 12 个月，中外一样。

是不是 $m = 12$ 就蕴含 (a, b, c) 解确实多呢？$a = b = 1$，$c = 2$ 怎么样，等式确实成立的；$(a, b, c) = (1, 2, 3)$，还是成立的。但是，不论你给出多少解，总不能算是对问题

的真正解决。哎,对了! 底下有人已在说,设法用分形去克隆啊!

那么,怎么设计问题分形的机制呢? 我们还是正儿八经地解吧!

存在 $m = 12$,由此,相当于解不定方程

$$\frac{1}{a} + \frac{1}{b} + \frac{1}{c} + \frac{1}{abc} = \frac{12}{a+b+c}$$

不定方程解的特点,由于变量多,方程少,由解域制约,解可能唯一,可能若干,也可能无穷多个。所谓无穷多个,实际上就是相关变量表示为某个变量的线性表达式。由此,这个变量每取一个值,就得一组解。

设 $a \leqslant b \leqslant c$,对方程化简,整理为以 c 为变量的二次方程:

$$(a+b)c^2 + (a^2 + b^2 + 1 - 9ab)c + (a+b)(ab+1) = 0。$$

每次以 (c_1, a, b) 为克隆样本,则 $c_1 c_2 = ab + 1 \Rightarrow c_2 = \dfrac{ab+1}{c_1}$。由 $(1,1,1)$,得 $(1,1,2)$;把 $(1,1,2)$ 看作样本,得 $(1,2,3) \Rightarrow (2,3,7) \Rightarrow (3,7,11) \Rightarrow (7,11,26) \cdots$

所以,新解 (a, b, c) 经 $c_1 \leftarrow a$, $a \leftarrow b$, $b \leftarrow c$ 的置换,形成新的样本,经 $c_2 = \dfrac{ab+1}{c_1}$ 产生新的解。分形为解的系列数列

$$\{a_n\} = \{1, 1, 1, 2, 3, 7, 11, 26, 41, 97, 153, 362, \cdots\}$$

其中从左到右的任三个数,就是不定方程的一组解。

例 3 问题解决的思想及做法,注意好好体会感悟。光是有一个分形的意识是无济于事的。

今天的评议就到这里。分形的思维意识,希望大家重视,自觉争取应用于解题。

相关说明:意义等同的三个变量,把一个看作"真正的"变量,两个认为是参变量,由此形成解题理念,著者在看到解决本例之前,已有应用。请参看《解数学题的分步进行》中例 3 的问题解决,数学通报,2007 年第 10 期。

 **脑力加油站**

$$关于 \frac{a^3 + b^3}{c^3 + d^3}$$

$\dfrac{a^3 + b^3}{c^3 + d^3}$ ($a, b, c, d \in \mathbf{N}^*$),且不全相等。有命题:这样的式子可以是任意有理数。

著者最近对此继续探究。因为落实为具体值，找解并不见得容易。比如对于从 $\frac{1}{7}$ 到 $\frac{6}{7}$，a，b，c，d 分别是多少呢？我找出了这样的相关解：

$$\frac{5^3+3^3}{10^3+4^3}=\frac{1}{7},\ \frac{11^3+7^3}{18^3+3^3}=\frac{2}{7},\ \frac{3^3+3^3}{5^3+1^3}=\frac{3}{7},$$

$$\frac{2^3+2^3}{3^3+1^3}=\frac{4}{7},\ \frac{4^3+1^3}{4^3+3^3}=\frac{5}{7},\ \frac{13^3+5^3}{13^3+8^3}=\frac{6}{7}。$$

由此，可得很有意思的关系式：

$$\frac{5^3+3^3}{10^3+4^3}+\frac{13^3+5^3}{13^3+8^3}=1,\ \frac{11^3+7^3}{18^3+3^3}+\frac{4^3+1^3}{4^3+3^3}=1,\ \frac{3^3+3^3}{5^3+1^3}+\frac{2^3+2^3}{3^3+1^3}=1。$$

或曰：这些解怎么找得的呢？有三个途径：

（1）使 $a+b=c+d=m$，由

$$x^3+y^3=(x+y)^3-3(x+y)xy \Rightarrow \frac{a^3+b^3}{c^3+d^3}=\frac{m^2-3ab}{m^2-3cd}。$$

找解就容易多了。$\frac{3}{7}$，$\frac{4}{7}$ 就是这样得到的；

（2）使 $a^2-ab+b^2=c^2-cd+d^2$，可得两个变量表达的关系式：

$$\frac{a^3+b^3}{a^3+(a-b)^3}=\frac{a+b}{a+a-b}$$

$\frac{5}{7}$，$\frac{6}{7}$ 就是这样得到的；

（3）可编程解决。这样的程序很简便。$\frac{1}{7}$，$\frac{2}{7}$ 就是这样得到的。可对应其倒数 $7,3.5$ 以检验解。

田洪瑜先生通过编程找全了 $1\sim100$ 之间从 $\frac{1}{7}$ 到 $\frac{6}{7}$ 的所有解，由此可得一些有趣的关系式。比如 $\frac{1^3+12^3}{9^3+10^3}=1$，$\frac{2^3+89^3}{41^3+86^3}=1$，等等。

有兴趣者，看看 $1\sim100$ 之间从 $\frac{1}{7}$ 到 $\frac{6}{7}$ 的所有解究竟是哪些。

$1\sim100$ 之间从 $\dfrac{1}{7}$ 到 $\dfrac{6}{7}$ 的所有解

1 /7　26 个解

1	8	6	15	1	30	44	47	1	36	23	68
2	7	9	12	3	4	5	8	3	5	4	10
6	20	19	37	11	13	14	28	12	27	10	53
13	18	11	38	13	51	14	98	14	43	29	82
14	49	23	94	15	24	14	49	15	46	2	89
15	46	41	86	16	27	26	53	17	39	22	76
23	40	12	81	24	39	1	80	26	46	3	93
30	35	61	64	31	33	38	74	31	45	65	83
34	38	9	87	38	55	86	97				

2 /7　35 个解

1	17	15	24	2	10	11	13	2	16	13	23
3	3	4	5	3	23	15	34	3	27	4	41
5	11	10	16	5	33	25	48	6	32	33	43
7	11	3	18	7	41	16	62	8	20	1	31
9	15	13	23	9	17	4	27	9	21	13	32
9	23	18	34	9	53	58	69	10	48	57	59
10	66	59	93	11	25	3	39	11	41	43	55
12	14	3	25	16	78	89	99	21	41	36	61
23	51	24	79	25	53	29	82	29	51	64	66
30	56	37	87	31	39	29	66	31	45	11	75
33	41	43	66	35	51	6	85	37	49	65	68
45	57	64	89	47	51	42	91				

3 /7　19 个解

3	3	1	5	3	21	16	26	3	45	26	58
6	9	2	13	8	10	11	13	8	19	15	24
8	46	11	61	9	48	32	61	14	22	19	29
14	40	19	53	18	33	5	46	18	75	52	95
21	54	2	73	27	36	31	50	29	43	16	62
33	60	53	76	37	71	75	81	50	58	71	73

54 57 70 77

4 /7　29个解

1	11	10	11		1	19	14	21		1	31	21	35

1　11　10　11　　　　1　19　14　21　　　　1　31　21　35
2　2　1　3　　　　　2　4　1　5　　　　　2　74　37　87
4　14　1　17　　　　4　70　41　81　　　　5　59　51　61
5　79　61　86　　　　7　65　39　75　　　　8　28　15　33
12　66　59　67　　　14　62　1　75　　　22　52　39　59
22　64　53　69　　　23　53　27　64　　　25　79　57　89
27　69　46　80　　　28　34　15　47　　　28　46　15　59
33　63　62　64　　　40　64　53　75　　　41　43　32　61
41　55　46　68　　　43　61　17　81　　　46　62　25　83
46　68　25　89　　　61　67　66　86

5 /7　23个解

1　4　3　4　　　　　1　19　7　21　　　　1　64　43　66
2　13　7　14　　　　2　43　9　48　　　　5　85　69　81
7　58　36　61　　　　8　67　32　73　　　13　47　41　43
16　59　49　56　　　17　83　53　87　　　19　86　58　89
21　84　23　94　　　22　43　25　48　　　25　55　46　54
26　34　5　43　　　31　59　9　69　　　34　56　5　67
35　85　62　88　　　44　86　59　93　　　46　49　6　67
57　63　46　80　　　70　85　87　88

6 /7　18个解

3　33　23　31　　　3　51　31　50　　　5　13　8　13
17　37　28　35　　　20　88　3　93　　　21　27　10　32
23　67　37　68　　　25　29　3　36　　　25　29　27　30
27　69　10　74　　　29　61　49　56　　　30　48　35　49
31　77　33　81　　　41　85　71　76　　　45　99　62　100
47　97　83　85　　　60　66　25　83　　　66　90　83　85

挑 战 精 选 题

☆1. 把分数 $\frac{1}{7}$，$\frac{2}{7}$，$\frac{3}{7}$，$\frac{4}{7}$，$\frac{5}{7}$，$\frac{6}{7}$ 化成小数,说明彼此间的关联规律。能否找到

其中的两个分数 m, n, 使对应为 $m = \dfrac{a_1^3 + b_1^3}{c_1^3 + d_1^3}$, $n = \dfrac{a_2^3 + b_2^3}{c_2^3 + d_2^3}$, 且成立 $m + n = \dfrac{a_1^3 + b_1^3}{c_1^3 + d_1^3} +$ $\dfrac{a_2^3 + b_2^3}{c_2^3 + d_2^3} = 1$。其中 a, b, c, d 不全相等。

☆2. (1) 观察等式 $1^2 + 2^2 + 2^2 = 3^2$, $2^2 + 3^2 + 6^2 = 7^2$, $3^2 + 4^2 + 12^2 = 13^2$, …, 分析结构分形的规则,给出一般性的结论;

(2) 由题(1),说明有无穷多个解能使

$$\frac{x^2 + y^2}{z^2 - w^2} = 1$$

成立。

☆3. 已知三角函数有等式 $\dfrac{1}{\tan\alpha} - \dfrac{2}{\tan 2\alpha} = \tan\alpha$。利用此等式,由角度翻倍的分形机制,得到的一个结果可以是 _____。

4. $\dfrac{1}{a-b} + \dfrac{1}{b-a} \geqslant 0$ 当然成立。

有人探索过这么个问题:$a \geqslant b \geqslant c \geqslant 0$,可得 $\dfrac{1}{a-b} + \dfrac{1}{b-c} + \dfrac{1}{c-a} \geqslant 0$。偶尔变化以 $\dfrac{1}{a-b} + \dfrac{1}{b-c} + \dfrac{2}{c-a} \geqslant 0$;$\dfrac{1}{a-b} + \dfrac{1}{b-c} + \dfrac{3}{c-a} \geqslant 0$;$\dfrac{1}{a-b} + \dfrac{1}{b-c} + \dfrac{4}{c-a} \geqslant 0$。也都成立。

第三项的数字是可以不断变大的么? 遗憾的是,改变以 5 时,不成立了。由是,很自然地想:$a \geqslant b \geqslant c \geqslant d \geqslant 0$,情况如何呢? 居然从 $\dfrac{1}{a-b} + \dfrac{1}{b-c} + \dfrac{1}{c-d} + \dfrac{1}{d-a} \geqslant$ 0,到 $\dfrac{1}{a-b} + \dfrac{1}{b-c} + \dfrac{1}{c-d} + \dfrac{9}{d-a} \geqslant 0$,最后一项分子逐一增大以自然数,都是成立的。

据此,变量逐一增多,能够得到怎样的一个分形结论?

5. 求不定方程 $x^2 + y^2 + z^2 = 2xyz$ 的整数解。

6. 是否存在正整数 m,使得方程

$$\frac{1}{a} + \frac{1}{b} + \frac{1}{ab} = \frac{m}{a+b}$$

有无穷多组(正整数)解 (a, b)?

第12关 欧拉也犯错

——纯二次不定方程·棱线数

今天答题的环境十分有趣，每人戴副耳机，就像外语的听力测试，模拟的是嘈杂背景，因为选择级别而各人不同，有的是车辆喧嚣的交通路口，有的是歌舞缭绕的演艺盛会，有的是人声鼎沸的足球赛场……就看你能不能在非课堂场景中专心致志于阅读思考及问题解决；解题形式在得分上也有层次。给出的闯关题是这样的：

☆确定并证明不定方程

$$x^2 + 2y^2 = 3z^2。x, y, z \in \mathbf{N}^* \qquad (*)$$

最小的一组解。

如果你争取得出上述不定方程的通解，可阅读下面的相关资料：

① 形如 $x^2 - Dy^2 = 1(D > 0$，不是平方数$)$的方程可以叫做佩尔方程。

佩尔方程 $x^2 - 2y^2 = 1$ 的解是这样的：由

$$x_0{}^2 - 2y_0{}^2 = (x_0 + \sqrt{2}y_0)(x_0 - \sqrt{2}y_0),$$

$$x_0 + \sqrt{2}y_0 = (1 + \sqrt{2})^{2n}。n \in \mathbf{N}^*。$$

即表明，等式左边的因式结构可以与右边的指数结构对应起来。比如

$n = 2, x_0 + \sqrt{2}y_0 = 3 + 2\sqrt{2}$。得$(x_0, y_0) = (3, 2)$ 为第一个解，

$n = 4, x_0 + \sqrt{2}y_0 = 17 + 12\sqrt{2}。(17, 12)$ 即为第二个解。

$$\vdots$$

② 利用复数求不定方程 $x^2 + y^2 = z^2$ \qquad (1)

的正整数解。其中 x 为偶数，y 为奇数。x, y 互质。

解：由 $x^2 + y^2 = (x + yi)(x - yi) = z^2$。把 z 也表示为复数，可得 x, y 的**唯一表示**：

对于 $z^2 = (c + di)^2(c - di)^2$，由

$x_0 + y_0 i = (c + di)^2 = c^2 - d^2 + 2cdi$，

得 $x_0 = | c^2 - d^2 |$，$y_0 = 2cd$。

但 y 是奇数。不合,舍去;

又对于 $z^2 = i(-a+bi)^2(-i)(-a-bi)^2$,由

$$x_0 + y_0 i = i(-a+bi)^2 = 2ab + (a^2-b^2)i,$$

得 $x_0 = 2ab$,$y_0 = |a^2-b^2|$。且 a,b 为互质的正整数,一奇一偶。

于是 $z_0 = \sqrt{(2ab)^2 + (a^2-b^2)^2} = a^2 + b^2$。

所以(1)的正整数解是:

$$\begin{cases} x = 2ab, \\ y = |a^2-b^2|,a,b \text{ 是互质的正整数,一奇一偶。} \\ z = a^2 + b^2。 \end{cases} \tag{2}$$

据此,求不定方程(*)的正整数解。注意: 其中 x 为奇数,y 为偶数。x,y 互质。

(1)的解是勾股数,佩尔方程的解法原理是利用根式运算的封闭性。凡此前面的闯关活动其实都已有所涉及,且类似问题我本来就比较有兴趣,又参考相关活动及讲评十分认真,因此,这个问题的解决倒并不感到怎样困难。我做出了,谁知还恰好被今天的评委叫上去板演,真是乐滋滋的。下面是我的解答。

解:结合①、②的解题策略,可得

$$x_0 + \sqrt{2} y_0 i = (1+\sqrt{2}i)(a+\sqrt{2}bi)^2 = (1+\sqrt{2}i)(a^2 - 2b^2 + 2\sqrt{2}abi)$$

$$= a^2 - 2b^2 - 4ab + (a^2 - 2b^2 + 2ab)\sqrt{2}i。由此解得$$

$$\begin{cases} x = |a^2 - 2b^2 - 4ab|, \\ y = |a^2 - 2b^2 + 2ab|,a,b \text{ 互质,} a \text{ 是奇数。包括 } a=1,b=0。 \\ z = a^2 + 2b^2。 \end{cases} \tag{3}$$

这个通式很滑稽,还可以有参变量取 0 的。但不这样,取不到 $x=y=z=1$ 的解。最小的解,当然 $a=b=1$,代入(3),得 $x=5$,$y=1$,$z=3$。

如果没有阅读资料,要得到通解很不容易。那么简洁地解决了问题,得到了评委的夸奖。

> **相关说明:** 这个方程及通解是著者为归纳各相关二次不定方程提出并设计解法解决。

关评委:刚才戈同学把这个问题解决了。我们今天解析的主题是"**纯二次不定方程**"。怎么叫做纯二次不定方程呢? 就是方程的变量都是按二次形式结构的,系数可以不是 1,但指数是 2。其正整数解不含公因数,通式不论讲过与否,都分别给出如下:

◇最常见、最简单的形式,当然就是勾股数对应的方程 $x^2+y^2=z^2$ 了。(2)是它的一个通解,即

$$\begin{cases} x=|a^2-b^2|, \\ \quad y=2ab, \quad a,b\ 互素,一奇一偶; \\ \ z=a^2+b^2。 \end{cases}$$

还有介绍过的通解:

$$\begin{cases} \quad x=a+\sqrt{2ab}, \\ \quad y=b+\sqrt{2ab}, \quad a,b\ 互素,一奇一偶;但\sqrt{2ab}\ 是平方数。 \\ z=a+b+\sqrt{2ab}。 \end{cases}$$

◇ $x^2+2y^2=z^2$。$\begin{cases} x=|a^2-2b^2|, \\ \quad y=2ab, \quad a,b\ 互素,a\ 是奇数。 \\ \ z=a^2+2b^2。 \end{cases}$

☆◇ $x^2+3y^2=z^2$。$\begin{cases} x=|a^2-3b^2|, \\ \quad y=2ab, \quad a,b\ 互素,a\ 是奇数。 \\ \ z=a^2+3b^2。 \end{cases}$

◇ $x^2+y^2=2z^2$。$\begin{cases} x=|a^2-b^2+2ab|, \\ y=|a^2-b^2-2ab|,a,b\ 互素,一奇一偶。包括\ a+b=1\ 在内。 \\ \quad z=a^2+b^2。 \end{cases}$

☆◇ $x^2+2y^2=3z^2$。$\begin{cases} x=|a^2-2b^2-4ab|, \\ y=|a^2-2b^2+2ab|,a,b\ 互素,a\ 是奇数。包括\ a=1,b=0。 \\ \quad z=a^2+2b^2。 \end{cases}$

上述纯二次不定方程及其解,可以说这里给出的是最完整的,表达的也是最到位的。至于 $sx^2+ty^2=rz^2$,对什么正整数系数都讨论、都给解,似无必要。上面参考资料引出了一个很好的路子,仿此可争取得出其他给定系数值的解。

◇ $x^2+y^2=u^2$,$y^2+z^2=v^2$,$z^2+x^2=w^2$。$\begin{cases} x=a|4b^2-c^2|, \\ y=b|4a^2-c^2|,其中\ a,b,c\ 是 \\ \quad z=4abc。 \end{cases}$

勾股数。即 $a^2+b^2=c^2$,$(a,b)=1$,$a+b\equiv1(\bmod 2)$。

比如 $a=4$,$b=3$,$c=5 \Rightarrow x=44,y=117,z=240$;

$44^2+117^2=125^2$,$117^2+240^2=267^2$,$240^2+44^2=244^2$。[1]

三个关联勾股数的方程兜着转,居然有解(一般地,类此有解,往往就有无穷多解),很有意思的。但

$$x^2 + y^2 = z^2, \quad y^2 + z^2 = t^2$$

没有解。因为勾股数组总是确定的,不可能两个相同的数出现在两组勾股数中。

不定方程最常见的是三元不定方程。对于纯二次而言,就此告一段落。当然二次不定方程"不纯",有不少变化形式,也相当于最常见的,就是佩尔方程。简言之,变量 z 成了具体数,另一边一个系数是 1,一个系数是非平方数,两者异号联结。另外,也会出现齐次方程,或相关的方程组。兹不赘述。

☆◇ $x^2 + y^2 + z^2 = w^2$。$x = a$,$y = b$,$z = \dfrac{a^2 + b^2 - k^2}{2k}$,$w = \dfrac{a^2 + b^2 + k^2}{2k}$;其中

$a, b, k \in \mathbf{N}^*$,a, b 不同为奇数,$a^2 + b^2 - k^2 > 0$,$2k \mid (a^2 + b^2 - k^2)$,当然同时有 $2k \mid (a^2 + b^2 + k^2)$。

或

$x = a$,$y = b$,$z = \dfrac{u - v}{2}$,$w = \dfrac{u + v}{2}$。其中

$a, b, u, v, \in \mathbf{N}^*$,$a + b \equiv 1(\bmod 2)$,$a^2 + b^2 = uv$,$u > v$,$2 \mid (u - v)$,且 $2 \mid (u + v)$。[2]

由于 $x = a$,$y = b$,由此确定 k 或 u, v,使解具有了随意性。特别是第二个通解,原理是:构造一个 $z = (m - n)^2$,$w = (m + n)^2$,依然源于勾股数解的第一个通式;使变量的扩充有了可操作性。比如:

☆◇对于

$$x_1^2 + x_2^2 + \cdots + x_n^2 + y^2 = z^2, \tag{$* *$}$$

常有人问,这样的方程解是什么? 这可以说是纯二次不定方程最简明、最一般的形式。认为变量多于 3 个。由前面,总可以使

$$x_1 = a_1, \ x_2 = a_2, \ \cdots, \ x_n = a_n, \ a_1^2 + a_2^2 + \cdots + a_n^2 = pq, \ y = \frac{p - q}{2}, \ z = \frac{p + q}{2}$$

以形成通解。其中 $a_1, a_2, \cdots, a_n$ 可随意取正整数;p, q 为正奇数,$p > q$。

其实变量多时,确定通解已没有多大实用意义,能按主观意愿找解才是关键。因此,上述给解原理十分重要。

◇一组解 (x_0, y_0, z_0, w_0) 符合对应方程,对比勾股数,可以定义为**棱线数**。之所以称之为棱线数,是因为其几何意义是,**长方体的三度的平方和,等于对角线的平方**。其实还有一个几何意义,就是**三侧棱两两垂直的三棱锥三个侧面积的平方和,等于底面积的平方**。

◇棱线数有关性质,除了上述通式表示,还有:

性质 1 x, y, z 中,有且只有一个奇数,w 为奇数;

性质 2 x, y, z 中,或者一定有两个是 3 的倍数;或者 x, y, z 都不是 3 的倍数,w 是 3

的倍数；

性质 3 $x=a, y=b, z=ab, w=ab+1$ 是一组棱线数。其中 $b=a+1, a \in \mathbf{N}^*$。比如 $(1,2,2,3),(2,3,6,7),(3,4,12,13),\cdots$，给出这一性质，就在于它的特点十分显著。这样的解，我们前面的活动已经接触过了。

◇一个更有趣的问题是：(x, y, z, w) 是一组棱线数，变量都可以是平方数吗？也就是

$$x^4 + y^4 + z^4 = w^4$$

有正整数解吗？

文[1]对此有很好的说明：大数学家欧拉曾证明 $0 < t < 220\,000$ 没有解，因而断言不会有解。然而，他犯了纠正费尔马质数类似的错误。埃尔基斯(Elkies)理论证明可有无穷多解。由计算机得第一组解：$x = 2\,682\,440, y = 15\,365\,639, z = 18\,796\,760, w = 20\,615\,673$。没有计算机的时代，即便欧拉再能，也难以为力这样庞大的计算以致武断出错。

休息一下，然后集中时，对棱线数的应用，专门讲些例子。

（休息以后）

关评委：棱线数虽不及勾股数那么容易出现于数学问题，但对于整数问题，隐含显现的机会也不少，关键是应用的敏感性。我们举些例子，看看棱线数有什么奇妙应用。

☆**例 1** 关于**不定方程 $xy+yz+zx=0$ 的整数解** (4)

给人的感觉也许茫无头绪。引发对这一问题的思考与解决，起因于安振平提出的一个不等式问题(下面还会说到)。这里，我们先看

$$\begin{cases} x+y+z=t & (5) \\ x^2+y^2+z^2=t^2 & (6) \end{cases}$$

(5)之平方减(6)，即得(4)。且显然 $xyz \neq 0$ 时，不妨两正一负。

(6)的**正整数解**按棱线数通式：

$$x=m, y=n, z=\frac{m^2+n^2-k^2}{2k}, t=\frac{m^2+n^2+k^2}{2k}。z>0，且为整数；(m, n)=1,$$

即 m, n 互素，其一为奇数。

结合(5)，允许 $z<0$，有

$$m+n+\frac{m^2+n^2-k^2}{2k}=\frac{m^2+n^2+k^2}{2k} \Rightarrow k=m+n。$$

由此，$z=\dfrac{-mn}{m+n}, t=\dfrac{m^2+mn+n^2}{m+n}$。

去分母，即得(4)的解

$$x=m(m+n), y=n(m+n), z=-mn。$$

此时只需 m，$n \in \mathbf{N}$，即包含 0；$mn \neq 0$ 时，$(m, n) = 1$。

当 $n = 1$，$m = 1, 2, 3, \cdots$ 时，(5)、(6) 有很有意思的解组：

$$(-1, 2, 2, 3), (-2, 3, 6, 7), (-3, 4, 12, 13), \cdots$$

不考校分数，对这样的解，我们还是相当熟悉的。

所谓"安振平"不等式，是指

已知实数 a，b，c 满足 $a + b + c = 1$，$a^2 + b^2 + c^2 = 1$。

求证：$a^5 + b^5 + c^5 \leqslant 1$。[3]

(5)、(6) $t = 1$ 时的意义在于，安振平不等式的条件是有解的。其有理数的解为

$$\frac{m(m+n)}{m^2 + mn + n^2}, \quad \frac{n(m+n)}{m^2 + mn + n^2}, \quad \frac{-mn}{m^2 + mn + n^2}。 \quad m, n \in \mathbf{N}，不同时为 0。$$

由解不难推得 $a + b > 0$，$b + c > 0$，$c + a > 0$。

所以 $1 = (a + b + c)(a^2 + b^2 + c^2) = a^3 + (b + c)a^2 + b^3 + (c + a)b^2 + c^3 + (a + b)c^2$。

所以 $a^3 + b^3 + c^3 \leqslant 1$；

又 $1 = (a^2 + b^2 + c^2)^2 = a^4 + b^4 + c^4 + 2(a^2 b^2 + b^2 c^2 + c^2 a^2)$。

所以 $a^4 + b^4 + c^4 \leqslant 1$。

由数学归纳法可得 $a^n + b^n + c^n \leqslant 1$。$n \in \mathbf{N}^*$，$n \geqslant 3$。特别地，$abc \neq 0$，一定 $a^n + b^n + c^n < 1$。

这就是安振平不等式的推广结论，不只是证明 $a^5 + b^5 + c^5 \leqslant 1$。

$a + b + c = 1$，$a^2 + b^2 + c^2 = 1$ 有有理数解，但 $n \geqslant 3$，$abc \neq 0$ 时，$a^n + b^n + c^n < 1$。这倒很有点像费尔马大定理：勾股数 a，b，c 满足 $a^2 + b^2 = c^2$，但对于 $a^n + b^n = c^n$，$n \geqslant 3$。$n \in \mathbf{N}^*$ 总不成立。

例 2 一个等差数阵及其中的正平方数数列问题

文[4]给出了一个有趣的奇妙数阵。简单地说起来，就是第一行给出为自然数列，以后各行是它头顶上的数与右肩上的数之和。由此构造为：

$$\{a_{ij}\} = \begin{cases} 1 & 2 & 3 & 4 & \cdots & j-1 & j & j+1 & \cdots \\ 3 & 5 & 7 & 9 & \cdots & 2j-1 & 2j+1 & 2j+3 & \cdots \\ 8 & 12 & 16 & 20 & \cdots & 4j & 4j+4 & 4j+8 & \cdots \\ 20 & 28 & 36 & 44 & \cdots & 8j+4 & 8j+12 & 8j+20 & \cdots \\ \cdots & \cdots & \cdots & \cdots & \cdots & \cdots & \cdots & \cdots & \cdots \\ a_{i1} & a_{i2} & a_{i3} & a_{i4} & \cdots & a_{ij-1} & a_{ij} & a_{ij+1} & \cdots \end{cases}。 \quad (7)$$

且如果再加上"第 0 行"：$a'_{0j} = \left[\dfrac{j}{2}\right]\left(\dfrac{j}{2} \text{ 的整数部分}\right)$，$j = 1, 2, 3\cdots$

$$\{a'_{ij}\} = \begin{Bmatrix} 0 & 1 & \mathbf{1} & 2 & 2 & 3 & 3 & \cdots & a_{0j} & \cdots \\ 1 & 2 & 3 & \mathbf{4} & 5 & 6 & 7 & \cdots & a_{1j} & \cdots \\ 3 & 5 & 7 & \mathbf{9} & 11 & 13 & 15 & \cdots & a_{2j} & \cdots \\ 8 & 12 & \mathbf{16} & 20 & 24 & 28 & 32 & \cdots & a_{3j} & \cdots \\ 20 & 28 & \mathbf{36} & 44 & 52 & 60 & 68 & \cdots & a_{4j} & \cdots \\ 46 & \mathbf{64} & 80 & 96 & 112 & 128 & 144 & \cdots & a_{5j} & \cdots \\ 112 & \mathbf{144} & 176 & 208 & 240 & 272 & 304 & \cdots & a_{6j} & \cdots \\ \mathbf{256} & 320 & \cdots & \cdots & \cdots & \cdots & \cdots & \cdots & \cdots & \\ \mathbf{576} & \cdots & \cdots & \cdots & \cdots & \cdots & \cdots & \cdots & \cdots & \\ a_{i1} & a_{i2} & \cdots & \cdots & \cdots & \cdots & \cdots & \cdots & a_{ij} & \end{Bmatrix}。 \tag{8}$$

对有关性质的讨论中,隐含了一个有趣规律,即(8)的深色元素给出了平方数

$$1^2, 2^2, 3^2, 4^2, 6^2, 8^2, 12^2, 16^2, 24^2, \cdots \tag{9}$$

除 1 出现的位置有所遗憾外,这一现象确实耐人寻味。这样的平方数结构还能继续吗? 这个数阵为什么隐含这样的规律? 怎样使这个数阵标准化规范化,亦即对它正名。

这个数阵有两大重要结构特点:① $a_{ij} = a_{i-1j} + a_{i-1j+1}$;② (7)式各行为公差 $d = 1$,2,4,8,$\cdots$,2^{i-1} 的等差数列。

按此特征,(8)的"第 0 行"则破坏了构成规律。即"按理",第 0 行应当是 $d=0$ 的等差数列,即常数列;但如果是常数列,这个常数没法确定,①的计算也难以实现。

基于此,著者以为,这个数阵没有必要加上第 0 行;另一方面,为使(7)形成真正意义上的无穷数列,1 不应当是(7)的第 1 个数,而是相当于中间的一个数。"补上"左半边,因之完善的数阵应当是

$$\{a_{ij}\} = \begin{Bmatrix} \cdots & -4 & -3 & -2 & -1 & \mathbf{0} & 1 & 2 & 3 & \mathbf{4} & \cdots \\ \cdots & -7 & -5 & -3 & -1 & \mathbf{1} & 3 & 5 & 7 & \mathbf{9} & \cdots \\ \cdots & -12 & -8 & -4 & \mathbf{0} & \mathbf{4} & 8 & 12 & \mathbf{16} & 20 & \cdots \\ \cdots & -20 & -12 & -4 & \mathbf{4} & 12 & 20 & 28 & \mathbf{36} & 44 & \cdots \\ \cdots & -32 & -16 & \mathbf{0} & \mathbf{16} & 32 & 48 & \mathbf{64} & 80 & 96 & \cdots \\ \cdots & -48 & -16 & \mathbf{16} & 48 & 80 & 112 & \mathbf{144} & 176 & 208 & \cdots \\ \cdots & -64 & \mathbf{0} & \mathbf{64} & 128 & 192 & \mathbf{256} & 320 & 384 & 448 & \cdots \\ \cdots & -64 & \mathbf{64} & 192 & 320 & 448 & \mathbf{576} & 704 & 832 & 960 & \cdots \\ \cdots & \mathbf{0} & \mathbf{256} & 512 & 768 & \mathbf{1\,024} & 1\,280 & 1\,536 & 1\,792 & 2\,048 & \cdots \\ \cdots & \mathbf{256} & 768 & 1\,280 & 1\,792 & \mathbf{2\,304} & 2\,816 & 3\,328 & 3\,840 & 4\,352 & \cdots \\ \cdots & \mathbf{1\,024} & 2\,048 & 3\,072 & \mathbf{4\,096} & 5\,120 & 6\,144 & 7\,168 & 8\,192 & 9\,216 & \cdots \\ \cdots & 3\,072 & 5\,120 & 7\,168 & \mathbf{9\,216} & 11\,264 & 13\,312 & 15\,360 & 17\,408 & 19\,456 & \cdots \\ \cdots & \cdots & \cdots & \cdots & \cdots & \cdots & \cdots & \cdots & \cdots & \cdots & \end{Bmatrix}$$

$$\tag{10}$$

由(10)可以看到右边深色数字，

$$2^2, 3^2, 4^2, 6^2, 8^2, 12^2, 16^2, 24^2, \cdots \tag{11}$$

可以一直延续下去。有趣的是，同时还有另一个数字 0 下面的正整数平方带（见左边的深色元素）：

$$1^2, 2^2, 2^2, 4^2, 4^2, 8^2, 8^2, 16^2, 16^2, 32^2, \cdots \tag{12}$$

同样可以一直延续下去。

因此，(10)应是"等差数阵"的"正确形式"，且每行的左右两边都应是无穷的。因为一旦固定为有限形式，则最右边上的数，①的运算没法进行；也失去了对称美。

如果要写出(11)、(12)的通项公式，倒又是颇有趣味的事。事实上，(12)、(11)可改写为

$$1^2, 2^2, (2 \cdot 1)^2, (2 \cdot 2)^2, (4 \cdot 1)^2, (4 \cdot 2)^2, (8 \cdot 1)^2, (8 \cdot 2)^2, (16 \cdot 1)^2, (16 \cdot 2)^2, \cdots \tag{13}$$

$$2^2, 3^2, (2 \cdot 2)^2, (2 \cdot 3)^2, (4 \cdot 2)^2, (4 \cdot 3)^2, (8 \cdot 2)^2, (8 \cdot 3)^2, (16 \cdot 2)^2, (16 \cdot 3)^2, \cdots \tag{14}$$

两式中对于底数 $1, 2, 1, 2, 1, 2, \cdots$ 可表示为 $1 + \dfrac{1 + (-1)^n}{2}$;

对于 $2, 3, 2, 3, 2, 3, \cdots$ 可表示为 $2 + \dfrac{1 + (-1)^n}{2}$;

又 $1, 1, 2, 2, 4, 4, 8, 8, \cdots$ 可表示为 $2^{\left[\frac{n-1}{2}\right]}$。其中 $[x]$ 表示 x 的最大整数部分。

这样，若(13)、(14)的数列分别为 $\{a_n\}$，$\{b_n\}$，则

$$a_n = \left[2^{\left[\frac{n-1}{2}\right]} \cdot \frac{3 + (-1)^n}{2} \right]^2, \quad b_n = \left[2^{\left[\frac{n-1}{2}\right]} \cdot \frac{5 + (-1)^n}{2} \right]^2 。 n \in \mathbf{N}^* 。$$

有意思的是，(13)括号中的 1,2;(14)括号中的 2,3,由性质 3,(1,2,2,3)恰为一组棱线数。

例 3 参考文献[1]给出了一个很有趣的问题，即 $a, b, c \in \mathbf{N}^*$，$a^2 + b^2$，$b^2 + c^2$，$c^2 + a^2$ 都是平方数是可以做到的，且解亦无穷；同时提到一个著名的不定方程悬案："**即不知是否有正整数 x, y, z 使得 $x^2 + y^2$，$y^2 + z^2$，$z^2 + x^2$，$x^2 + y^2 + z^2$ 都是平方数。**"

也就是，长方体任意两个顶点连线的长，都可以是整数平方数吗？

利用棱线数可以判定这个问题无解。即

定理： $\qquad x^2 + y^2 = u^2, \quad y^2 + z^2 = v^2, \quad z^2 + x^2 = w^2 \tag{15}$

有正整数解时，$x^2 + y^2 + z^2 = t^2$ 没有正整数解。

(15)有解的例子，不妨 $x = 44$，$y = 117$，$z = 240$；$44^2 + 117^2 = 125^2$，$117^2 + 240^2 = 267^2$，$240^2 + 44^2 = 244^2$。这就是休息前曾提到的。其通式这里再给出如下：

$$x = a \mid 4b^2 - c^2 \mid, \quad y = b \mid 4a^2 - c^2 \mid, \quad z = 4abc。 \tag{16}$$

其中 a，b，c 是**勾股数**，即 $a^2 + b^2 = c^2$。a，b 互素，一奇一偶。

这个通式就不推导了，长方体棱与面对角线都是整数，为什么对角线不是呢？

☆**定理证明**：如果 $x^2 + y^2 + z^2 = t^2$，由通解，得 $c^6 + 16a^2b^2c^2 = c^2(c^4 + 16a^2b^2) = t^2$ 有正整数解，则 $c \mid t$。由**棱线数第二个通式**，不妨

$x = m$，$y = n$，m，$n \in \mathbf{N}^*$，互素，一奇一偶，且

$m^2 + n^2 = pq$，$z = \dfrac{p-q}{2}$，$t = \dfrac{p+q}{2}$，p，q 为奇数，$p > q$，以形成其解。

设 $t = d_1 c = \dfrac{p+q}{2}$，$z = d_2 c = \dfrac{p-q}{2}$，$d_1 > d_2$，则 $p = (d_1 + d_2)c$，$q = (d_1 - d_2)c$。

所以 $c \mid p$，$c \mid q$。

由 $pq = c^6$，$p > q$，a，b，c 是勾股数，最小为 3，4，5。于是：

① 设 $p = c^5$，$q = c$ 满足 z。即 $\dfrac{c^5 - c}{2} = 4abc$，$c^4 = 8ab + 1$。

但 $c^4 - 8ab - 1 = (a^2 + b^2)^2 - 8ab - 1 \geqslant 4a^2b^2 - 8ab - 1 = 4(ab-1)^2 - 5 > 0$；

② 设 $p = ec^4$，$q = fc$，奇数 $ef = c$ 以满足 z，$e > 1$，$f > 1$。即 $ec^3 - f - 8ab = 0$。但

$ec^3 - f - 8ab > ec^3 - c^2 - 8ab = (ec-1) \cdot c \cdot c - 8ab > 0$；

③ 设 $p = c^4$，$q = c^2$ 满足 z，即 $c^3 - c = 8ab$，但

$c^3 - c - 8ab > c^3 - c - c \cdot 2ab = c(a^2 - 2ab + b^2 - 1) = c[(a-b)^2 - 1] > 0$；

④ 设 $p = gc^3$，$q = hc^2$，奇数 $gh = c$ 以满足 z，$g > 1$，$h > 1$。即 $gc^2 - hc - 8ab = 0$。

但 $g \geqslant 5$ 时，$(g-1)(a^2 + b^2) - 4 \cdot 2ab + c(c-h) > 0$；

$g = 3$ 时，则 $\dfrac{(g^2 - 1)c^2 - 8gab}{g} = 0$，即 $c^2 - 3ab = 0$。

不妨 $(a, b) = 1$，否则，提取公因式，等式结构不变。

所以 $a^2 = 3ab - b^2 = b(3a - b)$。

显然此等式不能成立。总之，④之原等式不能成立。

综上，所以找不到勾股数 (a, b, c) 满足(3)，使 $x^2 + y^2 = u^2$，$y^2 + z^2 = v^2$，$z^2 + x^2 = w^2$，且还能满足 $x^2 + y^2 + z^2 = t^2$。

棱线数问题能形成这样丰富的应用，是相当令人欣慰的。

● **参考文献**

〔1〕 单墫,余红兵. 不定方程. 上海:上海教育出版社,1991.

〔2〕 梁开华,戴俊琪. 对一道征解题的商讨——兼谈棱线数的一些性质,数学通讯,1984,10.

〔3〕 安振平. 数学奥林匹克问题. 中学数学,2008,11.

〔4〕 杨之,王雪芹. 一个由自然数生成的奇妙数阵. 中学数学,2007,5.

挑战精选题

☆1. 由若干单位立方体摞成一个长方体,对角线长为 30,则长方体的三度为_____;所需立方体的个数为_____。

☆2. 对于不定方程 $a^2+b^2+c^2+d^2=t^2$,

(1) 说明 $t=5,7,9,11,13$ 时总有解;

(2) 给出一个用 n 的关系式表示的解。

3. 对于不定方程 $1^2+2^2+3^2+\cdots+n^2=y^2$,$n=1$ 当然是解,下一个 $n=$_____。$y=$_____。

4. 连续三个数的平方和与连续两个数的平方和能相等吗? 有文章指出,不定方程

$$(x-1)^2+x^2+(x+1)^2=y^2+(y+1)^2$$

有无穷多解。

试找出一个解 (x_0,y_0)。

5. 我们知道,$x^2+y^2=z^2$,x,y,z 连续时,有解 3,4,5;试确定

$$x^3+y^3+z^3=w^3, \quad x,y,z,w \text{ 连续}$$

的所有正整数解。

第13关 从实用的费尔马点开始

——六边形及其三线共点

今天的闯关题是平面几何,平面几何不是做过一次了吗? 可见这次夏令营对于逻辑思维的训练还是很重视的。第一道题还不知对不对,第二道题又被卡住了,第三道则是用解析几何解决的。运用高中知识结构嘛! 虽然弄出来了,但过程不顺。转过来再做第一道,到结束也没头绪,到底功底不够! 本来对平面几何学习兴趣就不大。今天讲评的是敖评委。

☆1. 设三个城市呈锐角三角形的三个顶点,在三个城市之间的某个区域恰是沙漠地带,因需要须建一飞机场,使飞机场到三个城市的距离之和为最小。飞机场应建于何处? (只说明,不加论证)

2. 如图 13-1,锐角三角形 ABC,过各边向形外作正三角形,点依次为 D、E、F,由此,形成一个六边形(注意:未必是凸的)。相对顶点连成 DC,AE,BF。证明 DC,AE,BF 共点。

☆3. **定义对边平行的六边形为"平行六边形"**。证明:平行六边形的对边中点连线共点。

图 13-1

敖评委:哪位同学开始?

章翼:第1题的这个点其实是费尔马点(还知道费尔马,真不可等闲视之),由于三个城市的点呈锐角三角形,就是与顶点张角都是 $120°$ 的点。Only one!

敖评委:很好! 那么,如果是直角三角形呢?

章翼:还是这样。即便是钝角三角形,当角度不大于 $120°$ 时总是这样;否则,就是钝角顶点本身。这好理解,比如 $\triangle ABC$,$\angle A = 120°$,$\triangle A'BC$,A 恰为费尔马点时,则 $AA' + AB + AC$ 为最小。A',A 重合,即 $\angle A$ 是 $120°$ 的钝角三角形,AA' 长是 0,A 就是费尔马点,最小值为 $AB + AC$;A' 在 BA 的延长线上,$\angle CA'B = 120°$,则 $\angle CAB > 120°$,A' 是费尔马点,但 $AB + AC < BA + AA' + A'C$。所以此时钝角顶点仍是所求点。

敖评委:对……

章翼：第 2 题也我来解吧！因为就相当于第 1 题。如图 13 - 2，分别作 △ABD、△BEC、△ACF 的外接圆。设 DC、BF 交于 O，连 AO、OE，由四点共圆，∠DOA = ∠DBA = 60°，∠DOB = ∠DAB = 60°，A、O、E 共线时，恰有 ∠BOE = 60° = ∠BCE。所以 O 在第 3 个圆周上。也在 AE 上。所以 DC、AE、BF 共点 O。且 O 就是费尔马点。不是第 2 题，点 O 还不容易确定呢！费尔马点也叫做"正等角中心"。

（掌声）

敖评委：知道为什么叫正等角中心吗？

章翼：不知道！

敖评委：第 1 题会证明吗？

章翼：没想过。

敖评委：我们没有要求对第 1 题证明。有会证明的吗？

张霓：我来！

我是在网上看到的。（按：和成彪，《费尔马点的性质与应用》）其实很简单！

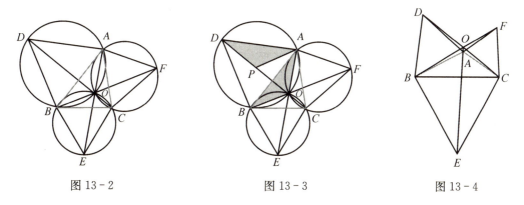

图 13 - 2　　　　　　　图 13 - 3　　　　　　　图 13 - 4

如图 13 - 3，在 DO 上取点 P，使 △APO 也是正三角形。易证 △ADP ≌ △ABO，所以，有 AO + BO + CO = PO + DP + OC = DC，在一条直线上，当然长度最短。

同时，且表明 DC = AE = BF。O 具有这样的性质，所以叫正等角中心。

这不稀奇。第 3 题也我来证吧！

（笑声）

这第 3 题，不妨用解析几何解决。（倒和我解法一致呢！）

敖评委：不过我还是要插一句。当顶角 A>120° 时，如图 13 - 4，三线共点的 O 到三角形外了，当然此时的费尔马点即点 A。

我们遇到不少的求最短距离问题，许多与对称、与光学性质相关。费尔马问题还是很实用，也很别致的。好！张选手，你继续吧！

张霓：对图形建立坐标系如图 13 - 5，设

$A(-2a, 0)$，$B(2a, 0)$，$C(2b, 2c)$，$F(2d, 2e)$，$D(2f, 2h)$，$E(2g, 2h)$。则

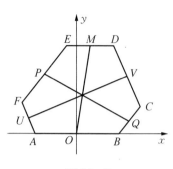

图 13-5

$M(f+g, 2h)$，$P(d+g, e+h)$，$Q(a+b, c)$，$U(d-a, e)$，$V(b+f, c+h)$。且

$$k_{DC} = k_{FA} \Rightarrow \frac{h-c}{f-b} = \frac{e}{d+a}，\text{所以 } ah+dh+be =$$

$ac+cd+ef$；

$$k_{EF} = k_{CB} \Rightarrow \frac{e-h}{d-g} = \frac{c}{b-a}，\text{所以 } ah+be+cg =$$

$ae+bh+cd$。

得 $ac+cg+ef = ae+bh+dh$，所以 $ac+cg+ef-ae-bh-dh = 0$。

又 OM、PQ、UV 方程分别为

$$y = \frac{h}{f+g}x，\text{所以 }(f+g)y = 2hx；$$

$$\frac{y-c}{e+h-c} = \frac{x-(a+b)}{d+g-a-b} \Rightarrow (d+g-a-b)y = (e+h-c)x+cd+cg-ae-ah-be-bh；$$

$$\frac{y-e}{c+h-e} = \frac{x+a-d}{b+f+a-d} \Rightarrow (b+f+a-d)y = (c+h-e)x+ac+ah+be+ef-cd-dh。$$

后面两式相加：$(f+g)y = 2hx+ac+cg+ef-ae-bh-dh$，所以 $(f+g)y = 2hx$。这表明，OM、PQ、UV 是共点的。

（掌声）

相关说明：著者曾把自编的题目 3 给学生有奖征答，学生陈益即用解析几何作答。只是原点建在 A 处。著者对"六边形及其三线共点"问题其时有系统研究，且曾与叶中豪交流。一晃二十多年过去了。论文《一道几何题引起的思考——兼谈"六边形及其三线共点"》参加全国第三届初等数学研究学术交流会。下面即根据文章内容演绎。[1]

敖评委：解得不错！本题也可用纯平面几何方法证明。我们已定义了"**平行六边形**"，再看一个定义，且给出引理：

☆定义：对边相等的平行六边形叫做"**标准六边形**"。很显然，

☆引理：标准六边形对角顶点连线共点。如图 13 - 6。

利用平行四边形对角线互相平分，证明是太简单了。但这一引理正可派用场。

☆题目 3 证明：如图 13 - 7，延长 FA 至 A_1，CB 至 B_1，连 A_1B_1，显然 A_1B_1CDEF 是标准六边形。因此，A_1D、EB_1、FC 共点 O。延长 MN 交 A_1B_1 于 N_1，则 N_1 亦 A_1B_1 中点。这表明，MN 通过 FC 中点。

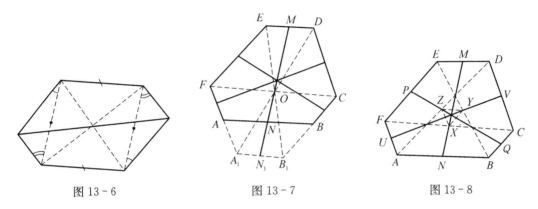

图 13 - 6　　　　　　图 13 - 7　　　　　　图 13 - 8

因此，如图 13 - 8，连接 AD、EB、FC，与 PQ、UV、MN 分别交于 Z、Y、X，且得比如 X 是 FC 中点；$ZY \parallel AB$ 且被 MN 平分。即 MN、PQ、UV 分别通过 $\triangle XYZ$ 的中线，当然交于一点。

三角形、四边形对应平面几何问题太多了，更多变形的几何问题研究情况有限，六边形是一块很好的园地，着重于三线共点更饶有兴趣；且探究问题极其丰富。我们相对集中汇集，包括刚才已给出的。当然仍是局部的，有兴趣者可继续探究。

☆**命题 1**：**定义**：对边相等的平行六边形为"标准六边形"。标准六边形对角顶点连线共点。

☆**命题 2**：平行六边形的对边中点连线共点。

命题 3：过三角形 ABC 各边向形外作正三角形，点依次为 D、E、F，由此，形成为一个六边形（注意：未必是凸的）。相对顶点连线共点。即费尔马点（正等角中心）；但对于含 $120°$ 的钝角三角形，交点即钝角顶点，大于 $120°$ 的钝角三角形，交点在形外。此时费尔马点即钝角顶点。

命题 4：（IMO 集训题·1989）过三角形 ABC 各边向形外作底角相同的等腰三角形，点依次为 D、E、F，由此，形成为一个六边形（注意：未必是凸的）。相对顶点连线共点。

命题 5：（匈牙利数竞）如图 13 - 9，单位圆中，$AB = CD = EF = 1$，M、N、P 分别为 BC、DE、FA 中点，则 $\triangle MNP$ 为正三角形。因此编拟为：

☆如图 13 - 10，单位圆中，$AB = CD = EF = 1$，N'，M，P'，N，M'，P 分别为六边形 $ABCDEF$ 各边的中点，则六边形 $N'MP'NM'P$ 的对角顶点连线共点。

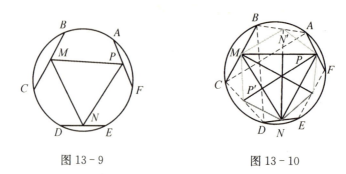

图 13-9   图 13-10

由于图 13-10 中四边形 $ABCD$ 是等腰梯形，$AC = BD \Rightarrow MN' = MP'$，因此，有

☆**命题 6**：$\triangle ABC$ 是正三角形，如图 13-11，有 $AD = AE$，$BD = DF$，$CF = CE$，则六边形 $ADBFCE$ 的对角顶点连线共点。

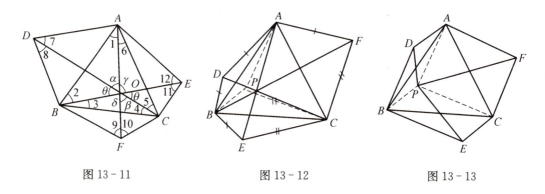

图 13-11   图 13-12   图 13-13

D、E、F 关于 AB、BC、CA 的对称点未必在形内，也不一定重合；但形内一点向形外作对称点，却保留命题 6 的条件。因此，如图 13-12，

☆**命题 7**：P 为正三角形 ABC 形内任意一点，D、E、F 为 P 关于边的对称点，则六边形 $ADBECF$ 的对角顶点连线共点。

反对称点也可以。如图 13-13，即

☆**命题 8**：P 为正三角形 ABC 形内任意一点，D、E、F 为 P 关于边的反对称点，则六边形 $ADBECF$ 的对角顶点连线共点。

还回到题目 3，平行六边形的对角顶点连线与边之间未必平行。但对角顶点连线与边之间如果平行，则原来的六边形却未必是平行六边形。如图 13-14，即有

命题 9（叶中豪）：六边形 $ABCDEF$ 满足 $AB /\!/ FC$，$CD /\!/ BE$，$FE /\!/ AD$，L'，M'，N'；L''，M''，N'' 分别是 AB，CD，EF；FC，BE，AD 的中点，则 $L'L''$，$M'M''$，$N'N''$ 三线共点。[2]

对题目 3，叶先生也有更强的结论：如图 13-15，

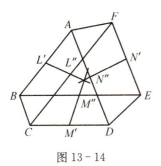

图 13-14

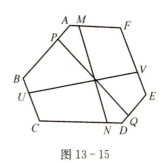

图 13-15

命题 10(叶中豪)：六边形 $ABCDEF$ 中，

$$\frac{EM}{MD} = \frac{BN}{NA} = k_1, \quad \frac{EP}{PF} = \frac{BQ}{QC} = k_2, \quad \frac{FU}{UA} = \frac{CV}{VD} = k_3, \text{且有 } k_1 k_2 k_3 = 1, \text{则}$$

MN, PQ, UV 共点。[3]

又回到命题 7，所谓轴对称相当于图形绕边立体式翻转，如果是绕点平面式旋转呢？如图 13-16，有

☆**命题 11**：P 为正三角形 ABC 形内任意一点，$\triangle PAB$ 绕 B 旋转至 $\triangle DCB$，$\triangle PBC$ 绕 C 旋转至 $\triangle EAC$，$\triangle PCA$ 绕 A 旋转至 $\triangle FBA$。则六边形 $AFBDCE$ 的对角顶点连线共点。

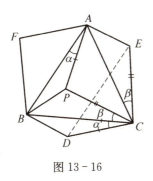

图 13-16

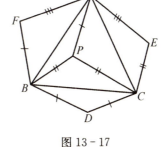

图 13-17

命题 11 相当于图形绕点逆时针旋转，如果顺时针不绕点旋转，使正三角形的边重合呢？如图 13-17，有

☆**命题 12**：P 为正三角形 ABC 形内任意一点，$\triangle PAB$ 顺时针旋转使 A 重合于 B，B 重合于 C，$\triangle PBC$，$\triangle PCA$ 如法炮制，则六边形 $AFBDCE$ 的对角顶点连线共点。

叶先生似对六边形及其三线共点亦兴趣浓烈，如图 13-18A，相关注记[4]有

命题 13(叶中豪)：$\triangle OAB$，$\triangle OCD$，$\triangle OEF$ 都是正三角形，P、Q、R、S、T、U 分别是 AB，BC，CD，DE，EF，FA 的中点，则六边形 $PQRSTU$ 的对角顶点连线共点。

事实上，观察图 13-16 之变化为图 13-18B，三角形内一点 P 即 O，相当于命题 11 应有两个结论：

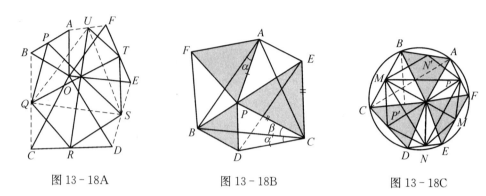

图13-18A 图13-18B 图13-18C

命题11′：P 为正三角形 ABC 形内任意一点，分别给定△ABC 顶点旋转，得△DCB，△EAC，△FBA。则

☆① 六边形 $AFBDCE$ 的对角顶点连线共点；

② 六边形 $AFBDCE$ 的对边中点连线共点。

再观察图13-10之变化为图13-18C，命题13，即②，其实也就是命题5。

因之类比，命题7，命题8，命题11，命题12 其实都存在第二个结论，即那些六边形的对边中点连线共点。值得指出的是，对角顶点连线所共的点与对边中点连线所共的点一般并不重合。

上述这些命题，形成实质性不同的命题并不多。这说明了事物客观存在方式的多样性。就像元素有同位素，同样物种有不同品种一样。同时，上述所在命题的构图，可能还存在更多更丰富更有趣的结论；当然也包括其他相关点连线可共点的结论。比如共点的"对偶"方式，还远不止命题7、命题8、命题11、命题12。叶先生还给出：[5]

命题14(叶中豪)：在△ABC 的各边上任截两点构成六边形 $VXWYUZ$，满足对角的顶点连线共点(如图13-19之实线所共点)；又在三边上分别作这些点关于线段的对称点(比如 $BV' = CW$，$BZ' = CY$)，则形成的六边形 $Y'U'Z'V'X'W'$ 的对角顶点连线也共点(如图13-19之虚线所共点)。

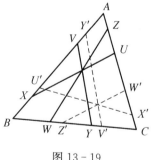

图13-19

上述多与(正)三角形相关。还回到圆，变换条件，有

命题15：(数学试验班招生试题·1991)如图13-20，圆内接凸六边形，$AB = BC$，$CD = DE$，$EF = FA$，则六边形 $ABCDEF$ 的对角顶点连线共点。

这里没有正三角形，但对应等腰三角形。不等腰呢？

命题 16：(前苏联数竞题·1973)△ABC 三边形外存在的△ADB,△BEC,△CFA 满足条件如图 13-21,则六边形 $ADBECF$ 的对角顶点连线共点。

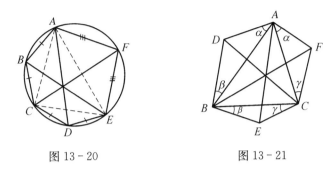

图 13-20   图 13-21

陈希指出,命题 4,也就是 1989 年的国家集训题,如果等腰三角形底角是 30°,那么,顶点即相应正三角形中心。把这个中心推广为相似多边形外接圆的圆心呢？如图 13-22,[6]

命题 17(陈希)：△ABC 的三边为三个圆的弦,弦所在的圆内接多边形相似且走向相同,则六边形 $AO_3BO_1CO_2$ 的对角顶点连线共点。

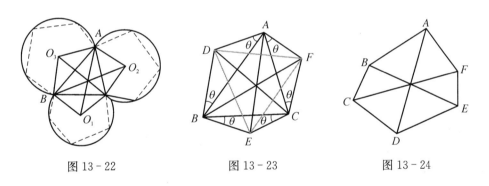

图 13-22   图 13-23   图 13-24

说到这里,还得再归纳一下。集训题中的底角如果是 30°,顶点 D、E、F 其实即正三角形中心,且它们自身恰为正三角形。这个结论就是著名的**拿破仑三角形**。由边 AB、BC、CA 还可以向形内分别作底角 30° 的等腰三角形,三个顶点也构成正三角形。前者叫**外拿破仑三角形**,后者叫**内拿破仑三角形**。正因为拿破仑数学上有不错的成就与创见,尤其是拿破仑三角形的声誉,所以获此殊荣倒不是因为他是皇帝,他还是法国科学院的数学院士呢。

边、角的相等关系改变为其他呢？有关讲座有[7]

命题 18：如图 13-24,六边形的对角顶点连线 AD、BE、CF 分别把六边形分作等积的两部分,则 AD、BE、CF 共点。

梁开华在研究六边形及其三线共点的过程中,还得出一些结论。有的相当简单,有的也还不错。继续分述如下。如图 13 - 25,

☆**命题 19**:六边形 $ABCDEF$ 中,$BF /\!/ CE$,$\triangle ABF \backsim \triangle DEC$(注意对应关系),则对角的顶点连线共点。

☆**命题 20**:如图 13 - 26,六边形的相隔顶点所连的两个三角形对应边平行,则六边形 $AFBDCE$ 的对角顶点连线共点。

☆**命题 21**:定义凸六边形如图 13 - 27 两相对顶点所在的三角形为**相对三角形**,则六边形中各相对三角形的重心连线共点。

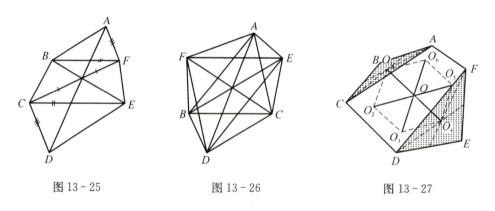

图 13 - 25   图 13 - 26   图 13 - 27

六边形三线共点的条件除涉于线段、角度、面积、重心等,其他作图方式或条件也能形成命题。比如,有

☆**命题 22**:以 $\triangle ABC$ 的两边向外作正方形,如图 13 - 28,则六边形 $MNBCPQ$ 的对角顶点连线共点。

☆**命题 23**:以 $\triangle ABC$ 的两边向外作正方形,如图 13 - 29,则六边形 $MNBCPQ$ 中,BC、MQ 的中垂线与 NP 共点。

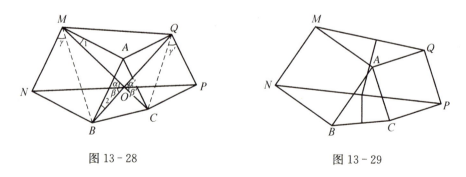

图 13 - 28   图 13 - 29

☆**命题 24**:如图 13 - 30,$\triangle ABC$ 边的三等分点与顶点连线两两相交,得 P、M、N 及 X、Y、Z 点,则六边形 $PXMYNZ$ 的对角顶点连线共点。

☆命题 25：如图 13-31，△ABC 顶角的三等分线两两相交，得 X、Y、Z 及 M、N、P 点，则六边形 MXNYPZ 的对角顶点连线共点。△XYZ 恰是正三角形，就是著名的**莫雷三角形**。

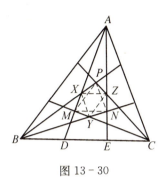

图 13-30

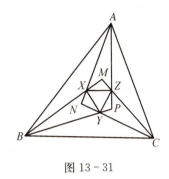

图 13-31

今天就到这里。

● 参考文献

[1] 梁开华. 一道几何题引起的思考——兼谈"六边形及其三线共点". 武汉全国第三届初等数学学术研究交流会论文集.

[2]、[3] 叶中豪. 数学通讯，1992.1：36-37.

[4] 叶中豪. 数学通讯，1994.12：35.

[5] 叶中豪. 数学通讯，1992.11：69.

[6] 陈希. 注意开发习题功能，发展学生创造能力，数学教师，1989,8.

[7] 常庚哲. 高中数学竞赛辅导讲座. 上海：上海科学技术出版社，1987.

脑力加油站

著者 1991 年曾拜访过叶中豪先生，探讨过六边形与三线共点问题，可以说因之开启了六边形问题探究的先河。早在 20 世纪 80 年代末，著者兴之所至，时不时出一些数学问题给学生有奖征答，数学问题很受学生欢迎。包括本篇平行六边形对边中点连线陈益解析几何的证明。即便在今天，这样的三线共点证明思想，即两直线相加为第三条直线，方法仍是先进的；另有一个本人定义的"纸风车"问题：使平行六边形 ABCDEF 的各边向某一方向延长至与对边等长，如图 13-32，形成新的六边形 PXNQYM，则对角顶点连线 PQ，XY，MN 是否

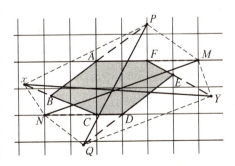

图 13-32

共点? 当年我的学生毛文新用特殊值法予以否定。比如 $A(0,2)$，$B\left(-\dfrac{8}{5},\dfrac{4}{5}\right)$，$C(0,0)$，$D(1,0)$，$E\left(3,\dfrac{3}{2}\right)$，$F(2,2)$；得 $P\left(2,\dfrac{7}{2}\right)$，$Q\left(-\dfrac{3}{5},-\dfrac{6}{5}\right)$，$X\left(-\dfrac{13}{5},\dfrac{13}{10}\right)$，$Y\left(\dfrac{23}{5},\dfrac{7}{10}\right)$，$M(3,2)$，$N(-2,0)$。易解得 PQ，XY，MN 不共点。

由于作图的误差性，有时在图形上，是否共点几乎看不出来。因此，单凭主观或直觉不能说明问题。

本人探究六边形是出于这样的思考：三角形、四边形问题已浩如烟海；对六边形，则择取三线共点切入。这样的图案本身，就充满着美。蜜蜂筑巢的单位型图案是正六边形的；雪花在显微镜下色彩缤纷，没有两朵一样的，却总呈三线共点样式。其实在美中蕴含物理的聚能原理。超距离的超新星爆发，照片是呈正六边形形态的；点光源光的"芒"应该是雪花型的。

叶中豪先生则不愧为平几专家，更着眼于学术层面的探究。提出"**完美六边形**"概念，应该他是最早的。即在复平面内，六个顶点的复数分别为 a，b，c，d，e，f，满足

$$\frac{a-b}{b-c}\cdot\frac{c-d}{d-e}\cdot\frac{e-f}{f-a}=-1。$$

未曾料想，自那以后，尤其是关于完美六边形的研究，居然方兴未艾，大有其人。尤其事隔 20 多年，近来的特色与成果更上了一个新台阶。2012 年的第八届初等数学研究学术交流会，值得一提的有赵勇《完美六边形研究综述》；潘成华、田开斌《伪旁切圆中的共点、共线问题》；田开斌、潘成华《关于三角形旁切圆中的若干问题》。其中形成不少是六边形三线共点问题。聊举数例以飨读者：

例 1：赵文《论文集》P118。

关于完美六边形及其垂足六边形之间的关系，叶中豪(2008.07.04)提出了一个有趣的定理：

定理 7 垂足六边形的各边中点，与原完美六边形相应边中点的连线，形成三对平行线。

证 如图 13-33，显然 A、B、B_1、A_1 四点在以 AB 为直径的圆上，所以 AB、A_1B_1 中点的连线就是线段 A_1B_1 的中垂线。即垂足六边形的各边中点，与原完美六边形相应边中点的连线分别是垂足六边形各边的中垂线，由定理 6，定理 7 得证。

赵勇(2011.05.24)提出了一个与之相关的定理：

定理 8 定理 7 中三对平行线的中线共点。

定理 8 中两条平行线的中线是指与两条平行线平行且距离相等的一条直线（如图 13-34）。定理 8 中三对平行线的中线所共之点，我们不妨称为完美六边形的中心，这是完美六边形的一个特殊点。

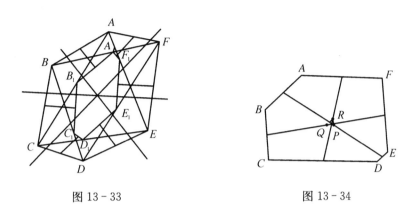

图 13-33　　　　　　　　　　　　　图 13-34

例 2：潘、田文《论文集》P162～P163。

命题一：如图 13-35，$\triangle ABC$ 外接圆为 $\odot O$，$\odot O_1$ 与 $\odot O$ 外切于点 D，且分别切 AB、AC 于 G、H，$\odot O_2$ 与 $\odot O$ 外切于点 E，且分别切 BC、BA 于 I、J，$\odot O_2$ 与 $\odot O$ 外切于点 F，且分别切 CA、CB 于 K、L。求证：AD、BE、CF 三线共点。

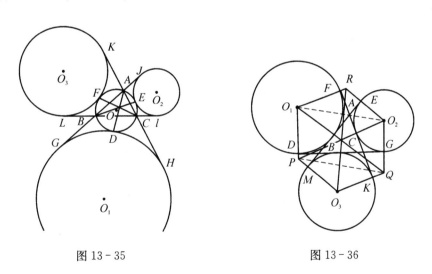

图 13-35　　　　　　　　　　　　　图 13-36

例 3：潘、田文《论文集》P162～P163。

推论 1　如图 13-36，$\odot O_1$、$\odot O_2$、$\odot O_3$ 分别是 $\triangle ABC$ 的 C-，B-，A-三个旁切圆，$\odot O_1$ 分别切边 AC，BC 于 D，F，$\odot O_2$ 分别切边 AB，BC 于 E，G、$\odot O_3$ 分别切边 AB，AC 于 M，K，O_1D 交 O_3M 于 P，O_2G 交 O_3K 于 Q，O_1F 交 O_2G 于 R，求证：O_1Q、O_2P、O_3R 三线共点。

例 4：（潘成华）四边形 $ACFG$、$BCDE$、$ABHI$ 是正方形，线段 BG、AE 交于 Q，BF、

AD 交于 I，HC、AE 交于 Y，IC、BG 交于 X，BF、HC 交于 K，AD、IC 交于 L。如图 13 - 37，则 QZ、YL、XK 共点，且 $\angle DAE + \angle GBF + \angle HCL = 90°$。

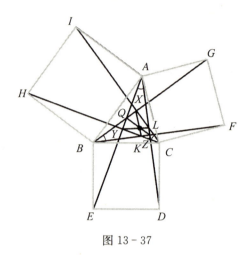

图 13 - 37

这道题，可谓与本关中命题 24、命题 25 相映成趣。

另不赘述。说明六边形三线共点问题，是探究六边形所必然出现的图形结构与问题焦点，有无限广阔的空间与极其丰富的内容。对于他们的文章与研究成果，有兴趣者可参看全文或相关资料。

挑 战 精 选 题

1. ☆命题 6：$\triangle ABC$ 是正三角形，如题 1 图，有 $AD = AE$，$BD = DF$，$CF = CE$，证明：六边形 $ADBFCE$ 的对角顶点连线共点。

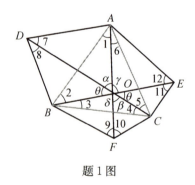 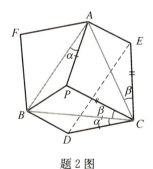

题 1 图   题 2 图

2. ☆命题 11：P 为正三角形 ABC 形内任意一点，$\triangle PAB$ 绕 B 旋转至 $\triangle DCB$，$\triangle PBC$ 绕 C 旋转至 $\triangle EAC$，$\triangle PCA$ 绕 A 旋转至 $\triangle FBA$。

证明：六边形 $AFBDCE$ 的对角顶点连线共点。

3.（1）☆命题 21：定义凸六边形如题 3 图两相对顶点所在的三角形为**相对三角形**，证明：六边形中各相对三角形的重心连线共点。

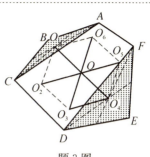

题 3 图

☆（2）证明平行六边形对边中点连线的交点就是该六边形的重心。

4. ☆命题 22：以 $\triangle ABC$ 的两边向外作正方形，如题 4 图，则六边形 $MNBCPQ$ 的对角顶点连线共点。

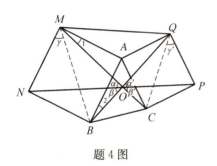

题 4 图

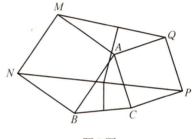

题 5 图

5. ☆命题 23：以 $\triangle ABC$ 的两边向外作正方形，如题 5 图，则六边形 $MNBCPQ$ 中，BC、MQ 的中垂线与 NP 共点。

6.（**法格乃诺问题**）在已知锐角三角形中，作周长最小的内接三角形。

第14关 无穷对于有限认知的冲击
——连分数与佩尔方程

作为选手,我非常满意这次夏令营的活动与问题十分关联于实际问题,评委的解析也相当突出数学问题的背景与实际应用。当然这样的应用是两个层面的:一是直接与现实生活、社会实际联系起来;二是把这一问题改变为另一问题,而后者是能够或便于用学过的数学知识去解决的。今天的闯关题,这一特点也相当显著。

☆1. 某地若干户农民平整山地,清理出 255 亩见方(也就是呈正方形)的待用农田来,然后各家平分一块见方地若干亩(分界留空过道不计),留一亩见方地准备挖成水池养鱼。试在围棋盘上用围棋子模拟设计,求出有_____户农民,每家分得_____亩;又如果仍是这些农户承包了一处山林植树,按此原理计算,这处山林总计_____亩;每户分得_____亩。

☆2.(1)找出不定方程 $x+y=x^2-3xy+y^2$ 的三组解 $(x \geqslant y)$;

(2)证明此方程有无穷多解。

通过解题,领略到今天的主题与佩尔方程有关。这玩意我虽不甚了了,但之前的活动多少有所涉及了。感悟到这一点还是通过解第一题,我是先迂回过去解,然后才体会到的。我是这样做的:

1. 解:$225-1=224$,$224/4=56$,$56/4=14$。行了。$15^2-4^2 \cdot 14=1$。一共 14 户人家,每户 16 亩田。接下来的问题,我也知道相当于解不定方程 $x^2-14y^2=1$,确定适当的 x,y。这下一个解,因为不知道解的公式,慢慢去试怪不愿意的。先解第二题吧。接着的这些数据还是后来补记的:

由 $x_0+\sqrt{14}y_0=(15+4\sqrt{14})^n$,$n=2$,$x_0=449$,$y_0=120$。再填入 $449^2=201\,601$;$120^2=14\,400$。n 再大,失去实际意义了。

第二题当作二次方程解,路子倒是撞对了。可惜后面没章程了。好在还有时间,凑吧!还不算大,弄出个(12,4)或(4,12)……

后来知道佩尔方程 $x^2-Dy^2=1$ 的解:$x_0+y_0\sqrt{D}=(a+b\sqrt{D})^n$,$(x_0,y_0)=(a,$

b) 是方程的第一个解。其中 D 不是平方数。对于 $x^2 - Dy^2 = \pm C$，C 是常数，先找出最小解 (c, d)，则一般解为 $x_0 + y_0 \sqrt{D} = |(a + b\sqrt{D})^n (c \pm d\sqrt{D})|$。其实倒也不难弄。下面是完整记录：

2. 解：$x^2 - (3y + 1)x + y^2 - y = 0$。$x = \dfrac{3y + 1 \pm \sqrt{5y^2 + 10y + 1}}{2}$。必须

$5y^2 + 10y + 1 = m^2$。$m \in \mathbf{N}^*$。即 $m^2 - 5(y + 1)^2 = -4$。其中 $X^2 - 5Y^2 = 1$ 的解是 $X_0 + \sqrt{5}Y_0 = (9 + 4\sqrt{5})^n$；$X^2 - 5Y^2 = -4$ 的第一个解是 $X_0 + \sqrt{5}Y_0 = 1 + \sqrt{5}$。所以，得

$m_0 + (y_0 + 1)\sqrt{5} = |(9 + 4\sqrt{5})^n (1 \pm \sqrt{5})| \Rightarrow (m_0 + (y_0 + 1)) = (1, 1), (11, 5), (29, 13)$。

$m_0 = 11$，$y_0 = 4$ 时，解得 $x_1 = 12$，$x_2 = 1$。所以方程可以有两组解为 $(x, y) = (12, 4), (1, 4)$。由对称，当然交换得 $(4, 12), (4, 1)$ 也是解；

$m_0 = 29$，$y_0 = 12$ 时，解得 $x_3 = 4$，$x_4 = 33$。所以方程又可以有两组解为 $(x, y) = (4, 12), (33, 12)$。由对称，当然交换得 $(12, 4), (12, 33)$ 也是解。

由 $x > y$，且综合，得 $(x, y) = (21, 4), (4, 1), (33, 12)$。

事实上，由佩尔方程可以给出原方程的全部解。即

$m_0 + (y_0 + 1)\sqrt{5} = |(9 + 4\sqrt{5})^n (1 \pm \sqrt{5})|$，$x_0 = \dfrac{3y_0 + 1 \pm \sqrt{5y_0{}^2 + 10y_0 + 1}}{2}$；然后

x_0，y_0 互换。由于 m_0 始终是奇数，$y_0 + 1$ 是奇数，y_0 是偶数；x_0 总有解。当然原不定方程有无穷多解。

随着夏令营活动的连日持续，内容与评议也是越来越精彩。所以，我对接着的讲评听得更为专注。

米评委：今天题解对应的主题，很多同学已经知道了，通过佩尔方程——这个概念我们已不生疏——去解才合理才明确。佩尔方程一般是指不定方程

$$x^2 - Dy^2 = 1。正整数 D 不是平方数。$$

广义地说，等号右边也可以不是 1，还可以是负的。它的解由第一个解"克隆"。表达为

$$x_0 + y_0\sqrt{D} = (a + b\sqrt{D})^n，(x_0, y_0) = (a, b) 即第一个解。$$

如果是

$$x^2 - Dy^2 = \pm C，C 是常数，$$

先找出最小解 (c, d)，则一般解为

$$x_0 + y_0 \sqrt{D} = |\, (a + b\sqrt{D})^n (c \pm d\sqrt{D}) \,|。$$

由于通解式中含"±"连接,因此,所得解数据可能比 (a, b) 小,这是需要明了的。另外,无理数化为连分数,$\sqrt{D}$ 一定可使连分数形成循环结构;但并非所有无理数都能如此。比如 $\pi = 3 + \dfrac{1}{7} \oplus \dfrac{1}{15} \oplus \dfrac{1}{292} \oplus \dfrac{1}{1} \oplus \dfrac{1}{1} \oplus \dfrac{1}{1} \oplus \dfrac{1}{21} \oplus \dfrac{1}{31} \oplus \dfrac{1}{14} \oplus \dfrac{1}{2} \oplus \dfrac{1}{1} \oplus \dfrac{1}{2} \oplus \cdots$

今天也有两道题都做对的。时间关系,就不叫同学板演,这里也不详讲了。好在资料上都有过程。

> **相关说明:** 更严格地讲,佩尔方程中的 D,应不含平方因数;因为平方的因数部分可以归入于变量。**本文解析的着眼点,即认为 D 是不含平方因数的。**其实,这样才更为合理且严谨。

佩尔方程及其解的意义在哪里呢?

数学研究,以及其实有许多实际问题,总会出现或形成形形色色的不定方程问题,大量的是二次以及二次以上的。这些不定方程,有些已研究出通式;有些已形成较为固定的解决办法,比如我们曾介绍过无穷递降法。有些则解决起来相当困难。自从出现了佩尔方程及其解的问题模式,情况则有了相当的改观。如果有些问题恰是佩尔方程所能够直接表示的,那再好没有;否则,转化为佩尔方程就是很不错的解题途径。因为一旦可表示为佩尔方程,解的情况就绝对明确了。为什么这么说呢?首先,怎么给出狭义佩尔方程的解呢?这个解的确定是和所谓"连分数"的概念范畴休戚与共的。

连分数的概念与意义显现在哪里?我们知道,在两个连续自然数之间,有无穷多个有理数。简言之,即分数。分数转化为小数时,如果分母只含 2 或 5 的因数,小数表达一定是有限的;否则,是无限的。但这种无限,是呈一定样式的循环的。循环形式由循环节表达。比如 $1 = 0.\dot{9}$,$\dfrac{1}{7} = 0.\dot{1}4285\dot{7}$,$\dfrac{1}{6} = 0.1\dot{6}$。那么,无限不循环小数呢?由刚才的分析,没有分数与之对应;也就是:这样的小数化不成分数——这就是无理数。

当年毕达哥拉斯"吹嘘"分数能表尽天地万物,以致"毕门"有弟子疑虑正方形对角线时,竟为"毕派"人物所不容而抛进大海。然而,分数样式还是不能被释怀;且一旦表达为"连分数"时,居然似乎无可奈何的无理数,也可予对应了。比如

$$\sqrt{2} = 1 + \cfrac{1}{2 + \cfrac{1}{2 + \cfrac{1}{2 + \cfrac{1}{2 + \ddots}}}} = 1 + \left(\dfrac{1}{2}\right)$$

且也有那种循环节的意味,正是微妙之极! 毕达哥拉斯在天之灵,应当慰藉了。

这个连分数的逐一数据,是怎么得来的呢? 在计算机语句表达里,有"/""\"的不同。比如"3/2=1.5",但"3\2=1";相当于 $\left[\!\left[\dfrac{3}{2}\right]\!\right]=1$。$[\![x]\!]$ 表示 x 的最大整数部分。连分数表达的原理,就是相当于把相应无穷计算的最大整数部分逐一离析出来。比如

$$\sqrt{2}=1+\frac{1}{k_1}\Rightarrow[\![k_1]\!]=\left[\!\left[\frac{1}{\sqrt{2}-1}\right]\!\right]=[\![\sqrt{2}+1]\!]=2;\cdots;\text{所以 }\sqrt{2}=1+\frac{1}{k_1}=1+\left(\frac{1}{2}\right)。$$

如果 $[\![x]\!]$ 不含分母,就表明"循环节"已经产生了。$[\![x]\!]$ 如果分母不是 1,类似过程还得进行下去;当然直到终止于分母是 1。简便起见,后面的 $\dfrac{1}{k_1}$ 中的 k_1 已指是整数。

$\sqrt{D}$ 的连分数的"截取"依次的表达,恰可形成为佩尔方程逐一的解。这里,就是说,$1+\dfrac{1}{2}=\dfrac{3}{2}$,所以,$x^2-2y^2=1$ 的第一个解是 $(3,2)$;$1+\dfrac{1}{2+\dfrac{1}{2}}=\dfrac{7}{5}$,$1+\dfrac{1}{2+\dfrac{1}{2+\dfrac{1}{2}}}=$

$\dfrac{17}{12}$,则第二个解是 $(17,12)$;$\cdots$;

怎么把解隔开表示呢? 原来解 $x_0+\sqrt{2}y_0=(3+2\sqrt{2})^n$,$n=2\Rightarrow(17,12)$。那么,$\dfrac{7}{5}$ 是怎么回事呢? 其实 $(7,5)$ 是 $x^2-2y^2=-1$ 的第二个解;第一个解是 $(1,1)$。也就是 -1 对应的解的通式是 $x_0+\sqrt{2}y_0=(1+\sqrt{2})^{2n+1}$。换言之,按前面广义佩尔方程解的表达,应为 $x_0+\sqrt{2}y_0=(3+2\sqrt{2})^n\cdot(1+\sqrt{2})=(1+\sqrt{2})^{2n+1}$。$\dfrac{1}{1}$ 恰是 $1+\left(\dfrac{1}{2}\right)$ 的第一个分数。

第二个分数 $1+\dfrac{1}{2}=\dfrac{3}{2}$ 才是 $x^2-2y^2=1$ 的第一个解。

由广义佩尔方程解的表达可知,狭义佩尔方程解的表达才是关键;也就是说,我们往往只关注狭义佩尔方程的解,其实关键的关键是第一个解。那么,怎样取连分数的值,确定为对应佩尔方程的第一个解呢? 休息以后再说。

(休息以后)

米评委:在循环小数里,有纯循环、混循环;循环节含一个元素或多个元素。那么,连分数的变化特点是什么呢? 怎么与佩尔方程相关联呢? 有这样的

定理: [1]非平方数 D 一定成立

$$\sqrt{D}=a_1+\left(\frac{1}{k_1}+\frac{1}{k_2}+\cdots+\frac{1}{k_n}\right)。$$

也就是可以化为循环连分数。

注意：这里的 k_i，$i = 1, 2, \cdots, n$ 已被取整。

佩尔方程

$$x^2 - Dy^2 = 1$$

的解为

$$x_0 + y_0 \sqrt{D} = (a + b\sqrt{D})^n, \quad (x_0, y_0) = (a, b) \text{ 即第一个解。}$$

$\dfrac{a}{b}$ 一定蕴含在 $\sqrt{D}$ 表示的连分数中。

① 循环节元素是一个，如 $\sqrt{2}$，则 $\dfrac{a}{b} = a_1 + \dfrac{1}{k_1} = 1 + \dfrac{1}{2} = \dfrac{3}{2}$。即"加数"是两个；

② 循环节元素是偶数个，即 n 是偶数，则 $\dfrac{a}{b} = a + \dfrac{1}{k_1} + \dfrac{1}{k_2} + \cdots + \dfrac{1}{k_{n-1}}$。即"加数"是 n 个；

③ 循环节元素是奇数个，即 n 是奇数，则"加数"是 $2n$ 个。所以

$$\dfrac{a}{b} = a_1 + \dfrac{1}{k_1} + \dfrac{1}{k_2} + \cdots + \dfrac{1}{k_n} + \dfrac{1}{k_1} + \dfrac{1}{k_2} + \cdots + \dfrac{1}{k_{n-1}}.$$

比如求 $x^2 - 19y^2 = 1$ 的解，由

$$\sqrt{19} = 4 + \dfrac{1}{k_1}, \quad [\![k_1]\!] = [\![\dfrac{1}{[\![\sqrt{19} - 4]\!]}]\!] = [\![\dfrac{\sqrt{19} + 4}{3}]\!] = 2, \quad \dfrac{\sqrt{19} + 4}{3} = [\![k_1]\!] + \dfrac{1}{k_2},$$

$$[\![k_2]\!] = [\![\dfrac{1}{\dfrac{\sqrt{19} + 4}{3} - 2}]\!] = [\![\dfrac{\sqrt{19} + 2}{5}]\!] = 1, \quad [\![k_3]\!] = [\![\dfrac{1}{\dfrac{\sqrt{19} + 2}{5} - 1}]\!] = [\![\dfrac{\sqrt{19} + 3}{2}]\!] = 3,$$

$$[\![k_4]\!] = [\![\dfrac{1}{\dfrac{\sqrt{19} + 3}{2} - 2}]\!] = [\![\dfrac{\sqrt{19} + 3}{5}]\!] = 1, \quad [\![k_5]\!] = [\![\dfrac{1}{\dfrac{\sqrt{19} + 3}{5} - 1}]\!] = [\![\dfrac{\sqrt{19} + 2}{3}]\!] = 2,$$

$$[\![k_6]\!] = [\![\dfrac{1}{\dfrac{\sqrt{19} + 2}{3} - 2}]\!] = [\![\sqrt{19} + 4]\!] = 8.$$

所以 $\sqrt{19} = 4 + \left(\dfrac{1}{2} + \dfrac{1}{1} + \dfrac{1}{3} + \dfrac{1}{1} + \dfrac{1}{2} + \dfrac{1}{8} \right)$；$n = 6$，是偶数。所以，由 6 个"加数"，得

$$\dfrac{a}{b} = 4 + \dfrac{1}{2} + \dfrac{1}{1} + \dfrac{1}{3} + \dfrac{1}{1} + \dfrac{1}{2} = \dfrac{170}{39}.$$

即 $x_0 + \sqrt{19}\, y_0 = (170 + 39\sqrt{19})^n$

又比如求 $x^2 - 13y^2 = 1$ 的解，由

$$\sqrt{13} = 3 + \left(\frac{1}{1} + \frac{1}{1} + \frac{1}{1} + \frac{1}{1} + \frac{1}{6} \right); n = 5,$$ 是奇数。所以，由 10 个"加数"，得

$$\frac{a}{b} = 3 + \frac{1}{1} + \frac{1}{1} + \frac{1}{1} + \frac{1}{1} + \frac{1}{6} + \frac{1}{1} + \frac{1}{1} + \frac{1}{1} + \frac{1}{1} = \frac{649}{180}。$$

即 $x_0 + \sqrt{13} y_0 = (649 + 180 \sqrt{19})^n$。

特别予以提醒的是：所有 $\sqrt{D}$ 的取分数段表示，观察那"加号：$+$"的位置，千万别误以为是直接相加，而是得按连分数的样式运算。正因为如此，有时变"$+$"为"$\oplus$"。

由以上举例，比如 $\sqrt{D} = \sqrt{2}, \sqrt{19}, \sqrt{13}$，显现了求佩尔方程第一个解的 3 种不同模式。循环节元素少时，运算量相对小；否则，运算过程蛮够呛的。但这是求解的"正途"。且佩尔方程的所有解，都蕴含在对应连分数之中。但我们得到第一个解，以后的解往往就按"通式"运算了；不仅如此，第一个解有时也许像解方程试根那样，逐一数据运算反而便捷些。如今计算机、计算器使用已是相当普遍。

"先进武器"未必恰为理想的"取胜之道"，辩证地看：（1）基础理论最好还是要懂、要会。自从"傻瓜"相机开了个头，人们现在已普遍不屑于理解问题解决细节，有时也会隐含不利元素；（2）干脆由对应程序，交给计算机解决。但编程也有针对性或麻烦性；（3）灵活处置，用综合方法解决。比如了解解的变化特点与规律，由此，即便试解，也可以数据跳跃式进行。这更以对应研究较为深入为基础。比如对于 $x^2 - 13y^2 = 1$，y 必须是偶数，又是 3 的倍数，还得被 5 整除；即 y 是 30 的倍数。这样，检验的数就很有限了。

如上可知，遇到"犯嫌"的 $\sqrt{D}$，这样做那样做也许都不顺，盲目乱试更无头绪。因此，是否明白知识原理就很关键；又也许未必把对应知识当一回事。因之，作为"传道、授业、解惑"者，必要建设以给出方法（4）：排出一定数据的解值表，须用时查一查，也许"立竿见影"，何其快哉！

我们列出了 20 以内 $\sqrt{D}$ 的连分数解，以及 60 以内佩尔方程的第一个解，可看 P107 脑力加油站。

作为夏令营的这次活动，难得有机会接触平时不易涉及的数学知识，就这么认知了，晓得怎么回事了，显然不尽理想。连分数，佩尔方程，这类知识结构还能给我们以什么启迪以及更深层次的感悟呢？

在数学史上，从有理数跨进无理数，是意义极为显著的质的飞跃。无理数的概念与无穷大的概念则是息息相关的。无穷相对于有限，由于不可及的无奈，相关真相及感知，与有限必然地天差地别。形成**无穷与有限的关联**，更往往匪夷所思。[2]

我们先来看这个问题：

$$1+\cfrac{1}{1+\cfrac{1}{1+\ddots}}=? \quad 又\sqrt{1+\sqrt{1+\sqrt{1+\cdots}}}=?$$

首先,这两个式子怎么计算呢? 不对无穷有一个质的认识,陷入束手无策也就不奇怪。"**物质**"相对于无穷,存在的特征是什么呢? **多一个少一个忽略不计**,诚所谓九牛一毛。基于此,

设 $1+\cfrac{1}{1+\cfrac{1}{1+\ddots}}=x$, 则 $1+\dfrac{1}{x}=x$。所以 $x^2-x-1=0$, $x>0$, $x=\dfrac{1+\sqrt{5}}{2}$。

同样,设 $\sqrt{1+\sqrt{1+\sqrt{1+\cdots}}}=y$, 则 $\sqrt{1+y}=y$, $y^2-y-1=0$, $y>0$,

$$y=\dfrac{1+\sqrt{5}}{2}。$$

所以 $1+\cfrac{1}{1+\cfrac{1}{1+\ddots}}=\sqrt{1+\sqrt{1+\sqrt{1+\cdots}}}$。

迥然不同的式子居然是相等的。正是不可思议! 第一个式子的每一个有限式,就是分数,即有理数;第二个式子从两层根号起,就不再是有理数。但在无穷状态下是一样的。这就提醒我们,**无穷形态的物质规律,绝不能用有限理念去认知去感觉;有限一旦竟至于无穷,物质内含可能有质的改变。**

这 $1+\cfrac{1}{1+\cfrac{1}{1+\ddots}}$ 中的 $\cfrac{1}{1+\cfrac{1}{1+\ddots}}$, 也就是 $\dfrac{1+\sqrt{5}}{2}-1=\dfrac{\sqrt{5}-1}{2}$, 就是名闻遐迩的黄金分割数。可见无穷形态下,物质的存在规律更是绚烂纷呈。

往往在无穷大背景下,还会形成**同是真理的悖论**。比如 $0.\dot{9}$ 怎么也小于 1,但确实 $0.\dot{9}=1$。**但无穷形态有时也很较真,差一丝半毫也不行。**比如 $\tan 90°$ 不存在。但向右偏那么一点点,一点点点,……是大得不得了的正的;向左则是负的。可谓天壤之别;$\pm\infty$ 之两极,却又交汇于一处,真是怪诞玄幻!

无穷大状态下的奇异结论对人们认知的启示,意义相当广泛,最重要的方面也许是人们对终极精髓的认识。可惜这些方面,社会顶尖人物,包括思想家科学家,未必感悟且自觉。比如"大爆炸"理论,逻辑上根本说不通。一个"点"居然如何如何,那么,这一个"点"怎么形成的呢? 宇宙年龄"算出"137 亿年,设想你"站在"137 亿年的"边缘""向前看",是什么呢? 所有这些,用"无穷大"的概念范畴去解释,也就豁然开朗!

人们总爱探究"打破砂锅""问到底",总爱弄明白那开始,那开始的开始,那最先的宇宙形态,到底是什么样子的。宇宙洪荒,空空荡荡。(按:这样的"空空荡荡",即为空间的无穷大;应当有"边界",但不可能有"边界"。)但请注意,再怎么认为是 0,也不是绝对的没有。那有和无之间,瞬息交替。虽然空空茫茫之中几无可见,但相对于**无穷大**,也就"到处"都有萤火虫般的明明灭灭。(按:几无可见,明明灭灭就是时间的无穷大,物质的无穷多。应当有"始点"、"终点",亦不可能有"始点"、"终点"。注意:虽然局部的物质形态认为是 0,整体却是无穷多。)既然无中存在有的可能性,难免碰撞,作用,结合。只要产生了 1,也就终而至于出现 2,难可扼制形成 3,由是在无穷大的时间跨度内,千千万万,变幻纷呈。这正是老子所言:**道生一,一生二,二生三,三生万物**。尤其需要注意的是,从宇宙洪荒到上千亿个星系,**在无穷大面前,其实并没有物质多少的差异**。这也只有按无穷大的悖论理念才能理解得通。又物质天生就有聚合的"本能",这一点已被宇航员在太空环境中证实。打一个未必恰当的例,物质的聚合形态就有点像抬头所见天空之风云变幻。也许万里无云,也许天高云淡,也许这里多些,那里少些。然而一旦云雾可成形,霜露雨雪,什么冻雨啦、冰雹啦、雷电啦,乃至台风、龙卷风,林林总总的天气变幻就像宇宙大家庭中的星际风云。也还是那句话:**道生一,一生二,二生三,三生万物**。物质世界天生就是这么过来的。始终在统一与规律模式中气象万千。(按:超新星诞生,黑洞,暗物质,星际散离或引合,等等,在无穷大面前,都算得什么?!)

无穷大的概念并不是远不可及。抽象虚幻的东西似乎脱离现实,不可捉摸。其实前面谈到数学中的许多例子,都在实际中形成明确的意义与计算。即便在其他科学领域与生活场景中,也应有广泛的对应与存在。而且更重要的,是在于由此形成认知、理解、处理事物矛盾的较好理念。比如天人合一、知行合一思想,等等。又比如文明、文化范畴的统一性与多样化,等等。没有统一,形不成标准与规范;否定多样,势必违背伦理,影响和谐的人事存在。为篇幅计,在此不再展开。

🔋 脑力加油站

☆1. 20 以内的 $\sqrt{D}$ 对应连分数表:

$$\sqrt{2} = 1 + \left(\frac{1}{2}\right); \sqrt{3} = 1 + \left(\frac{1}{1} \oplus \frac{1}{2}\right); \sqrt{5} = 2 + \left(\frac{1}{4}\right); \sqrt{6} = 2 + \left(\frac{1}{2} \oplus \frac{1}{4}\right); \sqrt{7} = 2 +$$

$$\left(\frac{1}{1} \oplus \frac{1}{1} \oplus \frac{1}{1} \oplus \frac{1}{4}\right);$$

$$\sqrt{8} = 2 + \left(\frac{1}{1} \oplus \frac{1}{4}\right); \sqrt{10} = 3 + \left(\frac{1}{6}\right); \sqrt{11} = 2 + \left(\frac{1}{3} \oplus \frac{1}{6}\right); \sqrt{12} = 3 + \left(\frac{1}{2} \oplus \frac{1}{6}\right);$$

$$\sqrt{13} = 3 + \left(\frac{1}{1} \oplus \frac{1}{1} \oplus \frac{1}{1} \oplus \frac{1}{1} \oplus \frac{1}{6}\right); \quad \sqrt{14} = 3 + \left(\frac{1}{1} \oplus \frac{1}{2} \oplus \frac{1}{1} \oplus \frac{1}{6}\right);$$

$$\sqrt{15} = 3 + \left(\frac{1}{1} \oplus \frac{1}{6}\right);$$

$$\sqrt{17} = 4 + \left(\frac{1}{8}\right); \quad \sqrt{18} = 4 + \left(\frac{1}{4} \oplus \frac{1}{8}\right); \quad \sqrt{19} = 4 + \left(\frac{1}{2} \oplus \frac{1}{1} \oplus \frac{1}{3} \oplus \frac{1}{1} \oplus \frac{1}{2} \oplus \frac{1}{8}\right);$$

$$\sqrt{20} = 4 + \left(\frac{1}{2} \oplus \frac{1}{8}\right).$$

☆2. 60 以内的 $\sqrt{D}$(D 不是平方数，且应不含平方因数) 对应佩尔方程的解：

由条件，$D = 1, 4, 9, 16, 25, 36, 49; 8, 12, 20, 24, 28, 32, 40, 44, 48, 52, 56, 60; 18, 27, 45, 54; 50$ 略；

(1) $D = m^2 + 1$ 时，

由此，$D = 5, 10, 17, 26, 37$ 略；

(2) $D = m^2 + 2$ 时，

由此，$D = 6, 11, 38, 51$ 略；

(3) $D = m(m + 1)$ 时，

由此，$D = 30, 42$ 略。

综合为 $1, 4, 5, 6, 8, 9, 10, 11, 12, 16, 17, 18, 20, 24, 25, 26, 27, 28, 30, 32, 36, 37, 38, 40, 42, 44, 45, 48, 49, 50, 51, 52, 54, 56, 60$。共 **35** 个可略。可通过其他佩尔方程的解推知对应佩尔方程的解。

$$x^2 - 2y^2 = 1, \quad x_0 + \sqrt{2}y_0 = (3 + 2\sqrt{2})^n.$$

$$\sqrt{D} = \sqrt{m(m+1)} \Rightarrow x_0 + \sqrt{m(m+1)}y_0 = \left[2m + 1 + 2\sqrt{m(m+1)}\right]^n;$$

$$x^2 - 3y^2 = 1, \quad x_0 + \sqrt{3}y_0 = (2 + \sqrt{3})^n.$$

$$\sqrt{D} = \sqrt{m^2 + 2} \Rightarrow x_0 + \sqrt{m^2 + 2}y_0 = \left[m^2 + 1 + m\sqrt{m^2 + 2}\right]^n;$$

$$x^2 - 5y^2 = 1, \quad x_0 + \sqrt{5}y_0 = (9 + 4\sqrt{5})^n.$$

$$\sqrt{D} = \sqrt{m^2 + 1} \Rightarrow x_0 + \sqrt{m^2 + 1}y_0 = \left[2m^2 + 1 + 2m\sqrt{m^2 + 1}\right]^n;$$

$$x^2 - 7y^2 = 1, \quad x_0 + \sqrt{7}y_0 = (8 + 3\sqrt{7})^n;$$

$$x^2 - 13y^2 = 1, \quad x_0 + \sqrt{13}y_0 = (649 + 180\sqrt{13})^n;$$

$$x^2 - 14y^2 = 1, \quad x_0 + \sqrt{14}y_0 = (15 + 4\sqrt{14})^n;$$

$$x^2 - 15y^2 = 1, \quad x_0 + \sqrt{15}y_0 = (4 + \sqrt{15})^n;$$

$$x^2 - 19y^2 = 1, \quad x_0 + \sqrt{19}y_0 = (170 + 39\sqrt{19})^n;$$

$x^2 - 21y^2 = 1, x_0 + \sqrt{21}y_0 = (55 + 12\sqrt{21})^n$；

$x^2 - 22y^2 = 1, x_0 + \sqrt{22}y_0 = (197 + 42\sqrt{22})^n$；

$x^2 - 23y^2 = 1, x_0 + \sqrt{23}y_0 = (24 + 5\sqrt{23})^n$；

$x^2 - 29y^2 = 1, x_0 + \sqrt{29}y_0 = (9\,801 + 1\,820\sqrt{29})^n$；

$x^2 - 31y^2 = 1, x_0 + \sqrt{31}y_0 = (1\,520 + 273\sqrt{31})^n$；

$x^2 - 33y^2 = 1, x_0 + \sqrt{33}y_0 = (23 + 4\sqrt{33})^n$；

$x^2 - 34y^2 = 1, x_0 + \sqrt{34}y_0 = (35 + 6\sqrt{34})^n$；

$x^2 - 35y^2 = 1, x_0 + \sqrt{35}y_0 = (6 + \sqrt{35})^n$；

$x^2 - 39y^2 = 1, x_0 + \sqrt{39}y_0 = (25 + 4\sqrt{39})^n$；

$x^2 - 41y^2 = 1, x_0 + \sqrt{41}y_0 = (2\,049 + 320\sqrt{41})^n$；

$x^2 - 43y^2 = 1, x_0 + \sqrt{43}y_0 = (3\,482 + 531\sqrt{43})^n$；

$x^2 - 46y^2 = 1, x_0 + \sqrt{46}y_0 = (24\,335 + 3\,588\sqrt{46})^n$；

$x^2 - 47y^2 = 1, x_0 + \sqrt{47}y_0 = (8 + 7\sqrt{47})^n$；

$x^2 - 53y^2 = 1, x_0 + \sqrt{53}y_0 = (66\,249 + 9\,100\sqrt{53})^n$；

$x^2 - 55y^2 = 1, x_0 + \sqrt{55}y_0 = (89 + 12\sqrt{55})^n$；

$x^2 - 57y^2 = 1, x_0 + \sqrt{57}y_0 = (151 + 20\sqrt{57})^n$；

$x^2 - 58y^2 = 1, x_0 + \sqrt{58}y_0 = (19\,603 + 2\,574\sqrt{58})^n$；

$x^2 - 59y^2 = 1, x_0 + \sqrt{59}y_0 = (530 + 69\sqrt{59})^n$。

● **参考文献**

[1] 夏圣亭. 不定方程浅说. 天津：天津人民出版社，1980.

[2] 梁开华. 无穷对于有限认知的冲击. 全国第八届初数交流会论文集.

挑战精选题

☆1. 确定 $m(m \in \mathbf{N}^*)$ 且证明佩尔方程 $x^2 - 2^m y^2 = -1$ 的正整数解。

2. 证明 $D \in \mathbf{N}^*, D = 3$ 时，佩尔方程 $x^2 - Dy^2 = -1$ 没有正整数解。

☆3. 满足什么条件时，佩尔方程 $x^2 - Dy^2 = 1$ 的解

(1) x 一定不是 3 的倍数？

(2) x 一定不是偶数？

(3) x 一定不是 5 的倍数？

4. （1）化 $\sqrt{101}$，$\sqrt{103}$ 为连分数；

（2）解佩尔方程 $x^2 - 102y^2 = 1$。

☆5. 不定方程 $x + 8y = x^2 - 5xy + y^2$ 有没有 100 以内的正整数解？如果有，请给出；如果没有，请说明理由。

第15关 解决不等式问题的原理与方法之一
——平抑法

今天活动的主题内容是不等式。提起不等式,是初等数学一大块相应内容极其丰富,问题解决方法多不胜举,可谓最能检验数学智慧、数学思想、创意性与灵活性的数学分支。难怪不等式研究领域最活跃,最能激起数学迷的兴趣与激情,涉及数学界精英最多,所出成果最广泛、最精彩,可谓全面开花,层出不穷。中国的初等数学研究自新中国成立以来,尤其是近几十年,愈来愈呈现生机勃勃之势,研究前沿,成果丰硕,甚至具有突出且显著的国际影响。据说单单表达《常用不等式》的公式与结论的,匡继昌先生的著作,厚厚 700 多页,已经 4 版,还是供不应求,是不等式研究的必备工具书;现任初等数学研究会主席杨学枝先生,阐述《不等式研究》的相关成果,也有厚厚的两本书;关于不等式的 22 道猜想,每个问题都属于顶尖问题,名贯遐迩。这些我都略知一二。今天的过关题,由于主题内容的特殊性,题目较多,还有两道选做题,可做可不做,但是对积累分有影响。

1. 已知 a, b, $c \in \mathbf{R}^+$,求证:$\dfrac{a}{b+c} + \dfrac{b}{c+a} + \dfrac{c}{a+b} \geqslant \dfrac{3}{2}$。

2. 在 $\triangle ABC$ 中,证明 $1 < \cos A + \cos B + \cos C \leqslant \dfrac{3}{2}$。

3. 已知 $a > b > c > 0$,求证:$a^{2a}b^{2b}c^{2c} > a^{b+c}b^{c+a}c^{a+b}$。

4. 一边长为 a 的正方形纸片四角剪去边长都相同的小正方形,再折成无盖长方体,如图 15-1,则其最大体积是_____。(限用初等方法,即不用导数)

选做题 1:(白俄罗斯数竞·2006)已知 a, b, $c > 0$,

求证:$\dfrac{a^3 - 2a + 2}{b+c} + \dfrac{b^3 - 2b + 2}{c+a} + \dfrac{c^3 - 2c + 2}{a+b} \geqslant \dfrac{3}{2}$。

选做题 2:(加拿大数竞·2008)已知 a, b, $c \in \mathbf{R}^+$,且 $a+b+c = 1$,

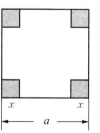
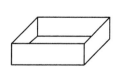

图 15-1

求证：$\dfrac{a-bc}{a+bc}+\dfrac{b-ca}{b+ca}+\dfrac{c-ab}{c+ab}\leqslant\dfrac{3}{2}$。

参加这次夏令营活动的，当然高手很多，因此，做出前面基本题的，显然大有人在。做出选做题的，也就……我是滴滴落落，第一道选做题眼看差不多了，时间却不够了。听讲评吧。

蓝评委：不等式是高考的选考内容。不等问题尤其是证明，之所以被高中数学淡化，就是其内容实在如无底洞，方法实在如万花筒。不等问题比相等更普遍更广泛，因此当然很重要很实用。不等式是数学竞赛中最能展现参赛能力的考点之一。想当年华罗庚等老一辈数学界泰斗，20 世纪中叶起在中国行起数学竞赛；中国自参加国际奥林匹克，渐次名列前茅，第一也越来越多。但现今中学数学却不看好数竞，这是什么道理呢？如今倡导的是，人人学必须学的数学，人人学适于自己发展的数学。数竞一旦陷入误区，会致人走火入魔，也许不利于全面发展。

拿当下的不等式研究来说，绝大部分问题有意义、有价值、有发展前景；但见仁见智，有些太背离实际，太繁杂怪异，只是数和形的魔幻类死胡同。其实各类学科都有其象牙塔环境，过犹不达。因此，关键仍在于内容、方法的建树与创新。华罗庚中外富享盛名，数学成果既笑傲群雄，也在推广优选法、正交试验等领域不遗余力，耐人深思。

因此，这里的夏令营活动，体现的是不等式内容更具活力的一面，更强调的是基本方法及解题要领；而不是迷恋难题，热衷技巧。

好了，言归正传。下面请几个同学上来做一做这几个题目。

苏选手：第一道题 Nesbitt·1903 不等式，曾作为 1963 年莫斯科数竞。被论证被应用的概率非常大，且被相关学者加强为

$$\dfrac{a}{b+c}+\dfrac{b}{c+a}+\dfrac{c}{a+b}\geqslant\dfrac{3}{2}+\dfrac{(a-b)^2+(b-c)^2+(c-a)^2}{(a+b+c)^2}。$$

有时作为其他不等式论证的跳板。

这个不等式的证明方法非常多。我认为较好的方法是**代换**：

设 $b+c=x,c+a=y,a+b=z\Rightarrow a=\dfrac{y+z-x}{2},b=\dfrac{z+x-y}{2},c=\dfrac{x+y-z}{2}$。

即证

$$\dfrac{y+z-x}{2x}+\dfrac{z+x-y}{2y}+\dfrac{x+y-z}{2z}\geqslant\dfrac{3}{2}\Leftrightarrow\dfrac{y+z}{x}+\dfrac{z+x}{y}+\dfrac{x+y}{z}\geqslant 6。$$ 正数

$\dfrac{x}{y}+\dfrac{y}{x}\geqslant 2,\dfrac{y}{z}+\dfrac{z}{y}\geqslant 2,\dfrac{z}{x}+\dfrac{x}{z}\geqslant 2$ 是基本不等式应用。所以原不等式成立。$a=b=c$ 时，等式成立。

蓝评委：苏同学，你说说，什么样的不等式适于代换呢？

苏同学：这还不明显吗？代换无非是化繁为简，化方法路数不清晰为清晰。本题分母虽然不算复杂，但一个总比两个好弄。所以这样代换。

世选手：由和差化积，在 $\triangle ABC$ 中，$\cos A + \cos B + \cos C = 1 + 4\sin\dfrac{A}{2}\sin\dfrac{B}{2}\sin\dfrac{C}{2} > 1$。又余弦函数的图像在第一象限是上凸的，上凸图形不论是上升还是下降，如图 15-2，总成立

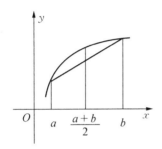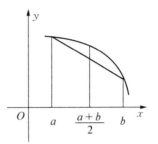

图 15-2

$$\frac{f(a)+f(b)}{2} \leqslant f\left(\frac{a+b}{2}\right)；一般地 \frac{f(x_1)+f(x_2)+\cdots+f(x_n)}{n} \leqslant f\left(\frac{x_1+x_2+\cdots+x_n}{n}\right)。$$

如果在给定范围内，$f(x)$ 是下凹的，下凹图形不等式反向。

利用函数的凸凹性，证明不等式简明而有效。求最大值，当然值的可能性尽量大，取第一象限，由 $\cos x$ 的上凸性，

$$\cos A + \cos B + \cos C = 3 \cdot \frac{\cos A + \cos B + \cos C}{3} \leqslant 3 \cdot \cos\frac{A+B+C}{3} = \frac{3}{2}。$$

所以 $1 < \cos A + \cos B + \cos C \leqslant \dfrac{3}{2}$。三角形是正三角形时取等号。

蓝评委：那么，如果允许内角是钝角呢？

田选手：那这样，由

$$\cos A + \cos B + \cos C = 1 + 4\sin\frac{A}{2}\sin\frac{B}{2}\sin\frac{C}{2} \leqslant 1 + 4 \cdot \frac{\sin^3\frac{A}{2} + \sin^3\frac{B}{2} + \sin^3\frac{C}{2}}{3}。$$

$\dfrac{A}{2} + \dfrac{B}{2} + \dfrac{C}{2} = \dfrac{\pi}{2}$，在第一象限，$f(x) = \sin^3 x$ 是上凸的，所以

$$1 + 4 \cdot \frac{\sin^3\frac{A}{2} + \sin^3\frac{B}{2} + \sin^3\frac{C}{2}}{3} \leqslant 1 + 4 \cdot \sin^3\left(\frac{\frac{A}{2}+\frac{B}{2}+\frac{C}{2}}{3}\right) = 1 + 4 \times \frac{1}{8} = \frac{3}{2}。$$

三角形是正三角形时取等号。

蓝评委：很好！

桑选手：证明：

因为 $\dfrac{a^{2a}b^{2b}c^{2c}}{a^{b+c}b^{c+a}c^{a+b}} = a^{a-b} \cdot a^{a-c} \cdot b^{b-c} \cdot b^{b-a} \cdot c^{c-a} \cdot c^{c-b} = \left(\dfrac{a}{b}\right)^{a-b} \cdot \left(\dfrac{b}{c}\right)^{b-c} \cdot \left(\dfrac{c}{a}\right)^{c-a} >$ $1 \times 1 \times 1$。所以原不等式成立。

蓝评委：做得很不错！桑选手，你用了什么方法证明，知道吗？

桑选手：不知道。反正做出来了。

蓝评委：好！相关解题思想我们等会儿再说。

帅选手：由图 15 - 1 的数据，解：

$$V = (a-2x)^2 x = (a-2x)(a-2x)x \cdot 4 \cdot \dfrac{1}{4}，因为 a - 2x + a - 2x + 4x = 2a 是$$

定值，

所以 $a - 2x = a - 2x = 4x \Rightarrow x = \dfrac{a}{6}$ 时，V 最大。$V_{\max} = \dfrac{1}{4} \cdot \left(4 \cdot \dfrac{a}{6}\right)^3 = \dfrac{2}{27}a^3$。

蓝评委：帅选手真是做得很帅。把基本不等式的应用用活了。现在不等式的问题，有些归于用导数方法解决了。但不用导数的有些基本做法，还是争取掌握的好。

下面两道选做题，有没有同学也上来做一做？

舒选手：1. 证明：不妨设 $a + b + c = s$，则不等式即为

$$\dfrac{a^3 - 2a + 2}{s-a} + \dfrac{b^3 - 2b + 2}{s-b} + \dfrac{c^3 - 2c + 2}{s-c} \geqslant \dfrac{3}{2}。$$

再设 $f(x) = \dfrac{x^3 - 2x + 3}{s-x}(0 < x < s)$，得 $f''(x) = 2\left(\dfrac{s^3 - 2s + 2}{(s-x)^3} - 1\right)$。

其中 $f(x)$ 的分子是三次函数，最小值在 $x = \sqrt{\dfrac{2}{3}}$ 时，超过 0.9。

① 不妨见图 15 - 3，当 $0 < s \leqslant 1.5$ 时，$f(x)$ 的一个函数值最小已超过 1；$s \geqslant 6$ 时，$f(2) = 1.5$。所以不等式已成立。

② 当 $1.5 < s \leqslant 6$ 时，不妨见图 15 - 4，由二阶导函数图像即知在靠近 0 的很小部位是负的。

设 $a \leqslant b \leqslant c$，$f(a)$ 或 $f(a)$，$f(b)$ 落在 $f''(a) < 0$ 的原函数图像范围内，本身函数值并不小，往往 $f(c)$ 的函数值更大，显然，由 $a + b + c = s$，$f(a) + f(b) + f(c) \geqslant \dfrac{3}{2}$。

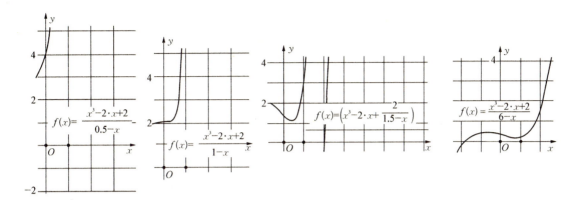

图 15 - 3

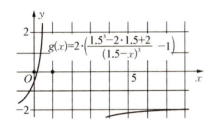
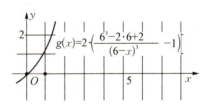

图 15 - 4

以 $s=3$ 为例，x 平均值是 1，此时 $f(x) = \dfrac{x^3-2x+3}{3-x}(0<x<3)$，$f\left(\dfrac{3}{2}\right) = \dfrac{\frac{21}{8}}{\frac{3}{2}} =$

$\dfrac{7}{4} > \dfrac{3}{2}$，显然一定成立 $f(a)+f(b)+f(c) > \dfrac{3}{2}$。

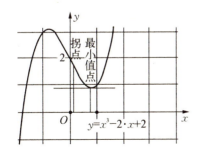
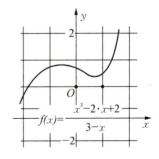

图 15 - 5

③ 否则，a,b,c 都在 $f''(a)>0$ 的范围内，此时，由 $f(x) \geqslant 0$ 是下凹函数。所以

$$f(a) + f(b) + f(c) = 3 \cdot \frac{f(a) + f(b) + f(c)}{3} \geqslant 3 \cdot f\left(\frac{a+b+c}{3}\right)$$

$$= 3 \cdot \frac{\left(\frac{a+b+c}{3}\right)^3 - 2\left(\frac{a+b+c}{3}\right) + 2}{s - \left(\frac{a+b+c}{3}\right)} = 3 \cdot \frac{\frac{s^3}{27} - \frac{2s}{3} + 2}{\frac{2s}{3}}$$

$$= \frac{9}{2}\left(\frac{s^2}{27} + \frac{1}{s} + \frac{1}{s} - \frac{2}{3}\right) \geqslant \frac{9}{2}\left(3\sqrt[3]{\frac{1}{27}} - \frac{2}{3}\right) = \frac{3}{2}。$$

当且仅当 $a = b = c$ 时取等号。

蓝评委：相当好。（几何画板）作图，由函数凸凹性解决问题即利用了数形结合的思想方法。最好由二阶导数证明 $f(x)$ 的凸凹性。当轮换对称式每一个结构变量单一时，可以表达为函数，如果在相应范围内恰具有凸凹性，即可用于证明不等式，应是相当理想的方法。如果函数图像如本例，下凹时可能局部范围内情况是上凸的，先把违例的障碍排除，像舒选手解题那样，分两步或几步解决，仍不失为可取的方法。但是，每一步成立的原理，最好表达得更清楚些。

束选手：2. 证明：易证 $\dfrac{a}{bc} + \dfrac{b}{ca} + \dfrac{c}{ab} \geqslant 9$，由此，

左边 $= \dfrac{a^2 + abc - 2abc}{a^2 + abc} + \dfrac{b^2 + abc - 2bca}{b^2 + bca} + \dfrac{c^2 + abc - 2abc}{c^2 + abc}$。所以，即证

$$3 - 2abc\left(\frac{1}{a^2 + abc} + \frac{1}{b^2 + bca} + \frac{1}{c^2 + abc}\right) \leqslant \frac{3}{2} \Leftrightarrow$$

$$2abc\left(\frac{1}{a^2 + abc} + \frac{1}{b^2 + bca} + \frac{1}{c^2 + abc}\right) \geqslant \frac{3}{2} \Leftrightarrow \frac{1}{1 + \dfrac{a}{bc}} + \frac{1}{1 + \dfrac{b}{ca}} + \frac{1}{1 + \dfrac{c}{ab}} \geqslant \frac{3}{4}。$$

不妨给出对应假设 $\dfrac{a}{bc} = \tan^2 A$，$\dfrac{b}{ca} = \tan^2 B$，$\dfrac{c}{ab} = \tan^2 C$，再由

$\dfrac{1}{abc} = \tan^2 A \tan^2 B \tan^2 C \Rightarrow a = \dfrac{1}{\tan B \tan C}$，$b = \dfrac{1}{\tan C \tan A}$，$c = \dfrac{1}{\tan A \tan B}$。且恰

成立 $\dfrac{1}{\tan B \tan C} + \dfrac{1}{\tan C \tan A} + \dfrac{1}{\tan A \tan B} = 1$，所以 A，B，C 为三角形之三锐内角。由此，

$$\frac{1}{1 + \dfrac{a}{bc}} + \frac{1}{1 + \dfrac{b}{ca}} + \frac{1}{1 + \dfrac{c}{ab}} = \cos^2 A + \cos^2 B + \cos^2 C \geqslant \frac{3}{4} \text{ 成立}，$$

所以原不等式成立。当且仅当 $a = b = c = \dfrac{1}{3}$ 时取等号。

蓝评委：束同学的代换证明有构思。其实 $\dfrac{a}{bc}+\dfrac{b}{ca}+\dfrac{c}{ab}\geqslant 9$ 亦即 $a^2+b^2+c^2\geqslant 9abc$，如果使用方法不当，也许会得到与此不等号方向相反的过程性结论。另外，"易证"之类较为含糊。同样的情形出现在数学归纳法里，也许并没有实际论证。

束同学用到了**三角代换**，这是代换中的常用方法。就是因为有不少三角形关系式可资佐用。比如：

$$\tan A+\tan B+\tan C=\tan A\tan B\tan C \text{（制约条件 }a+b+c=abc\text{）}；$$
$$\cot A\cot B+\cot B\cot C+\cot C\cot A=1 \text{（制约条件 }a+b+c=1\text{）}；$$

三角形关系式有个很奇怪的互余对偶现象，角度则呈两倍的关系。比如，对应有

$$\tan\frac{A}{2}\tan\frac{B}{2}+\tan\frac{B}{2}\tan\frac{C}{2}+\tan\frac{C}{2}\tan\frac{A}{2}=1；$$

此外，还有

$$\sin A+\sin B+\sin C\leqslant\frac{3\sqrt{3}}{2}；$$

$$\sin\frac{A}{2}\sin\frac{B}{2}\sin\frac{C}{2}\leqslant\frac{1}{8}；$$

$$1<\cos A+\cos B+\cos C=1+4\sin\frac{A}{2}\sin\frac{B}{2}\sin\frac{C}{2}\leqslant\frac{3}{2}；$$

$$\sin^2 A+\sin^2 B+\sin^2 C\leqslant\frac{9}{4}；$$

$$\cos^2 A+\cos^2 B+\cos^2 C\geqslant\frac{3}{4}；$$

$$\tan^2 A+\tan^2 B+\tan^2 C\geqslant 9；$$
$$\cdots$$

蓝评委：刚才几个同学解决了今天的几个问题，选做题也解决得不错，我感到很高兴。不等式证明是数学问题探究中很有趣致，很富挑战的事情。之所以吸引人，是问题的成立、数据变幻影响结果仅在毫厘之间，刚才题 2 的解决很可能似是而非。所以，弄得不好，就会把**不等号方向相反**的情况误以为搞对了；弄得不好，就会把**局部情形**误以为对应整体了；弄得不好，就会把**关键判断**忽略或理解错了，大师有时也可能搞不清相关细节。这些正是我们解决相关问题所必须警觉的。有一些基本原理至关重要，几乎应形成潜意识，以争取有较不错的起点。

◇**背包取宝原理**。有一宝山到处是唾手可得之宝，怎么合理拿取呢？这就是依次取

最好的。道理很简单,应用却不易自觉。有一个"大丰收"电脑游戏,12×10 方格中,点击游戏开始随机分布几类蔬菜,相同连接的点击消失下沉且得分,$n(n-1)$ 积累计算,直至不存在相同连接的。一般可得数百分。但奥妙在分值相差之悬殊,能 500 分以上就不容易;"策略"理想,"运道"好,偶尔甚至能 1 000 分以上。这当然很难了。怎样才能高分呢?就得用上背包取宝原理,即尽量让相同图形最多集聚。比如两个 15 相联分值恰等同一个 21 相连。即 $15 \times 14 + 15 \times 14 = 21 \times 20$。追求单一多相对容易。又如在农村,怎样在某处建设一个粮仓合理呢?就需把多处的产粮地产量结合距离计算。其中蕴含一个"小往大靠"原理,即背包取宝原理——最少的向较少的归并,当然特大的离粮仓最近。20 世纪 50 年代的小学教科书有篇课文叫《太阳山》亦即宝山,太阳外出了,可上山取宝。说某人家知悉后,老大上山取了一块就回来了;老二贪而忘归,结果太阳傍晚回家了,老二烤死了。这故事得辩证看"背包取宝"吧!总之,抓住主要矛盾,抓住矛盾的主要方面,是数据效能最大的一个数学原理,军事上的,集中优势兵力,"实用数学"里的"工序流程图",都必须讲究这个;不等式也一样。比如二项式定理中的 $(1+x)^n > 1+nx$,尤其 x 是正纯小数,可近似为 $1+nx$。

◇**强强联合原理**。这也很好懂,但形成潜意识不容易。比如 1~10 十个数,两两相乘相加,怎样最大?$10 \times 9 + 8 \times 7 + 6 \times 5 + 4 \times 3 + 2 \times 1$ 最大,当然 $10 \times 1 + 9 \times 2 + 8 \times 3 + 7 \times 4 + 6 \times 5$ 最小。这样的道理很实用。

◇**物以类聚原理**。正因为如此,比如 $a^2 + b^2 + c^2 \geqslant ab + bc + ca$。由此,高校、研究所,人才集居地;医院,病人当然多。

◇**木桶短板原理**。现在的木桶都是塑料批制的了,以往得靠木匠用木板箍起来,设如木板长短不一,则盛水量只能取决于最短板。比如抛物线开口向上的最小值就很形象。

◇**逐步调整原理**。另外形象的说法,"瞎子爬山法"等。其实,代换及函数凸凹性的应用相当于逐步调整。理想的优化调整趋于择取最佳点。同时告诉我们,理想情况并非一蹴而就。

◇**平均(链)比较原理**。经验往往也告诉我们,取中、取平均,等等,一般效果较好。比如远途或高层建筑的事务集中地点安排于居中时,省时、省走路(运输)。数学上存在有

$$\sqrt{\frac{a^2+b^2}{2}} \geqslant \frac{a+b}{2} \geqslant \sqrt{ab} \geqslant \frac{2}{\frac{1}{a}+\frac{1}{b}}$$

。这就是基本不等式。因此,买东西始终出相同的钱比始终买相同的量划算。

◇**光线捷径原理**。光学原理直接影响于最值。实际应用裁弯取直是交通常识;对称、重心等取点则是数学上解决最佳问题常用的思想方法。

......

我们这样的活动,只能作些说明与介绍,不可能展开,也不可能说全。仅贯彻启示性的点拨而已。

(哎呀,书本上,课堂里,教材中,哪见有这样解析的呀!我真是竖着耳朵。)

那么,数学上的不等式问题解决,哪些方法更值得重视与关注呢?有不少同学已经体会,不等式是涉及内容最多最广泛有趣、拓展最深入、在数学分支最全面开花的知识内容。事实上,即便是不提不等式,诸如求函数定义域、值域;求变量的取值范围,往往也是数学教与学最基础最常规最重要最关键的命题内容;学科分支渗透也最广。那不就是不等式问题吗?解决不等式问题,尤其是证明,方法可谓多不胜举。上述之外,构造、放缩、数形结合……以及形形色色、林林总总专家里手的创意方法,就是前面讲到的代换法,具体做法也是五花八门。这里聊举一例可予赏析:

问题(IMO·1995)设 $a, b, c \in \mathbf{R}^+$,且 $abc = 1$,

求证:$\dfrac{1}{a^2(b+c)} + \dfrac{1}{b^2(c+a)} + \dfrac{1}{c^2(a+b)} \geq \dfrac{3}{2}$。

证明:设 $\dfrac{1}{a} = A$,$\dfrac{1}{B} = B$,$\dfrac{1}{c} = C$,依然 $ABC = 1$。则形成为另一不等式——

新问题:$A, B, C \in \mathbf{R}^+$,且 $ABC = 1$,

求证:$\dfrac{A}{B+C} + \dfrac{B}{C+A} + \dfrac{C}{A+B} \geq \dfrac{3}{2}$。

哎!这不就是过关题 1 吗?

类似"耳濡目染"的积累,解题方法的敏感性就会提升。

这里予以强调的,是"物理方法"。什么叫做"物理方法"呢?就是不注重于技巧设计,不讲究工于思维,不追求"弯弯绕"终致成功的"奇门"方法;而是应用最常用、最实用、"套着用"的基本方法。比如基本不等式,柯西定理(向量法),函数凸凹性,等等。当然具体用起来,还是与解题者的思维素质、思维能力密切相关的。这些,已经显现于刚才的解题过程中了。这里再着重说说所谓"**平抑法**"。

> **相关说明:**"平抑法"是著者定义的一种不等式证明方法。是指尽量用平均的方法,借助于不同轮换对称之间的整体力量,来达到问题证明的目的。

来看一些典型的问题解决举例:

例 1 (即过关题 1)已知 $a, b, c \in \mathbf{R}^+$,则 $\dfrac{a}{b+c} + \dfrac{b}{c+a} + \dfrac{c}{a+b} \geq \dfrac{3}{2}$。

证明:用平抑法。因为 $\dfrac{a}{b+c}-\dfrac{1}{2}+\dfrac{b}{c+a}-\dfrac{1}{2}+\dfrac{c}{a+b}-\dfrac{1}{2}$

$$= \dfrac{a-b+a-c}{2(b+c)}+\dfrac{b-c+b-a}{2(c+a)}+\dfrac{c-a+c-b}{2(a+b)}$$

$$= \dfrac{a-b}{2(b+c)(c+a)}(c+a-b-c)+\dfrac{b-c}{2(c+a)(a+b)}(a+b-c-a)+$$

$$\dfrac{c-a}{2(a+b)(b+c)}(b+c-a-b)$$

$$= \dfrac{(a-b)^2}{2(b+c)(c+a)}+\dfrac{(b-c)^2}{2(c+a)(a+b)}+\dfrac{(c-a)^2}{2(a+b)(b+c)}\geqslant 0。$$

所以原不等式成立。当且仅当 $a=b=c$ 时取等号。

今天过关题 3 的证明,其实也相当于平抑法。

可见,由平均及整体的力量,问题解决的方向明确,方法简明。但需注意的是,由于平抑是对很细微的相差进行调整,因此,往往每一个过程和环节都得用上,都得起作用,这样,可能步骤就比较多,运算就比较细,也许不像其他方法爽捷;和其他方法一样,应当也有局限性。下面再举些例子:

例 2 已知 a,b,$c\in \mathbf{R}^+$,$a+b+c=3$,求证:$\dfrac{1}{1+ab}+\dfrac{1}{1+bc}+\dfrac{1}{1+ca}\geqslant \dfrac{3}{2}$。

证明:$\dfrac{1}{1+ab}-\dfrac{1}{2}+\dfrac{1}{1+bc}-\dfrac{1}{2}+\dfrac{1}{1+ca}-\dfrac{1}{2}=\dfrac{1-ab}{2(1+ab)}+\dfrac{1-bc}{2(1+bc)}+\dfrac{1-ca}{2(1+ca)}$.

通分,只考察分子,得

$(1-ab)(1+bc+ca+abc^2)+(1-ca)(1+ab+bc+ab^2c)+(1-bc)(1+ca+ab+a^2bc)$

$=1+bc+ca+abc^2+1+ab+bc+ab^2c+1+ca+ab+a^2bc-$

$(ab+bc+ca)-ab^2c-a^2bc-a^2b^2c^2-a^2bc-abc^2-a^2b^2c^2-abc^2-ab^2c-a^2b^2c^2$

$=3+(ab+bc+ca)+3abc-6abc-3a^2b^2c^2\geqslant 3(1-abc)(1+abc)+3\cdot \sqrt[3]{a^2b^2c^2}(1-\sqrt[3]{abc})$。

$Q3=a+b+c\geqslant 3\cdot \sqrt[3]{abc}$,$\therefore \sqrt[3]{abc}\leqslant 1$,$abc\leqslant 1$。$\therefore$ 原式 $\geqslant 0$。

所以原不等式成立。当且仅当 $a=b=c=1$ 时取等号。

其实,本例可一步到位用"柯西定理"的变式证明。所谓"柯西定理"的变式,是指:

$$\sum_{i=1}^{n}\dfrac{f^2(x_i)}{g(x_i)}\geqslant \dfrac{\left(\sum\limits_{i=1}^{n}f(x_i)\right)^2}{\sum\limits_{i=1}^{n}g(x_i)}。$$

所以,分子 1 看作 1^2,$a+b+c=3\Rightarrow ab+bc+ca\leqslant 3$,得

$$\frac{1}{1+ab}+\frac{1}{1+bc}+\frac{1}{1+ca}\geqslant\frac{(1+1+1)^2}{1+ab+1+bc+1+ca}\geqslant\frac{9}{3+3}=\frac{3}{2}。$$

"柯西定理"变式很实用,两相比较,更可感觉平抑法往往以计算量为代价。但有时作用与功能也不可小觑。比如例 1 相当于证明:

$$\frac{a}{b+c}+\frac{b}{c+a}+\frac{c}{a+b}\geqslant\frac{3}{2}+\frac{(a-b)^2}{2(b+c)(c+a)}+\frac{(b-c)^2}{2(c+a)(a+b)}+\frac{(c-a)^2}{2(a+b)(b+c)}。$$

解法的意义就凸显了。

平抑法也可以变数值平抑为变量平抑。比如

例 3 (数学通报问题 2013 年第 2 期)设 $a,b,c,d>0$,$a+b+c+d=2$,求证

$$\frac{a}{b^2-b+1}+\frac{b}{c^2-c+1}+\frac{c}{d^2-d+1}+\frac{d}{a^2-a+1}\leqslant\frac{8}{3}。$$

证明:设 $a=\frac{1}{2}+x$,$b=\frac{1}{2}+y$,$c=\frac{1}{2}+z$,$d=\frac{1}{2}+w$,$-\frac{1}{2}<x,y,z,w<\frac{3}{2}$,且 $x+y+z+w=0$。得

$$\frac{a}{b^2-b+1}+\frac{b}{c^2-c+1}+\frac{c}{d^2-d+1}+\frac{d}{a^2-a+1}=\frac{\frac{1}{2}+x}{\frac{1}{4}+y^2-\frac{1}{2}+1}+$$

$$\frac{\frac{1}{2}+y}{\frac{1}{4}+z^2-\frac{1}{2}+1}+\frac{\frac{1}{2}+z}{\frac{1}{4}+w^2-\frac{1}{2}+1}+\frac{\frac{1}{2}+w}{\frac{1}{4}+x^2-\frac{1}{2}+1}=\frac{\frac{1}{2}+x}{\frac{3}{4}+y^2}+\frac{\frac{1}{2}+y}{\frac{3}{4}+z^2}+\frac{\frac{1}{2}+z}{\frac{3}{4}+w^2}+$$

$$\frac{\frac{1}{2}+w}{\frac{3}{4}+x^2}\leqslant\frac{\frac{1}{2}+x+\frac{1}{2}+y+\frac{1}{2}+z+\frac{1}{2}+w}{\frac{3}{4}}=\frac{8}{3}。$$

当且仅当 $x+y+z+w=0$ 时取等号;即原不等式成立,当且仅当 $a=b=c=d=\frac{1}{2}$ 时取等号。

条件轮换对称不等式题如果项数不对应,证明起来是很麻烦的。**平抑法还可以调节项数不对应为项数对应:**

例 4 (杨列敏提问)已知:正数 $0<a,b,c,d\leqslant1$,且 $a+b+c+d=2$,求证:

$$4\left(\frac{1}{a+b}+\frac{1}{a+c}+\frac{1}{a+d}+\frac{1}{b+c}+\frac{1}{b+d}+\frac{1}{c+d}\right)\geqslant9\left(\frac{1}{2-a}+\frac{1}{2-b}+\frac{1}{2-c}+\frac{1}{2-d}\right)。$$

证明：用项数对应法：

不等式左边 $= 2\left(\dfrac{1}{a+b}+\dfrac{1}{a+c}+\dfrac{1}{a+d}\right)+2\left(\dfrac{1}{b+a}+\dfrac{1}{b+c}+\dfrac{1}{c+d}\right)+$

$\qquad 2\left(\dfrac{1}{c+a}+\dfrac{1}{c+b}+\dfrac{1}{c+d}\right)+2\left(\dfrac{1}{d+a}+\dfrac{1}{d+b}+\dfrac{1}{d+c}\right)=$

$\qquad 12+\left(\dfrac{a+b}{c+d}+\dfrac{a+c}{b+d}+\dfrac{a+d}{b+c}\right)+\left(\dfrac{b+a}{c+d}+\dfrac{b+c}{a+d}+\dfrac{b+d}{a+c}\right)+$

$\qquad \left(\dfrac{c+a}{b+d}+\dfrac{c+b}{a+d}+\dfrac{c+d}{a+b}\right)+\left(\dfrac{d+a}{b+c}+\dfrac{d+b}{a+c}+\dfrac{d+c}{a+b}\right)。$

即证

$$\left(\dfrac{a+b}{c+d}+\dfrac{a+c}{b+d}+\dfrac{a+d}{b+c}\right)+\left(\dfrac{b+a}{c+d}+\dfrac{b+c}{a+d}+\dfrac{b+d}{a+c}\right)+$$

$$\left(\dfrac{c+a}{b+d}+\dfrac{c+b}{a+d}+\dfrac{c+d}{a+b}\right)+\left(\dfrac{d+a}{b+c}+\dfrac{d+b}{a+c}+\dfrac{d+c}{a+b}\right)\geqslant$$

$$\dfrac{9}{2-a}-3+\dfrac{9}{2-b}-3+\dfrac{9}{2-c}-3+\dfrac{9}{2-d}-3=$$

$$3\left(\dfrac{1+a}{2-a}+\dfrac{1+b}{2-b}+\dfrac{1+c}{2-c}+\dfrac{1+d}{2-d}\right)。$$

由此，项数对应得以实现。不等式命题是正确的，所以，项数的数量对应应该是能够实现的。

考察

$$\dfrac{a+b}{c+d}-\dfrac{1+a}{2-a}=\dfrac{2a+2b-a^2-ab-c-d-ac-ad}{(c+d)(2-a)}=$$

$$\dfrac{2a+2b-a(a+b+c+d)-c-d}{(c+d)(2-a)}=$$

$$\dfrac{(b-c)+(b-d)}{(c+d)(2-a)}。$$

同理可得

$$\dfrac{a+c}{b+d}-\dfrac{1+a}{2-a}=\dfrac{(c-b)+(c-d)}{(b+d)(2-a)},\ \dfrac{a+d}{b+c}-\dfrac{1+a}{2-a}=\dfrac{(d-b)+(d-c)}{(b+c)(2-a)}。$$

上三式相加，通分后，考察分子，得

$$[(b-c)+(b-d)](b+d)(b+c)+[(c-b)+(c-d)](c+d)(b+c)+$$

$$[(d-b)+(d-c)](c+d)(b+d)=$$

$$(b-c)(b+c)(b+d-c-d)+(b-d)(b+d)(b+c-c-d)+$$

$$(c-d)(c+d)(b+c-b-d)=$$

$$(b-c)^2(b+c)+(b-d)^2(b+d)+(c-d)^2(c+d)\geqslant 0。$$

如法炮制，

$$\left(\frac{b+a}{c+d}-\frac{1+b}{2-b}\right)+\left(\frac{b+c}{a+d}-\frac{1+b}{2-b}\right)+\left(\frac{b+d}{a+c}-\frac{1+b}{2-b}\right)=$$

$$\frac{(a-c)^2(a+c)+(a-d)^2(a+d)+(c-d)^2(c+d)}{(2-b)(c+d)(a+c)(a+d)}\geqslant 0。$$

$$\vdots$$

另不赘述与举例。平抑法证明不等式，就像计算机证明几何题，其意义在于形成程式化的过程，由计算取代麻烦、复杂的思索探究。因之一步一步，耐心细致相当重要。这些往往也是"物理方法"解决问题的共同特征。

本文所举例题，不等式的数据不少和 $\frac{3}{2}$ 相关，表明这一数据能够形成的不等式题非常多。下面的脑力加油站 1 中，集中列出了与 $\frac{3}{2}$ 相关的一些不等式证明题，亦仅为部分。有兴趣可尝试解决。关联于其他知识结构的与不等式相关的问题，比如在空间图形中，在解析几何中，等等，就不举例，也不做练习了。

今天就到这里。

脑力加油站 1

1. (Nesbitt，1903；莫斯科数竞·1963)已知 $a,b,c\in \mathbf{R}^+$，求证：$\dfrac{a}{b+c}+\dfrac{b}{c+a}+\dfrac{c}{a+b}\geqslant \dfrac{3}{2}$。

2. (浙江·2009)已知 $x,y,z\in \mathbf{R}$，且 $x^2+y^2+z^2=1$，求证：$\sqrt{2}xy+yz\leqslant \dfrac{3}{2}$。

3. (查正开，代换在竞赛不等式中的应用，不等式研究通讯，第 72 期)设 $x,y,z\in \mathbf{R}^+$，求证 $\dfrac{2xy}{(z+x)(z+y)}+\dfrac{2yz}{(x+y)(x+z)}+\dfrac{2zx}{(y+z)(y+x)}\geqslant \dfrac{3}{2}$。

4. (查正开，…)已知 $a,b,c\geqslant 0$，$ab+bc+ca+2abc=1$，求证 $a+b+c\geqslant \dfrac{3}{2}$。

5.（IMO·1995）设 $a, b, c \in \mathbf{R}^+$，且 $abc=1$，求证：$\dfrac{1}{a^2(b+c)} + \dfrac{1}{b^2(c+a)} + \dfrac{1}{c^2(a+b)} \geqslant \dfrac{3}{2}$。

6.（第 36 届 IMO）设 $a, b, c \in \mathbf{R}^+$，且 $abc=1$，求证：$\dfrac{1}{a^3(b+c)} + \dfrac{1}{b^3(c+a)} + \dfrac{1}{c^2(a+b)} \geqslant \dfrac{3}{2}$。

7.（法国数竞·2005）设 $x, y, z \in \mathbf{R}^+$，且 $x+y+z=1$，

求证：$\sqrt{\dfrac{yz}{x+yz}} + \sqrt{\dfrac{zx}{y+zx}} + \sqrt{\dfrac{xy}{z+xy}} \leqslant \dfrac{3}{2}$。

8.（韩国数竞·1998）已知 $a, b, c \in \mathbf{R}^+$，且 $a+b+c=abc$，

求证：$\dfrac{1}{\sqrt{1+a^2}} + \dfrac{1}{\sqrt{1+b^2}} + \dfrac{1}{\sqrt{1+c^2}} \leqslant \dfrac{3}{2}$。

9. 设 $a, b, c \in \mathbf{R}^+$，且 $abc=1$，求证：$\dfrac{a^2}{b+c} + \dfrac{b^2}{c+a} + \dfrac{c^2}{a+b} \geqslant \dfrac{3}{2}$。

10.（加拿大数竞·2008）已知 $a, b, c \in \mathbf{R}^+$，且 $a+b+c=1$，

求证：$\dfrac{a-bc}{a+bc} + \dfrac{b-ca}{b+ca} + \dfrac{c-ab}{c+ab} \leqslant \dfrac{3}{2}$。

☆11. 已知 $a, b, c \in \mathbf{R}^+$，且 $a+b+c=1$，求证：$\dfrac{2}{1+\dfrac{a}{bc}} + \dfrac{2}{1+\dfrac{b}{ca}} + \dfrac{2}{1+\dfrac{c}{ab}} \geqslant \dfrac{3}{2}$。

12.（白俄罗斯数竞·2006）已知 $a, b, c > 0$，

求证：$\dfrac{a^3-2a+2}{b+c} + \dfrac{b^3-2b+2}{c+a} + \dfrac{c^3-2c+2}{a+b} \geqslant \dfrac{3}{2}$。

13.（数学通报第 1819 号）设 $x, y, z \in \mathbf{R}^+$，且 $xyz=1$，

求证：$\dfrac{1}{\sqrt{(1+x)(1+y)}} + \dfrac{1}{\sqrt{(1+x)(1+y)}} + \dfrac{1}{\sqrt{(1+x)(1+y)}} \leqslant \dfrac{3}{2}$。

14.（陈泽桐、罗雪琴，一类条件不等式的几何变换法，不等式研究通讯，第 72 期）

设 $x, y, z \in \mathbf{R}^+$，且 $x+y+z=1$，求证：$\dfrac{x}{x+yz} + \dfrac{y}{y+zx} + \dfrac{z}{z+xy} \leqslant \left(\dfrac{3}{2}\right)^2$。

以下（群）网上题：（含自编）

15. 已知 $a, b, c \in \mathbf{R}^+$，且 $a^2+b^2+c^2=3$，求证：$\dfrac{a}{b+c^3} + \dfrac{b}{c+a^3} + \dfrac{c}{a+b^3} \geqslant \dfrac{3}{2}$。

16. 已知 $a, b, c \in \mathbf{R}^+$，且 $a+b+c=3$，求证：$\dfrac{a}{b+c^2} + \dfrac{b}{c+a^2} + \dfrac{c}{a+b^2} \geqslant \dfrac{3}{2}$。

17. 已知 a, b, $c \in \mathbf{R}^+$，且 $a+b+c=3$，求证：$\dfrac{ab}{1+b^3} + \dfrac{bc}{1+c^3} + \dfrac{ca}{1+a^3} \leqslant \dfrac{3}{2}$。

18. 已知 a, b, $c \in \mathbf{R}^+$，且 $a+b+c=3$，求证：$\dfrac{ab}{1+a^3} + \dfrac{bc}{1+b^3} + \dfrac{ca}{1+c^3} \leqslant \dfrac{3}{2}$。

19. 已知 a, b, $c \in \mathbf{R}^+$，且 $a+b+c=3$，求证：$\dfrac{ab}{1+c^3} + \dfrac{bc}{1+a^3} + \dfrac{ca}{1+b^3} \geqslant \dfrac{3}{2}$。

20. 已知 a, b, $c \in \mathbf{R}^+$，且 $a+b+c=3$，求证：$\dfrac{ab}{1+c^2} + \dfrac{bc}{1+a^2} + \dfrac{ca}{1+b^2} \geqslant \dfrac{3}{2}$。

☆21. 已知 a, b, $c \in \mathbf{R}^+$，且 $a+b+c=3$，求证：$\dfrac{a^2 b}{1+ab} + \dfrac{b^2 c}{1+bc} + \dfrac{c^2 a}{1+ca} \leqslant \dfrac{3}{2}$。

☆22. 已知 a, b, $c \in \mathbf{R}^+$，且 $a+b+c=3$，求证：$\dfrac{1}{1+ab} + \dfrac{1}{1+bc} + \dfrac{1}{1+ca} \geqslant \dfrac{3}{2}$。

☆23. 已知 a, b, $c \in \mathbf{R}^+$，且 $a+b+c=3$，求证：$\dfrac{c}{1+ab} + \dfrac{a}{1+bc} + \dfrac{b}{1+ca} \geqslant \dfrac{3}{2}$。

24. 已知 a, b, $c \in \mathbf{R}^+$，且 $a+b+c=3$，求证：$\dfrac{a}{1+ab} + \dfrac{b}{1+bc} + \dfrac{c}{1+ca} \geqslant \dfrac{3}{2}$。

☆25. 已知 a, b, $c \in \mathbf{R}^+$，且 $a+b+c=3$，求证：$\dfrac{b}{1+ab} + \dfrac{c}{1+bc} + \dfrac{a}{1+ca} \geqslant \dfrac{3}{2}$。

☆26. 已知 a, b, $c \in \mathbf{R}^+$，且 $a+b+c=3$，求证：$\dfrac{a+b}{2(1+ab)} + \dfrac{b+c}{2(1+bc)} + \dfrac{c+a}{2(1+ca)}$

$\geqslant \dfrac{3}{2}$。

27. 已知 x, y, $z \in \mathbf{R}^+$，求证：$\dfrac{(y+z-x)^2}{y^2+z^2} + \dfrac{(z+x-y)^2}{z^2+x^2} + \dfrac{(x+y-z)^2}{x^2+y^2}$

$\geqslant \dfrac{3}{2}$。

☆28. 已知 a, b, $c \in \mathbf{R}^+$，$a+b+c=3$，求证：$\dfrac{a^2}{b+c} + \dfrac{b^2}{c+a} + \dfrac{c^2}{a+b} \geqslant \dfrac{3}{2}$。

☆29. 已知 a, b, $c \in \mathbf{R}^+$，$a+b+c=3$，求证：$\dfrac{a^3}{b+c} + \dfrac{b^3}{c+a} + \dfrac{c^3}{a+b} \geqslant \dfrac{3}{2}$。

☆30. 已知 a, b, $c > 0$，$a+b+c=3$，

求证：$\dfrac{a^3-8a+8}{b+c} + \dfrac{b^3-8b+8}{c+a} + \dfrac{c^3-8c+8}{a+b} \geqslant \dfrac{3}{2}$。

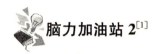

脑力加油站 2[1]

两道数竞题的变化题

——兼述函数半凸半凹性质的处理办法

问题 1.（Nesbitt，1903；莫斯科数竞·1963）已知 $a, b, c \in \mathbf{R}^+$,

求证：$\dfrac{a}{b+c} + \dfrac{b}{c+a} + \dfrac{c}{a+b} \geqslant \dfrac{3}{2}$。

变化题 1.1: 已知 $a, b, c \in \mathbf{R}^+, a+b+c=s$,

求证：$\dfrac{a^2}{b+c} + \dfrac{b^2}{c+a} + \dfrac{c^2}{a+b} \geqslant \dfrac{S}{2}$。

变化题 1.2: 已知 $a, b, c \in \mathbf{R}^+, a+b+c=s$,

求证：$\dfrac{a^3}{b+c} + \dfrac{b^3}{c+a} + \dfrac{c^3}{a+b} \geqslant \dfrac{s^2}{6}$。

证明：先看问题 1,证明方法是多不胜举。这里用函数凸凹性证明。设 $a+b+c=s$,
则等价于证明 $\dfrac{a}{s-a} + \dfrac{b}{s-b} + \dfrac{c}{s-c} = -3 + \dfrac{s}{s-a} + \dfrac{s}{s-b} + \dfrac{s}{s-c} \geqslant \dfrac{3}{2}$。设 $f(x) = \dfrac{s}{s-x}$,
$0 < x < s$,显然是双曲线型函数,即由下凹性,

$$-3 + f(a) + f(b) + (c) = -3 + 3 \cdot \dfrac{f(a)+f(b)+(c)}{3}$$

$$\geqslant -3 + 3 \cdot \dfrac{s}{s - \dfrac{a+b+c}{3}} = -3 + 3 \cdot \dfrac{s}{\dfrac{2}{3}s} = \dfrac{3}{2}。$$

当且仅当 $a=b=c$ 时取等号。

1.1: 同样设 $a+b+c=s$,则等价于证明 $\dfrac{a^2}{s-a} + \dfrac{b^2}{s-b} + \dfrac{c^2}{s-c} \geqslant \dfrac{s}{2}$。当且仅当 $a=b=c=\dfrac{s}{3}$ 时取等号。

1.2: 同样设 $a+b+c=s$,则等价于证明 $\dfrac{a^3}{s-a} + \dfrac{b^3}{s-b} + \dfrac{c^3}{s-c} \geqslant \dfrac{s^2}{6}$。

问题 2.（白俄罗斯数竞·2006）已知 $a, b, c > 0$,

求证：$\dfrac{a^3-2a+2}{b+c} + \dfrac{b^3-2b+2}{c+a} + \dfrac{c^3-2c+2}{a+b} \geqslant \dfrac{3}{2}$。

变化题 2.1：$\dfrac{a^3-8a+8}{b+c}+\dfrac{b^3-8b+8}{c+a}+\dfrac{c^3-8c+8}{a+b}$ 的最值是_____；

变化题 2.2：一般地，$\dfrac{a^3-ma+m}{b+c}+\dfrac{b^3-mb+m}{c+a}+\dfrac{c^3-mc+m}{a+b}$ 的最值是

_____。$m\in\mathbf{N}$。

简要说明及给出变化题 2.1 的证明思路。

对问题 2 的分子考察函数 $g(x)=x^3-2x+2$ 的图像

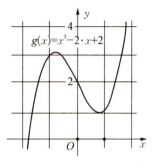

图 15-6

（见图 15-6）：

这表明 $g(x)_{\max}>0.9$，所以，令 $a+b+c=s$，$f(x)=\dfrac{x^3-2x+2}{s-x}(0<x<2)$，函数值不算太小，因之证明不是太麻烦的。然而，对于 $x^3-mx+m,m\neq2,m\in\mathbf{N}$，简单技巧难以奏效。比如变化题 2.1，$m=8$。此时的解决办法，用函数的凸凹性比较合理。先看 $h(x)=x^3-8x+8$，如图 15-7，有 3 个零点，有函数值是负的。显然，设 $f(x)=\dfrac{x^3-8x+8}{s-x}(0<x<s)$，取值范围不那么容易解决。为此，简明起见，仅讨论 $0<s\leqslant9$。其实

$$x^3-8x+8=(x-2)(x^2+2x-4)$$
$$=(x+\sqrt5+1)\left[x-(\sqrt5-1)\right](x-2)。$$

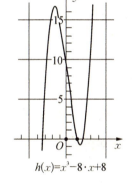

$h(x)=x^3-8\cdot x+8$

图 15-7

$s=\sqrt5-1$ 或 $s=2$ 时，分别是开口向下的抛物线，$x>0$ 时，为上凸减函数。由此，最好对 s 分段以分类讨论。

再看 $f(x)=\dfrac{x^3-8x+8}{s-x}(0<x<s)$，由 $f(x)=-x^2-sx-s^2+8s+\dfrac{s^3-8s+8}{s-x}$，

$f'(x)=-2x+\dfrac{s^3-8s+8}{(s-x)^2}$，$f''(x)=2\cdot\left[\dfrac{s^3-8s+8}{(s-x)^3}-1\right]$。二阶导函数是双曲线型函数中上面增函数的一支，与 x 轴的零点（设为 $x=m$）即原函数**拐点**，分成函数值正负两部分；显然，$0<x\leqslant m$ 时，$f(x)$ 是上凸函数，$m\leqslant x<s$ 时，是下凹函数。注意：对于具体的 s 值，也许只有 $f''(x)<0$，比如 $s=\sqrt5-1$，$s=2$；或 $f''(x)>0$，比如 $s=1$。s 为其他值，由问题解决之需要，拐点位置不必精确给出，只需对 $f''(x_0)$ 粗略判定即可。

由此，对变化题 2.1 分类讨论如下：

解：① $s=\sqrt5-1$ 时，$f(x)=(2-x)(x+\sqrt5+1)$ 为上凸减函数，所以

$$\frac{a^3-8a+8}{b+c}+\frac{b^3-8b+8}{c+a}+\frac{c^3-8c+8}{a+b}=3\cdot\frac{f(a)+f(b)+f(c)}{3}\leqslant$$

$$3\cdot f\left(\frac{a+b+c}{3}\right)=3\cdot\left(2-\frac{a+b+c}{3}\right)\left(\frac{a+b+c}{3}+\sqrt{5}+1\right)=$$

$$3\cdot\frac{6-\sqrt{5}+1}{3}\cdot\frac{\sqrt{5}-1+3\sqrt{5}+3}{3}=\frac{(7-\sqrt{5})(2+4\sqrt{5})}{3}=\frac{26\sqrt{5}-6}{3}。$$

且 $a\to 0$，$b\to 0$，$c=\sqrt{5}-1$ 时，

$$f(x)\to 2(\sqrt{5}+1)+(2-\sqrt{5}+1)(\sqrt{5}-1+\sqrt{5}+1)=2+2\sqrt{5}-10+6\sqrt{5}=8(\sqrt{5}-1)。$$

所以，$s=\sqrt{5}-1$，$8(\sqrt{5}-1)<\dfrac{a^3-8a+8}{b+c}+\dfrac{b^3-8b+8}{c+a}+\dfrac{c^3-8c+8}{a+b}\leqslant\dfrac{26\sqrt{5}-6}{3}$。

当且仅当 $a=b=c=\dfrac{\sqrt{5}-1}{3}$ 时取等号。

② $s=2$ 时，$f(x)=-x^2-2x+4$ 为上凸减函数，所以

$$\frac{a^3-8a+8}{b+c}+\frac{b^3-8b+8}{c+a}+\frac{c^3-8c+8}{a+b}=3\cdot\frac{f(a)+f(b)+f(c)}{3}\leqslant$$

$$3\cdot f\left(\frac{a+b+c}{3}\right)=-3\cdot\left(\frac{a+b+c}{3}\right)^2-3\times 2\cdot\left(\frac{a+b+c}{3}\right)+12=$$

$$-3\times\frac{4}{9}-4+12=\frac{20}{3}。$$

且 $a\to 0$，$b\to 0$，$c=2$ 时，$f(x)\to 12-2^2-2\times 2=4$。

所以，$s=2$，$4<\dfrac{a^3-8a+8}{b+c}+\dfrac{b^3-8b+8}{c+a}+\dfrac{c^3-8c+8}{a+b}\leqslant\dfrac{20}{3}$。

当且仅当 $a=b=c=\dfrac{2}{3}$ 时取等号。

③ $s=1$ 时，$f''(x)\geqslant 0$，$f(x)=\dfrac{x^3-8s+8}{1-x}$ 为下凹增函数，所以

$$\frac{a^3-8a+8}{b+c}+\frac{b^3-8b+8}{c+a}+\frac{c^3-8c+8}{a+b}=3\cdot\frac{f(a)+f(b)+f(c)}{3}\geqslant$$

$$3\cdot f\left(\frac{a+b+c}{3}\right)=3\cdot\left[\frac{\left(\frac{a+b+c}{3}\right)^3-8\left(\frac{a+b+c}{3}\right)+8}{1-\frac{a+b+c}{3}}\right]=$$

$$3\times\frac{\frac{1}{27}-\frac{8}{3}+8}{1-\frac{1}{3}}=\frac{145}{6}。$$

没有最大值。

所以，$s = 1$，$\dfrac{a^3 - 8a + 8}{b + c} + \dfrac{b^3 - 8b + 8}{c + a} + \dfrac{c^3 - 8c + 8}{a + b} \geqslant \dfrac{145}{6}$。

当且仅当 $a = b = c = \dfrac{1}{3}$ 时取等号。

④ 当 $\sqrt{5} - 1 < s < 2$ 时，取 s 的具体值，对二阶导函数作图示意如图 15-8，显然为双曲线型曲线中的下支，即为上凸增函数。其中粗线条的 $s > \sqrt{5} - 1$；细线条的 $s < 2$。图像恰在 $s = \sqrt{5} - 1$，$s = 2$ 处断开。可见此时原函数取值范围的讨论，与 $s = \sqrt{5} - 1$，$s = 2$ 完全相同。具体计算并无实质意义。

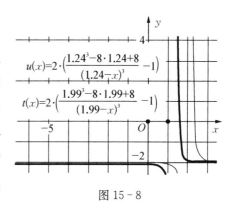

图 15-8

⑤ s 在其他范围内，就形成前上凸、后下凹函数。比如 $2 < s < 3$，拐点 $x = m$（图 15-9 中的黑点）渐次由小于 2 向左平移，直至小于 1。也就是说，$0 < x \leqslant m$ 是上凸的，$m \leqslant x < s$ 是下凹的。

这样一来，在给定范围内，有凸有凹，问题怎么解决呢？据说有什么半凸半凹定理但笔者的处理办法是这样的：在现实生活中，我们处理问题与矛盾，有时得讲"服从"。往往"少数"服从"多数"，"局部"服从"大局"，"分歧"服从"真理"。笔者对于函数的有凸有凹现象，**在明显可以判定的原则下**，以三元素轮换对称式为例，给出下面的一些"服从"规范法则：

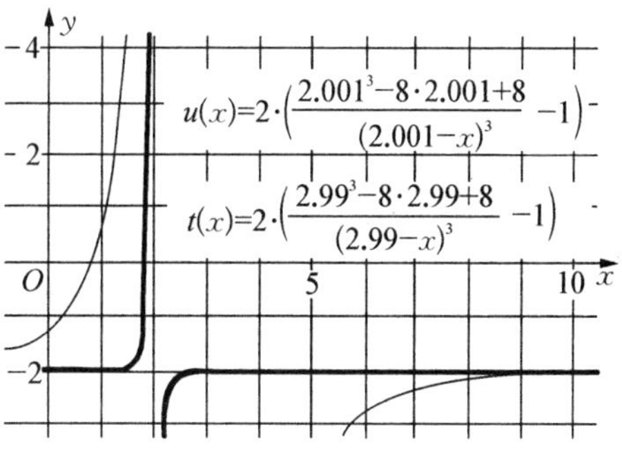

图 15-9

设连续函数 $y = f(x)$，$x \in (m, n)$，$x_A + x_B + x_C = s$，在定义域内有凸有凹（简明起见，只有一次凸凹现象），

（1）对称服从法则：当函数拐点是中点时，点 $x = \dfrac{s}{3}$ 在那个部位里，按此部位处理凸凹性。

比如，在 $\triangle ABC$ 中，$\cos A + \cos B + \cos C \leqslant \dfrac{3}{2}$。$x \in \left[0, \dfrac{\pi}{2}\right]$ 时是凸函数；$x \in \left[\dfrac{\pi}{2}, \pi\right]$ 时是凹函数，但函数值是负的，应用不等式时，不等号应反向，等效于凸函数。且根本点在于，$x = \dfrac{\pi}{3}$ 在第一象限。所以，可统一为在三角形内用凸函数性质。

（2）**比较服从法则**：如图 15－10 的曲线是半径不等的两个圆弧相切，凸函数上升比凹函数下降快，$x = \dfrac{s}{3}$ 在凸函数范围内，即用函数的上凸性。

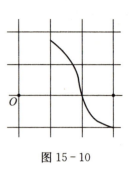

图 15－10

（3）**忽略服从法则**：如图 15－11A，函数在左极值与右极值之间有一个拐点，但图像下降变化很细微，拐点在哪里不容易看出来，由二次导函数，拐点在 $x \approx 0.8$ 处，对于 $0 < x < 0.8$ 的函数值，凸凹相差微乎其微；又 $x = \dfrac{s}{3} = 1$ 在凹函数部位，尽管凹函数处函数有升有降，不影响应用对应性质。其实，不等号的反向由取值情况也可以佐证。

$x \to 3$，$f(x) \to +\infty$，所以，$f(x) = \dfrac{x^3 - 8x + 8}{3 - x}$ 只有最小值，没有最大值。$f_{|x=\frac{s}{3}}(1) = \dfrac{1}{2}$，$a < 0.8$ 或 $a, b < 0.8$，即有点取在上凸范围内，对于函数值尽量取小未必"划得来"。这正是问题服从凹函数解决的内因基础。

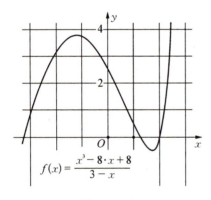

$$f(x) = \frac{x^3 - 8 \cdot x + 8}{3 - x}$$

图 15－11A

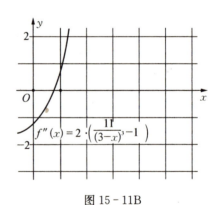

$$f''(x) = 2 \cdot \left(\frac{11}{(3-x)^3} - 1 \right)$$

图 15－11B

对问题求解时，有凸有凹时，怎么表达呢？不妨以此为例：

$s = 3$，$f(x) = \dfrac{x^3 - 8x + 8}{3 - x}$ 在 $0 < x < 0.8$ 的大致范围内，由图 15－11A，函数呈凸性近于直线，与函数呈凹性所差无几，可予忽略；又 $x = \dfrac{s}{3} = 1$ 在凹函数范围内，由函数半凸半凹性质的"**忽略服从法则**"，可应用凹函数性质，即

$$\frac{a^3 - 8a + 8}{s - a} + \frac{b^3 - 8b + 8}{s - b} + \frac{c^3 - 8c + 8}{s - c} = f(a) + f(b) + f(c) =$$

$$3 \cdot \frac{f(a) + f(b) + f(c)}{3} \geqslant 3 \cdot f\left(\frac{a + b + c}{3} \right) =$$

$$3 \cdot \frac{\left(\dfrac{a+b+c}{3}\right)^3 - 8 \cdot \left(\dfrac{a+b+c}{3}\right) + 8}{3 - \left(\dfrac{a+b+c}{3}\right)} = \frac{3}{2}。$$

⑥ 对于 $s = 4, 5, 6, 7, 8, 9$，情况与 $s = 3$ 类似，如图 15-12 为 $s = 9$，只是拐点不断向原点左移，也就是函数的上凸性越来越可以忽略。$s = 9$ 时为 $x = \dfrac{1}{4}$ 左右。

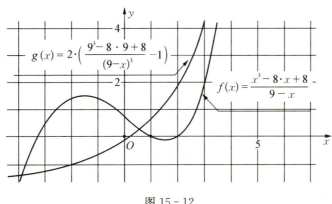

图 15-12

这样，具体数据也就不必计算了。

一般地，不等式问题的讨论，往往 s 取整数，本文对于 $1 \leqslant s \leqslant 9$，$s \in \mathbf{N}^*$，都已解析到位。至于变化题 2，讨论方式相仿，其中 $m = 0$ 时即成为问题 1 的变化题 2。另不赘述。

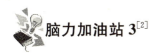

脑力加油站 3[2]

等式、不等式解法的和谐转换

数学的等式问题求解或证明固然是数学范畴的重要内容之一，但数学的不等式问题求解或证明往往更具情趣，更吸引人，解决方法往往也更千奇百怪，精彩纷呈；在思想方法、思维能力的筹谋与展示上更具挑战性。本文旨在表达一种解题理念，怎样在解决等式问题时运用不等式思想，在解决不等式问题时运用等式思想。由等式、不等式解法的和谐转换，使问题理想而巧妙地得以解决；且有的相关问题，还有很明确的现实背景。比如正数 a, b, c, d 满足 $a^4 + b^4 + c^4 + d^4 = 4abcd$，由于 $a^4 + b^4 \geqslant 2a^2b^2$，$c^4 + d^4 \geqslant 2c^2d^2$；$2a^2b^2 + 2c^2d^2 \geqslant 4abcd$。当且仅当 $a = b = c = d$ 时，一应不等式中的等式成立。因此，此问题对应于 a, b, c, d 是菱形中的边长——怎样地蕴含魅力呀！为继续聊作说明，略举数例如下：

例1 已知 $\alpha, \beta \in \left(0, \dfrac{\pi}{2}\right)$，且 $\sin(\alpha+\beta) = \sin^2\alpha + \sin^2\beta$。求证 $\alpha+\beta = \dfrac{\pi}{2}$。

本题虽然对应于等式，但适宜通过不等式解决问题。

证明：用**比较法**。

由对称性，不妨设 $\alpha \geqslant \beta$，$\alpha+\beta \geqslant \dfrac{\pi}{2}$。则

$$0 = \sin^2\alpha + \sin^2\beta - \sin(\alpha+\beta) = \sin\alpha(\sin\alpha - \cos\beta) + \sin\beta(\sin\beta - \cos\alpha)$$

$$\geqslant \sin\beta\left(2\sin\dfrac{\alpha+\beta}{2}\cos\dfrac{\alpha-\beta}{2} - 2\cos\dfrac{\alpha+\beta}{2}\cos\dfrac{\alpha-\beta}{2}\right)$$

$$= 2\sin\beta\cos\dfrac{\alpha-\beta}{2} \cdot \sqrt{2}\sin\left(\dfrac{\alpha+\beta}{2} - \dfrac{\pi}{4}\right) \geqslant 0。必须$$

① $\cos\dfrac{\alpha-\beta}{2} = 0$，$\dfrac{\alpha-\beta}{2} = \dfrac{\pi}{2}$（舍去）；或

② $\sin\left(\dfrac{\alpha+\beta}{2} - \dfrac{\pi}{4}\right) = 0$，$\alpha+\beta = \dfrac{\pi}{2}$。

多么地简明干脆呀！

例2（改编于 2008(10) 中等数学，数学奥林匹克初中训练题(112)）已知实数 a, b, c 满足 $\left(\dfrac{b^2+c^2-a^2}{2bc}\right)^{2\,008} + \left(\dfrac{c^2+a^2-b^2}{2ca}\right)^{2\,008} + \left(\dfrac{c^2+a^2-b^2}{2ca}\right)^{2\,008} = 3$，则

$$\dfrac{b}{a} + \dfrac{c}{a} + \dfrac{c}{b} + \dfrac{a}{b} + \dfrac{a}{c} + \dfrac{b}{c} - \dfrac{c^2}{ab} - \dfrac{a^2}{bc} - \dfrac{b^2}{ca} = \underline{\qquad}。$$

所求式 $= 2\left(\dfrac{b^2+c^2-a^2}{2bc} + \dfrac{c^2+a^2-b^2}{2ca} + \dfrac{c^2+a^2-b^2}{2ca}\right)$，与已知结构形成了关联。

另一方面，已知条件的底数使人理想起余弦定理。

解：显然 $abc \neq 0$，由对称性，如果 $b^2+c^2-a^2 = 0$，则 $a^2 = b^2+c^2$，已知条件为 $\left(\dfrac{c}{a}\right)^{2\,008} + \left(\dfrac{b}{a}\right)^{2\,008} = 3$。即 $b^{2\,008} + c^{2\,008} = 3a^{2\,008} = 3(b^2+c^2)^{1\,004}$。此等式显然不能成立。

所以已知条件的每一项都不为 0。由对称性，考察 $\left|\dfrac{b^2+c^2-a^2}{2bc}\right| = \dfrac{|b^2+c^2-a^2|}{2|b||c|}$，不妨设 $b>0$，$c>0$，$b+c>a$。总之，a, b, c 可看作一个三角形的三条边；已知条件可对应于余弦定理。即

$$\cos^{2\,008}A + \cos^{2\,008}B + \cos^{2\,008}O = 3。$$

但 $|\cos A| \leqslant 1$，$|\cos B| \leqslant 1$，$|\cos O| \leqslant 1$，可见此三角形为两个角趋近于 $0°$，一个角趋近于 $180°$ 的特殊情况。即已知条件的三个底数两个为 1，一个为 -1。

由对称性，考察 $\left|\dfrac{b^2+c^2-a^2}{2bc}\right|=1$，$\dfrac{b^2+c^2-a^2}{2bc}=1$ 时，$\dfrac{(b-c)^2-a^2}{2bc}=0$，$b=c+a$ 或 $c=a+b$；

$\dfrac{b^2+c^2-a^2}{2bc}=-1$ 时，$\dfrac{(b+c)^2-a^2}{2bc}=0$，$a=b+c$，或 $a+b+c=0$。

遍历 $a=b+c$（或 $b=c+a$，$c=a+b$），$a=-b-c$，得

$$\frac{b}{a}+\frac{c}{a}+\frac{c}{b}+\frac{a}{b}+\frac{a}{c}+\frac{b}{c}-\frac{c^2}{ab}-\frac{a^2}{bc}-\frac{b^2}{ca}=2 \text{ 或} -6。$$

例 3 （改编于安振平，数学奥林匹克问题·高 235，中等数学，2008(11)）$n\geqslant 3$，$n\in \mathbf{N}^*$，求不定方程的有理数解：

$$\begin{cases} x+y+z=1, & (1) \\ xy+yz+zx=0, & (2) \\ x^n+y^n+z^n=1。 & (3) \end{cases}$$

解：$x+y+z=1$，$(x+y+z)^2=x^2+y^2+z^2+2(xy+yz+zx)=1$，所以 $x^2+y^2+z^2=1$。

即当 $n=2$ 时，由对称性，$x=y=0$，$z=1$，适合方程组；

$xyz\neq 0$，对于 $u^2+v^2+w^2=t^2$，有正整数解

$$u=a，v=b，w=\frac{a^2+b^2-k^2}{2k}，t=\frac{a^2+b^2+k^2}{2k}。$$

$(a,b)=1$，$a+b\equiv 1(\bmod 2)$，当然 $w>0$，$2k\mid a^2+b^2-k^2\mid$。[3]

如果 $u+v+w=t$，求有理数解，即

$$a+b+\frac{a^2+b^2-k^2}{2k}=\frac{a^2+b^2+k^2}{2k}，\text{则 } k=a+b。$$

所以有 $w=\dfrac{a^2+b^2-(a+b)^2}{2(a+b)}=\dfrac{-ab}{a+b}$，$t=\dfrac{a^2+b^2+(a+b)^2}{2(a+b)}=\dfrac{a^2+b^2+ab}{a+b}$。

考察 $a+b-\dfrac{-ab}{a+b}=\dfrac{a^2+b^2+ab}{a+b}$，得 $a(a+b)+b(a+b)-ab=a^2+b^2+ab$。

所以 $\dfrac{a(a+b)}{a^2+b^2+ab}+\dfrac{b(a+b)}{a^2+b^2+ab}-\dfrac{ab}{a^2+b^2+ab}=1$。

不妨 $x\leqslant y\leqslant z$，$a\leqslant b$，则原方程组有非零解 $(x,y,z)=\Big(\dfrac{-ab}{a^2+b^2+ab}$，$\dfrac{a(a+b)}{a^2+b^2+ab}$，$\dfrac{b(a+b)}{a^2+b^2+ab}\Big)$。

当 $n \geqslant 3$ 时,不考虑非零解,由(1)、(2)所得解知 $xyz < 0$,

$$x^3 + y^3 + z^3 - 3xyz = (x+y+z)(x^2+y^2+z^2-xy-yz-zx) =$$
$$(x+y+z)[(x+y+z)^2 - 3(xy+yz+zx)] = 1。$$

所以 $x^3 + y^3 + z^3 = 1 + 3xyz$。

所以 $x^3 + y^3 + z^3 < 1$。

$$(x^2+y^2+z^2)2 = x^4+y^4+z^4+2(x^2y^2+y^2z^2+z^2x^2) = 1。$$

所以 $x^4 + y^4 + z^4 < 1$。

假设当 $n = 2k-1$ 及 $n = 2k$ 时,$xyz \neq 0$,$x^{2k-1}+y^{2k-1}+x^{2k-1} < 1$,$x^{2k}+y^{2k}+x^{2k} < 1$。

由 $(x^{2k}+y^{2k}+x^{2k})(x+y+z) < 1$。即 $x^{2k+1}+y^{2k+1}+x^{2k+1}+(x+y)z^{2k}+(y+z)x^{2k}+(z+x)y^{2k} < 1$。对于 $-ab$,a^2+ab,b^2+ab,知 $x+y > 0$,$y+z > 0$,$z+x > 0$。

$\therefore x^{2k+1}+y^{2k+1}+x^{2k+1} < 1$;

由 $(x^{2k}+y^{2k}+x^{2k})(x^2+y^2+z^2) < 1$,同样得

$$x^{2k+2}+y^{2k+2}+x^{2k+2} < 1。$$

综上,当 $n=2$ 时,有有理数解 $(0,0,1)$ 或 $(0,1,0)$ 或 $(1,0,0)$;以及

$$\left(\frac{-ab}{a^2+b^2+ab}, \ \frac{a(a+b)}{a^2+b^2+ab}, \ \frac{b(a+b)}{a^2+b^2+ab} \right) \text{ 或 } \left(\frac{-ab}{a^2+b^2+ab}, \ \frac{b(a+b)}{a^2+b^2+ab}, \right.$$
$$\left. \frac{a(a+b)}{a^2+b^2+ab} \right) \text{ 或 } \left(\frac{a(a+b)}{a^2+b^2+ab}, \ \frac{-ab}{a^2+b^2+ab}, \ \frac{b(a+b)}{a^2+b^2+ab} \right) \text{ 或 } \left(\frac{a(a+b)}{a^2+b^2+ab}, \right.$$
$$\left. \frac{b(a+b)}{a^2+b^2+ab}, \ \frac{-ab}{a^2+b^2+ab} \right) \text{ 或 } \left(\frac{b(a+b)}{a^2+b^2+ab}, \ \frac{-ab}{a^2+b^2+ab}, \ \frac{a(a+b)}{a^2+b^2+ab} \right) \text{ 或 }$$
$$\left(\frac{b(a+b)}{a^2+b^2+ab}, \ \frac{a(a+b)}{a^2+b^2+ab}, \ \frac{-ab}{a^2+b^2+ab} \right)。$$

当 $n \geqslant 3$ 时,解只有 $(0,0,1)$ 或 $(0,1,0)$ 或 $(1,0,0)$。否则 $x^n + y^n + z^n < 1$。

本例揭示了这个不定方程的有趣现象:即在 $x+y+z=1$,$xy+yz+zx=0$ 的前提下,$x^2+y^2+z^2=1$ 有非零有理数解;但在 $n \geqslant 3$,$xyz \neq 0$ 时,$x^n+y^n+z^n < 1$。就像费尔马大定理那样,$x^2+y^2=z^2$ 有正整数解;$n \geqslant 3$ 时,$x^n+y^n=z^n$ 再也没有正整数解。

● 参考文献

[1] 梁开华. 两道数竞题的变化题. 不等式研究通讯,2012,2.

[2] 梁开华. 等式、不等式解法的和谐转换. 不等式研究通讯,2009,4.

[3] 梁开华,戴俊琪. 对一道征解题的商讨——兼谈棱线数的一些性质. 数学通讯,1984,10.

挑战精选题

☆1. 已知 a, b, $c \in \mathbf{R}^+$，且 $a+b+c=1$。求证：

(1) $\dfrac{bc}{a}+\dfrac{ca}{b}+\dfrac{ab}{c} \geqslant 1$；(2) $\dfrac{c}{ab}+\dfrac{a}{bc}+\dfrac{b}{ca} \geqslant 9$。

☆2. 已知 a_1, a_2, a_3, $\cdots$, $a_n \in \mathbf{R}^+$，$a_1+a_2+a_3+\cdots+a_n=1$，

求 $\sqrt{2a_1+1}+\sqrt{2a_2+1}+\sqrt{2a_3+1}+\cdots+\sqrt{2a_n+1}$ 的最大值 M，且证明对于任意 $n \geqslant 2$，$n \in \mathbf{N}^*$，M 总是无理数。

☆3. 已知 a, b, $c \in \mathbf{R}^+$，且 $a+b+c=1$。求证：$(a^2+b^2+c^2)^2 \leqslant 3(a^4+b^4+c^4)$。

4. 已知 a, b, $c \in \mathbf{R}^+$，$a+b+c=3$，求证：$\dfrac{a+b}{2(1+ab)}+\dfrac{b+c}{2(1+bc)}+\dfrac{c+a}{2(1+ca)} \geqslant \dfrac{3}{2}$。

5. 已知 a, b, $c \in \mathbf{R}^+$，$a+b+c=3$，求证：$\dfrac{c}{1+ab}+\dfrac{a}{1+bc}+\dfrac{b}{1+ca} \geqslant \dfrac{3}{2}$。

☆6. (改编张小明提问) 正数 $a+b+c=3$，求证：

$$\dfrac{b+c}{a}+\dfrac{c+a}{b}+\dfrac{a+b}{c}-9 \geqslant 2\left(\dfrac{a}{b+c}+\dfrac{b}{c+a}+\dfrac{c}{a+b}-3\right)。$$

第16关 "排排坐"里的学问

——三角形数阵

今天的闯关题是在下面的三道题中选做两道,当然三道题全做更好,总之,计分上肯定有不同!

☆1. 下面数表中的第 2 013 个数在第_____行,是第_____个数? 数值是_____?

$$
\begin{array}{cccc}
1 & & & \\
3 & 5 & & \\
7 & 9 & 11 & \\
13 & 15 & 17 & 19 \\
& \vdots & &
\end{array}
$$

2. (2003 年高考题)已知 $\{a_n\} = \{2^t + 2^s \mid 0 \leqslant s < t,\ s,\ t \in \mathbf{Z}\}$ 为递增数列,$a_1 \sim a_6$ ⋯⋯依次为 3,5,6,9,10,12,⋯,排成三角形数表为:

$$
\begin{array}{ccc}
3 & & \\
5 & 6 & \\
9 & 10 & 12 \\
— & — & — \\
& \vdots &
\end{array}
$$

(1) 写出第 4 行、第 5 行各数;

(2) 求 a_{100}。

☆3. 图 16-1 的三角形数表,每一行比上一行多一个数。试根据下述做法完善此表数据:

① 任一行的第 1 个数,是第 1 行起到这一行止的所有图 1 已知数的和的倒数;

② 任一行的第 2 个数,是上一行的所有数的和的倒数;

③ 任一行的某个数 $a_{ij}(i \geqslant 3, j \geqslant 3, i, j \in \mathbf{N}^*)$,是第 $i-1$ 行所有数的和的倒数加上 a_{ij-2}。且计算这样的数表有 2 013 行时,所有数的和是多少。

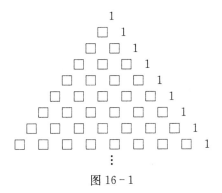

图 16-1

每道题的解决都像不省油的灯,费事着呢!但笨人有笨人的法子。不就是排数表吗?这样子弄下来,倒也不算慢!密密麻麻的草稿纸,纤细的小数字,好歹耐心细致是我的强项。哇!第 63 项,第 60 个数。那么,它是多少呢?还是这句话,笨人有笨法子,比如第 5 个数,9;第 10 个数,19;…2 倍减 1,4 025。我填上 63,60,4 025,心里得意着呢。不管白猫黑猫,抓着老鼠啦!

第 2 题,看着感觉头疼,第 1 题排的是正奇数列,这里这样的数什么规律呀?那一年的高考生有点晦气呢,撞着这么个没头没脑的问题!看第 3 题吧。哎,该人家头疼了,我倒能顺着一步步来,谁叫我笨呢!就这样,我把数据一个个扒出来了。就叫作图 16-2 吧:

$$1$$
$$\frac{1}{2} \quad 1$$
$$\frac{1}{3} \quad \frac{2}{3} \quad 1$$
$$\frac{1}{4} \quad \frac{2}{4} \quad \frac{3}{4} \quad 1$$
$$\frac{1}{5} \quad \frac{2}{5} \quad \frac{3}{5} \quad \frac{4}{5} \quad 1$$
$$\frac{1}{6} \quad \frac{2}{6} \quad \frac{3}{6} \quad \frac{4}{6} \quad \frac{5}{6} \quad 1$$
$$\frac{1}{7} \quad \frac{2}{7} \quad \frac{3}{7} \quad \frac{4}{7} \quad \frac{5}{7} \quad \frac{6}{7} \quad 1$$
$$\frac{1}{8} \quad \frac{2}{8} \quad \frac{3}{8} \quad \frac{4}{8} \quad \frac{5}{8} \quad \frac{6}{8} \quad \frac{7}{8} \quad 1$$
$$\frac{1}{9} \quad \frac{2}{9} \quad \frac{3}{9} \quad \frac{4}{9} \quad \frac{5}{9} \quad \frac{6}{9} \quad \frac{7}{9} \quad \frac{9}{9} \quad 1$$

图 16-2

仗打赢就行了,我也不想"全面胜利"。再说用时也影响得分呢!对细心以及准确,我抱有信心,交卷了。竟然是第一个。

开始讲评了。天知道萧评委把我第一个叫起来,谁让我第一个交卷的呢!真尴尬呀,总不能说,我是草稿纸上把数据硬排出来的。

"我做第 3 题吧！"也算是"急中生智"了。但愿人家别以为我故作高深呢！

萧评委：行！那么，谁做第 1 题？

牛选手：解 1：这是个正奇数数列排成的三角形数阵。复习课上，我们解决过；当然，与 2 013 无关。看每一行的最后一个数的所在位置，是 $1+2+3+\cdots$ 前 n 项的和（真是的）。设第 2 013 个数在第 n 行，则这一行的最后一个数的位置是 $\dfrac{n(n+1)}{2} \geqslant 2\,013$，$n(n+1) \geqslant 4\,026$，当 $n=63$ 时，得 $n(n+1)=4\,032$ 是最好的值。对应数 2 016 向前推到 2 013，即 63 向前推到 60。所以第 2 013 个数在第 63 行，是第 60 个数。由奇数列通项 $a_n = 2n-1$，得其值是 4 025。

宁选手：解 2：当然略，这是高考题，高考题有解答。但我这个解答是相关杂志上看到的。由于用的是二进位制，印象深刻。介绍如下：

（杨文杏）：（1）数表对应于二进制表示：

$$
\begin{array}{ccccc}
 & & 11 & & \\
 & 101 & & 110 & \\
1001 & & 1010 & & 1100 \\
10001 & 10010 & & 10100 & 11000 \\
100001 & 100010 & 100100 & 101000 & 110000 \\
 & & \vdots & &
\end{array}
$$

还原为十进位制数，第 4、5 行分别为

$$
\begin{array}{ccccc}
 & 17 & 18 & 20 & 24 \\
33 & 34 & 36 & 40 & 48
\end{array}
$$

其规律为：**第 n 行第 1 个数，两个 1 之间含 $n-1$ 个 0；后面各数，个位数字 1 依次前移置换，直至两个 1 连续。**

（2）各行最后一个数的项数为前 n 个自然数之和：$1, 3, 6, 10, \cdots, \dfrac{n(n+1)}{2}$。对于 $\dfrac{n(n-1)}{2} \leqslant 100$，$n^2 - n - 200 \leqslant 0$，$[\![n]\!] = 13$。$[\![n]\!]$ 表示 n 的最大整数部分。$\dfrac{13 \times 14}{2} = 91$，则 a_{100} 在第 14 行的第 9 个位置上。即

$$
\underbrace{100\cdots01}_{13 个} \Rightarrow \underbrace{100\cdots0}_{5 个}\underbrace{100\cdots0}_{8 个} 。
$$

所以 $a_{100} = 2^{14} + 2^8 = 16\,640$。

（掌声）

轮到我了，把解法分为这样几个过程：

过程①：

$$
\begin{array}{c}
1\\
\frac{1}{2}\quad 1\\
\frac{1}{3}\qquad 1\\
\frac{1}{4}\qquad 1\\
\frac{1}{5}\qquad 1\\
\frac{1}{6}\qquad 1\\
\frac{1}{7}\qquad 1\\
\frac{1}{8}\qquad 1\\
\frac{1}{9}\qquad 1
\end{array}
$$

　　过程②与过程③，深、浅色数据交替给出。注意，也许写出的是既约分数，也就是最简分数；由总体数据特征调整，得：

$$
\begin{array}{c}
1\\
\frac{1}{2}\quad 1\\
\frac{1}{3}\ \mathbf{\frac{2}{3}}\ 1\\
\frac{1}{4}\ \mathbf{\frac{2}{4}}\ \frac{3}{4}\ 1\\
\frac{1}{5}\ \mathbf{\frac{2}{5}}\ \frac{3}{5}\ \frac{4}{5}\ 1\\
\frac{1}{6}\ \mathbf{\frac{2}{6}}\ \frac{3}{6}\ \frac{4}{6}\ \frac{5}{6}\ 1\\
\frac{1}{7}\ \mathbf{\frac{2}{7}}\ \frac{3}{7}\ \frac{4}{7}\ \frac{5}{7}\ \frac{6}{7}\ 1\\
\frac{1}{8}\ \mathbf{\frac{2}{8}}\ \frac{3}{8}\ \frac{4}{8}\ \frac{5}{8}\ \frac{6}{8}\ \frac{7}{8}\ 1\\
\frac{1}{9}\ \mathbf{\frac{2}{9}}\ \frac{3}{9}\ \frac{4}{9}\ \frac{5}{9}\ \frac{6}{9}\ \frac{7}{9}\ \frac{8}{9}\ 1
\end{array}
$$

设第 n 行的所有元素的和为 S_n，则

$$
S_n = \frac{1}{n}(1+2+3+\cdots+n) = \frac{1}{n}\cdot\frac{n(n+1)}{2} = \frac{n+1}{2}。
$$

设第 1 行起到第 n 行止的所有数之总和为 T_n，则

$$T_n = S_1 + S_2 + S_3 + \cdots + S_n = \frac{1}{2}(2 + 3 + 4 + \cdots + n + 1) = \frac{n(n+3)}{4}。$$

代入 $n = 2\,013$，则 $T_{2\,013} = \dfrac{2\,013 \times 2\,016}{4} = 1\,014\,552$。

萧评委：中国初等数学顶尖的权威学者杨之先生曾归结初等数学可探究、拓展的学术方向，主要涵盖四个方面知识体系的内容：**不等式，数阵，折线，绝对值方程**。近来，杨先生以及王雪芹又出版了新著《数阵及其应用》，严整、系统且广阔深刻地规范了数阵问题及其知识结构，在初数锦园中又栽培了一株奇葩，其意义不言而喻。梁开华先生认为，杨先生的这本书中，三角形的数阵问题是作为习题的形式出现的，没有专门的定义与阐述。他建议从这些方面与角度作些必要的说明与引申。首先，数阵不单纯认为是行列式或矩阵的实体（元素）部分。数阵的概念范畴很明确，其元素必须是数！尽管也允许出现参变量，但其本质仍是数，这是与行列式或矩阵毕竟是有所差异的。其次，数阵里的数有一定主、客观的条件制约，不是只要给出数表，就认为形成了数阵。比如在矩阵中，主对角线元素都是 1，其他元素都是 0，也就是单位矩阵，在矩阵中的地位举足轻重；但看作数阵，则不具实质性的意义与价值。换言之，所有单一数阵的给出都应当是有存在的意义与价值的，特别是有相当内含规律与探究前景的。还有，数阵的分类从形式上来说，有正方形的，矩形的，三角形的。其实，各有各的存在特征，甚至一定程度上是不可相混替代的。换言之，有的数阵只能是正方形而非矩形的，有的数阵必须是三角形的，相关特征才恰到好处。这里的解析即按梁先生的文章《三角形数阵》展开相关阐述：

三角形数阵有存在的必然性。比如杨辉三角，行的展开是随着二项式定理指数增大给出的，数表一定是三角形的。又比如，把数列 $1, 22, 333, 4444, \cdots$，按行表达出来，[1]不呈三角形的，一定勉为其难。另外，三角形数阵的表达，其实未必总是等腰三角形的；也可以是直角三角形的，即各行的首项上下对齐。由于正方形数阵往往关于主对角线对称，有时也会由包括主对角线以折半探究，这就是三角形数阵。

三角形数阵有存在的必要性。题 1 中的正奇数数列 $1, 3, 5, 7, \cdots, 2n-1$，平凡无奇，但一旦排成三角形数阵：

$$
\begin{array}{ccccccc}
 & & & 1 & & & \\
 & & 3 & & 5 & & \\
 & 7 & & 9 & & 11 & \\
13 & & 15 & & 17 & & 19 \\
 & & & \vdots & & &
\end{array}
$$

情况立刻不同。奇妙的性质可谓蜂拥而出。刚才牛选手说到的，是每一行最后一个数的所在位置，即项数形成的数列，即 **1, 3, 6, 10, $\cdots$**，通项为前 n 行的行数之和。即 $1, 1+$

$2, 1+2+3, 1+2+3+4, \cdots$，也就是 $\dfrac{n(n+1)}{2}$。这在数列知识结构中很具应用意义。其实是二阶等差数列。如果给出数列 **1, 2, 4, 7, $\cdots$**，一眼看上去通项公式是什么，就不太容易。其实即上一数列的各项加 1：$\dfrac{n(n+1)}{2}+1$。如果一般的二阶等差数列你已确认，可通过"**待定系数法**"解出通项，高阶等差数列求通项都可以这样解。牛选手，你刚才说你们复习课上解决过这样的问题，你能说说这个三角形数阵还有些什么性质吗？

牛选手：第 n 行的各项之和为 n^3；前 n 行的所有项之和为项数的平方；从而成立

$$1^3 + 2^3 + 3^3 + \cdots + n^3 = (1+2+3+\cdots+n)^2 = \left[\dfrac{n(n+1)}{2}\right]^2。$$

$\cdots$

萧评委：很好！就曾有人问起，若干个正整数的立方和能不能是整数平方数？看看这个关系式，要多少解，有多少解吧！

有的三角形数阵求通项，未必那么好解决。比如 **1, 22, 333, 4444, $\cdots$**，大家可以试试。这次活动的题 2，我们都已知道是高考题，且宁选手也给出了（杨文杏）相当好的解法。似乎不稀奇了。但当年高考时多少考生束手无策呐！其实这道题还有题干(3)，我们这里就没有给出。因为作为高考题，似欠妥当。但警醒我们，切勿自以为是，眼高手低。尤其求学时，自以为了不得，是很坏的毛病。

题 3 也是这样，看上去不起眼，其实有许多性质隐含其中。我们有时候，不在于解决了什么问题，而在于这个问题还有什么样的潜在的可探究之处，还能作怎样的关联及拓展，尤其是应用模型及应用背景。题 3 的数阵由梁先生提出，权且叫做"**梁氏三角形数阵**"。性质归结如下：

性质 1 梁氏三角形数阵的第奇数行所有元素的和一定是整数；偶数行所有元素的和一定是分数。

性质 2 梁氏三角形数阵的任一行的第 1 个元素，是第 1 行起到这一行止的所有最后一列元素的和的倒数。

性质 3 梁氏三角形数阵的任一行的第 2 个元素，是上一行的所有元素的和的倒数。即

$$a_{n2} = \dfrac{1}{\displaystyle\sum_{i=1}^{n-1} a_{n-1\,i}}。$$

性质 4　梁氏三角形数阵的任一行(行数大于等于 3)的任一位置元素(位置大于等于第 3 个),等于上一行的所有元素的和的倒数,加上这一行这一位置的前两个位置之元素的和。即

$$a_{ij} = \frac{1}{\sum\limits_{k=1}^{i-1} a_{i-1k}} + a_{ij-2} (i \geqslant 3, j \geqslant 3, i, j \in \mathbf{N}^*)。$$

题 3 即由性质 2 到性质 4 编拟。**把一个问题的原貌按法则恢复出来,这个理念本身就是有意义的。**

性质 5　梁氏三角形数阵的所有行(行数大于 1)的所有元素的总和,

当行数为 $4k+2, 4k+3(k \in \mathbf{N})$ 型数时,不是整数;

当行数为 $4k-3, 4k(k \in \mathbf{N}^*)$ 型数时,是整数。

性质 6　梁氏三角形数阵的所有行(行数大于 1)的所有元素的总和的倒数,总能对应于其后若干行第 2 个位置的元素。

性质 7　梁氏三角形数阵的所有行(行数大于 1)的最后一个位置之元素的和的倒数,等于第 2 行起所有行的最后第 2 个位置之元素的积。即 $\dfrac{1}{\sum\limits_{k=1}^{n} a_{kk}} = \prod\limits_{k=2}^{n} a_{kk-1}$。

性质 8　梁氏三角形数阵的第 1 行起到第 n 行止的所有行第 1 个元素的调和平均数,等于第 n 行所有元素和的倒数。即

$$\frac{n}{\sum\limits_{i=1}^{n} \dfrac{1}{a_{i1}}} = \frac{1}{\sum\limits_{i=1}^{n} a_{ni}}。$$

性质 9　梁氏三角形数阵的所有行(行数大于 1)的所有元素的积,总能对应于这一行数或其后若干行的行数的第 1 个位置的元素(即为一单位分数)。可形成的数列为

$$1, \frac{1}{2}, \frac{1}{9}, \frac{1}{96}, \frac{1}{2\,500}, \frac{1}{162\,000}, \cdots$$

其通项公式为

$$\frac{1}{1} \cdot \left(\frac{1}{2} \cdot \frac{2}{2}\right) \cdot \left(\frac{1}{3} \cdot \frac{2}{3} \cdot \frac{3}{3}\right) \cdot \cdots \cdot \left(\frac{1}{n} \cdot \frac{2}{n} \cdot \frac{3}{n} \cdot \cdots \cdot \frac{n}{n}\right) = \frac{\prod\limits_{i=1}^{n-1} (i!)^2}{(n!)^{n-1}}。$$

很显然,**奇数项的分母一定是平方数。**这应该是很不错的结论。

梁氏三角形数阵仍应有探究余地,尤其有很可观的拟题潜景。比如

变形 1:见 P144

变形 2:

$$
\begin{array}{c}
1 \\[4pt]
\dfrac{1}{2} \quad 1 \quad \dfrac{1}{2} \\[4pt]
\dfrac{1}{3} \quad \dfrac{2}{3} \quad 1 \quad \dfrac{2}{3} \quad \dfrac{1}{3} \\[4pt]
\vdots \\[4pt]
\dfrac{1}{n} \quad \dfrac{2}{n} \quad \dfrac{3}{n} \cdots \dfrac{n-1}{n} \quad 1 \quad \dfrac{n-1}{n} \quad \dfrac{n-2}{n} \cdots \dfrac{2}{n} \quad \dfrac{1}{n}
\end{array}
$$

拟题略。

其他不再赘述。有兴趣的选手可详见全文。

● **参考文献**

[1] 梁开华. 一个数列求解通项中的数学思想及知识的蕴含. 中学数学. 2006,4.

挑 战 精 选 题

☆1. 给出数列 $\{b_n\}$:

$$1, 2, 2, 3, 3, 3, \cdots \underbrace{m, m, m, \cdots}_{m\text{个}}$$

即

$$
\begin{array}{l}
1 \\
2 \quad 2 \\
3 \quad 3 \quad 3 \\
\cdots \\
m \quad m \quad m \cdots (m\text{个}) \\
\cdots
\end{array}
$$

的通项公式。

☆2. 如下是一个类杨辉三角的三角形数阵:

$$1$$
$$1 \quad 1$$
$$1 \quad 2 \quad 1$$
$$1 \quad 2 \quad 2 \quad 1$$
$$1 \quad 2 \quad 3 \quad 2 \quad 1$$
$$1 \quad 2 \quad 3 \quad 3 \quad 2 \quad 1$$
$$1 \quad 2 \quad 3 \quad 4 \quad 3 \quad 2 \quad 1$$
$$\vdots$$
$$1 \; 2 \; 3 \; 4 \; 5 \; 6 \; 7 \; 8 \; 9 \; 8 \; 7 \; 6 \; 5 \; 4 \; 3 \; 2 \; 1$$
$$1 \; 2 \; 3 \; 4 \; 5 \; 6 \; 7 \; 8 \; 9 \; 9 \; 8 \; 7 \; 6 \; 5 \; 4 \; 3 \; 2 \; 1$$

请给出一个这一数阵的模拟背景。

3.（湖南高考・2007）如题图 1,是杨辉三角,如果其中凡奇数换作 1,偶数换作 0,得题图 2,则所在行都是奇数的是第 1,3,_____ 行;第 61 行中有 _____ 个 1。

$$1 \quad 1$$
$$1 \quad 2 \quad 1$$
$$1 \quad 3 \quad 3 \quad 1$$
$$1 \quad 4 \quad 6 \quad 4 \quad 1$$
$$1 \quad 5 \quad 10 \quad 10 \quad 5 \quad 1$$
$$1 \quad 6 \quad 15 \quad 20 \quad 15 \quad 6 \quad 1$$
$$\cdots\cdots$$

题 3 图 1

$$1 \quad 1$$
$$1 \quad 0 \quad 1$$
$$1 \quad 1 \quad 1 \quad 1$$
$$1 \quad 0 \quad 0 \quad 0 \quad 1$$
$$1 \quad 1 \quad 0 \quad 0 \quad 1 \quad 1$$
$$1 \quad 0 \quad 1 \quad 0 \quad 1 \quad 0 \quad 1$$
$$\cdots\cdots$$

题 3 图 2

☆4.（即梁氏三角形数阵变形 1）把一系列大小相同的纸片每张纸写一个分数或一个整数,排成如图表所示的三角形数阵。

$$1$$
$$\frac{1}{2}, 1, \frac{3}{2}, 2$$
$$\frac{1}{3}, \frac{2}{3}, 1, \frac{4}{3}, \frac{5}{3}, 2, \frac{7}{3}, \frac{8}{3}, 3$$
$$\vdots$$
$$\frac{1}{n}, \frac{2}{n}, \frac{3}{n}, \cdots, 1, \frac{n+1}{n}, \frac{n+2}{n}, \cdots, 2, \frac{2n+1}{n}, \cdots, 3, \cdots, n$$

(1) 第 n 行共需多少张纸片(只给出答案)?

(2) 计算第 n 行中所有分数的和 S;

(3) 设把每行中的分数纸片撤去,各行中的整数和记为 S_1, S_2, S_3, $\cdots$, S_n。计算

$$T_n = S_1 + S_2 + S_3 + \cdots + S_n;$$

(4) 设 $1 < n \leqslant 100$,当 T_n 为平方数时,计算 $(T_n)_{\min} + (T_n)_{\max}$。

5. 自己设计(或参照梁氏三角形数阵变形 2 编拟)一个三角形数阵问题,形成较有意义的相关求解或证明。

几何图形结合绘图工具的灵感

——拓展意义上的尺规作图

尺规作图是平面几何中很有意义也很有趣味的一个话题。由于限制性很强，往往需要解决的问题颇有难度、很费思索。据我所知，作出正 257 边形，用稿纸 80 张；作出正 65 537 边形，用稿纸一个手提箱。在本次夏令营活动的费波那契数闯关专题上，有作正五边形，即仅用圆规把圆周五等分的问题解决。但把尺规作图与其他知识结构联系起来，以及在其他几何知识域里研究尺规作图问题则很少见。今天的闯关题恰是这样：

☆1. 桌面上方有一点光源，试设计一种尺规作图法，确定点光源在桌面上的射影的精确位置。

其实改变为数学语言，更一般地，即

1. 已知平面 α 及空间一点 P，试精确作出过点 P 且垂直于平面 α 的直线（垂足即射影）。

☆2. 用圆规和带有直角的三角尺画出双曲线的焦点。

☆3. 已知 P 在椭圆 $\dfrac{x^2}{a^2}+\dfrac{y^2}{b^2}=1$ $(a>b>0)$ 上，则 $|PF_1|$，$|PO|$，$|PF_2|$ 能否成等差数列？能否成等比数列？如果能，用尺规确定它的精确位置；如果不能，请说明理由。

真是够呛！搜肠刮肚，终于在三棱锥顶点在底面内的射影问题的知识点中找到灵感。三棱锥顶点在底面内的射影问题，与三角形的外心、内心、垂心等相关联，有这样一些充分必要条件：

● 三棱锥顶点在底面内的射影是底面三角形的外心的充要条件是，三棱锥的三侧棱彼此相等；或三棱锥的三侧棱与底面的夹角相等。尤其是，底面三角形是直角三角形，则射影是斜边的中点。

● 三棱锥顶点在底面内的射影是底面三角形的内心的充要条件是，三棱锥的三条斜高彼此相等；或三棱锥的三条斜高与底面的夹角相等。

● 三棱锥顶点在底面内的射影是底面三角形的垂心的充要条件是，三棱锥的对棱互相垂直；或充分条件是三侧棱互相垂直。

相关证明并不麻烦。哪一条适于解决题 1 呢？当然是三侧棱相等的。先把它做出来吧！

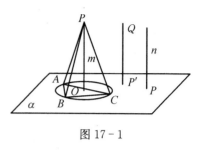

图 17-1

1. 解：如图 17-1，设 $P \notin \alpha$，过 P 作斜线 PA、PB、PC，A、B、C 为斜足，且使 $PA=PB=PC$。

在平面 α 内连 AB、BC、CA，作 $\triangle ABC$ 的外接圆，即作出圆心 O。则 O 是 P 在平面 α 内的射影。（连 PO，即得所要作的垂线。）

如果 P 就在平面 α 内，则先取 $Q \notin \alpha$，如上法作出过 Q 的平面垂线 QP'（垂足 P'），再过 P 作 $n /\!/ QP'$ 即可。

关于第 2 题，依稀记得上海 2004 年的春季高考题有一个确定椭圆中心的题，双曲线是椭圆的对偶曲线，方法也应可行吧！先把中心"找"出来：

2. 解：（1）如图 17-2A，17-2B，作 $AB /\!/ CD$，$EF /\!/ GH$，A、B、C、D、F、F、G、H 分别为直线与曲线的交点；（2）作 AB、CD 的中点 M、N，EF、GH 的中点 P、Q；（3）连接 MN、PQ 交于 O。即得椭圆或双曲线的中心。其中尤其是椭圆，弦 MN、PQ 由于通过中心，为椭圆的"直径"，且叫做"共轭直径"。

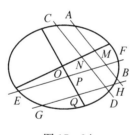

图 17-2A

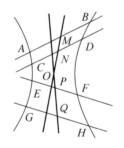

图 17-2B

然后作出坐标系。这好办，简言之，比如椭圆，如图 17-2C，分别以原点为圆心作弧，连成弦，分别作弦的垂直平分线。作出焦点椭圆也简单，如图 17-2D，OA 是长半轴，以上顶点 B 为圆心，OA 为半径作弧交 x 轴于 F_1，F_2，即大功告成。

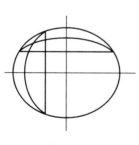

图 17-2C

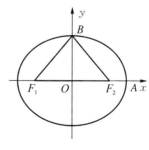

图 17-2D

然而,进一步探究双曲线的焦点作法时,却陷入困境,不得已转向问题 3:成等差时太简单,就像卫星飞行时远地点、近地点,P 为长轴顶点时,比如 A,不就满足 $|AF_1|+|AF_2|=2|AO|$ 吗? 至于等比数列,解析几何问题计算起来,马马虎虎还可以。正规写出解吧!

3. 解:$|PO|=A$,由 $|AF_1|+|AF_2|=2a$,当然 $|PF_1|$,$|PO|$,$|PF_2|$ 成等差数列;反之,$|PO|=\dfrac{|PF_1|+|PF_2|}{2}=a$,$P$ 即 A 点。所以 $|PF_1|$,$|PO|$,$|PF_2|$ 成等差数列的充要条件是 $|PO|=a$。所以 P 是长轴的两个顶点。

又 $|PF_1|$,$|PO|$,$|PF_2|$ 成等比数列时,

如图 17 - 3A,对于 $\square PF_1QF_2$,

$4|PO|^2+|F_1F_2|^2=2(|PF_1|^2+|PF_2|^2)$,

$2|PO|^2+2c^2=4a^2-2|PF_1||PF_2|=4a^2-2|PO|^2$。

$4|PO|^2=4a^2-2c^2=2a^2+2b^2$。所以 $|PO|^2=\dfrac{a^2+b^2}{2}$。

反之,$|PO|^2=\dfrac{a^2+b^2}{2}$,可推出 $|PF_1|$,$|PO|$,$|PF_2|$ 成等比数列。

由 $b<\sqrt{\dfrac{a^2+b^2}{2}}<a$,以 O 为圆心,$\sqrt{\dfrac{a^2+b^2}{2}}$ 为半径作出的圆,与椭圆的四个交点即是解。见图 17 - 3B。

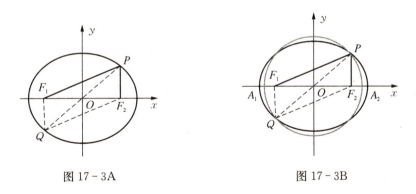

图 17 - 3A   图 17 - 3B

再待思考作出双曲线焦点时,时间已经不够了。听讲评吧!

荣评委:……根据大家的具体情况,解说一下画双曲线的焦点问题。

有了坐标系以后,双曲线的焦点怎么作出呢? 这不像椭圆能一步到位。但请注意,对偶曲线椭圆、双曲线都有这样的命题:

如图 17 - 4A,已知 M 是标准椭圆上的一个动点,F 是它的一个焦点,以 MF 为直径的圆内切于圆 $x^2+y^2=a^2$;

如图 17-4B，已知 M 是标准双曲线上的一个动点，F 是它的一个焦点，以 MF 为直径的圆与圆 $x^2 + y^2 = a^2$ 外切。

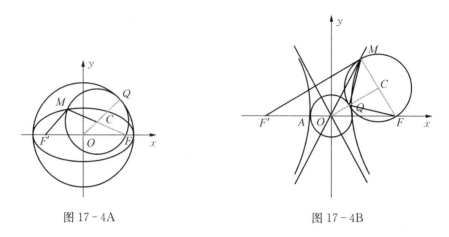

图 17-4A   图 17-4B

利用这一命题(我怎么没想到这一作法呢？这个题目不是不知道哇!)就可以作出双曲线的焦点：

以 O 为圆心，OA 为半径作圆；

设 Q 在圆 O 上，连 OQ 并任意延长至双曲线形内 C 点；以 C 为圆心，CQ 为半径作圆与圆 O 相切，交双曲线于 M、x 轴于 F，使 M、C、F 在一条直线上，F 即焦点。因此，C 点的位置是需要调节的。怎么使调节成功呢？可以这样，让三角尺的直角顶点对应于 Q，且使两直角边与相应双曲线及 x 轴的交点分别为 M、F；M、F、C 在一条直线上。由于只有双曲线图时，实轴位置明确，没有渐近线时虚轴位置难以明确，因此，这样的作图有相当不错的理想性。(后来我知道，许多人弄不出来，是卡在作不出坐标系上。)

尺规作图其实很锤炼人的思维能力，是相当有潜力与前景的有趣课题。前苏联有过竞赛题，**在坐标平面 Oxy 上画了函数 $y = x^2$ 的图像，然后擦去坐标轴，仅留下一条抛物线，怎样用圆规和直尺重新作出坐标轴和长度单位**。把作图问题拓展到空间图形以及解析几何，更增加趣味性、知识性和难度。圆锥曲线找焦点还不算麻烦。下面给出椭圆作准线的例子：

张留杰在《圆锥曲线的割线的性质》(中学数学，2006 年第 1 期)一文中指出：

AB 是圆锥曲线的(左)焦点弦，割线 $AQ \parallel y$ 轴交椭圆于 Q，直线 QB 交 x 轴(负方向)于 M，则 M 是定点 $\left(-\dfrac{a^2}{c}, 0\right)$。

$x = -\dfrac{a^2}{c}$ 正是椭圆的一条准线，这就给出了作图依据。双曲线、抛物线作法相仿。

即如图 17-5，作椭圆的任意弦 $AQ \parallel y$ 轴；过 A、F 作椭圆的弦 AB；连结 QB 并延长

交 x 轴于 M；过 M 作平行于 y 轴的直线。此即椭圆的一条准线。

椭圆准线也可以这样作：以上顶点 B 为圆心，作椭圆的外切圆；作 x 轴的垂线与此圆相切。所得切线即椭圆的准线。但请注意：如图 17-6A，17-6B，圆与椭圆的切点也许是两个，也许是一个（其实是重合的两个）。怎么论证这个问题，连同其他的尺规作图问题，留做练习。

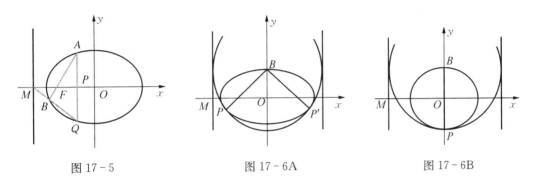

图 17-5   图 17-6A   图 17-6B

本节结束之前，说一说尺规作图不能问题。这个知识信息，大多数同学都已知晓了。看网上的表述：所谓尺规作图不能问题就是不可能用尺规作图完成的作图问题。**这其中最著名的是被称为几何三大问题的古典难题：三等分角问题：三等分一个任意角；倍立方问题：作一个立方体，使它的体积是已知立方体的体积的两倍；化圆为方问题：作一个正方形，使它的面积等于已知圆的面积。在 2400 年前的古希腊已提出这些问题，直至 1837 年，法国数学家万芝尔才首先证明"三等分角"和"倍立方"为尺规作图不能问题。1882 年德国数学家林德曼证明 π 是超越数后，"化圆为方"也被证明为尺规作图不能问题。**

其实辅助以一定的条件，比如"三等分角"问题，还是可以解决的。在极坐标系中，方程 $\rho=\theta$，比如 $\theta=\dfrac{\pi}{2}$，把此时 ρ 的长度三等分，极点为圆心，分别 $\dfrac{1}{3}\rho$，$\dfrac{2}{3}\rho$ 为半径截在曲线上，如图 17-7，即把（直）角三等分了。

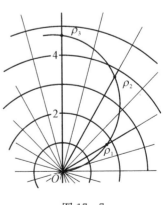

图 17-7

这三个问题既已作图不能，千万不要陷在里面作盲目思考与尝试。如果不信科学这个"邪"，是不明智的，而且也是不开化的。

● **参考文献**

[1] 梁开华．拓展意义上的尺规作图．武汉全国第六届初等数学学术研究交流会论文集．

挑战精选题

1. 如题图，P 为(半)圆外一点，试仅用没有刻度的直尺作出直径的垂线。

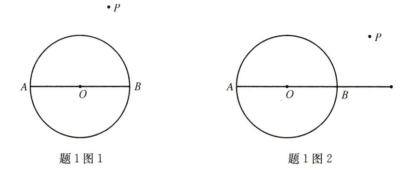

题1图1   题1图2

☆2. 给出单位长度1，证明：$n \geqslant 2$，$n \in \mathbf{N}^*$，任意 $\sqrt{n}$ 总可仅用圆规作出。

☆3. 试仅用圆规将圆周八等分。

4. (前苏联数竞题)在坐标平面 Oxy 上画了函数 $y = x^2$ 的图像，然后擦去坐标轴，仅留下一条抛物线，怎样用圆规和直尺重新作出坐标轴和长度单位，**且作出焦点**。

☆5. 说明本次活动椭圆准线第二种作法的数学原理。

热门中的热门
——圆与椭圆

圆与椭圆可以说是孪生图形。但椭圆毕竟是解析几何知识域，又几乎是热门考点。因此，这一次的闯关以"圆与椭圆"为主题，我感到很切合学、用实际。人们形容《百家讲坛》的节目时说：坛坛都是好酒。这一次夏令营的活动主题也似乎是这样，不妨叫做瓶瓶都是好酒吧！且我听老师说过，运算相当令人头疼的解析几何问题，高考要求已有所降低；但圆锥曲线结合圆（虽然圆锥曲线包括圆）却更为热门。不待说，圆与椭圆是热门中的热门。因此，今天的两道题我做得很顺。

1. 如图 18-1，已知 AC、BD、CD 都与椭圆 $\dfrac{x^2}{a_2}+\dfrac{y^2}{b_2}=1(a>b>0)$ 相切。A、B、P 是切点。AD、CB 相交于 M。过 P 连 PM 并延长交长轴与 Q，证明：$|PM|=|MQ|$，$PQ\perp AB$。

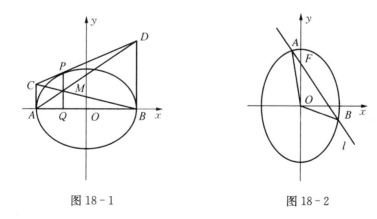

图 18-1   图 18-2

2. 如图 18-2，已知 O 为坐标原点，F 为椭圆 C：$x^2+\dfrac{y^2}{2}=1$ 在 y 轴正半轴上的焦点，过 F 且斜率为 $-\sqrt{2}$ 的直线 l 与 C 交于 A、B 两点，点 P 满足 $\overrightarrow{OA}+\overrightarrow{OB}+\overrightarrow{OP}=\vec{0}$。证明：
   (1) 点 P 也在椭圆 C 上；
   (2) 设点 P 关于点 O 的对称点为 Q，则 A、P、B、Q 四点共圆。

解析几何的运算,是很够呛的事,设法简化是重要的理念。因此,能以圆代椭圆,当然是最好。第1题可以用压缩变换,这我是知道的;第二题不就是高考题吗!

1. 解:由坐标的压缩变换:令 $\begin{cases} x = x', \\ y = \dfrac{b}{a}y'. \end{cases}$ 得椭圆方程变化为圆的方程 $x'^2 + y'^2 = a^2$。如图 18-3,设点 $P(m, n)$,则切线 CD 的方程为

$$mx + ny = a^2。x = -a, \quad y = \frac{a^2 + ma}{n}; x = a,$$

$$y = \frac{a^2 - ma}{n}。$$

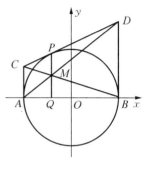

由此,得 AD、CB 的两点式方程分别为

$$\frac{x+a}{a+a} = \frac{y}{\dfrac{a^2 - ma}{n}}, \quad \frac{x-a}{-a-a} = \frac{y}{\dfrac{a^2 + ma}{n}}。即得$$

$$y = \frac{(x+a)(a-m)}{2n}, \quad y = \frac{(x-a)(a+m)}{-2n}。所以 (x+a)(a-m) + (x-a)(a+m) = 0。$$

$$(a-m+a+m)x + a^2 - am - a^2 - am = 0, \quad x = m; y = \frac{(m+a)(a-m)}{2n} = \frac{n^2}{2n} = \frac{n}{2}。$$

图 18-3

即 $M\left(m, \dfrac{n}{2}\right)$。所以 $|PM| = |MQ|$,$PQ \perp AB$。

2. 解:(1) 半焦距 $C = 1$,AB 方程:$y = -\sqrt{2}x + 1$。代入椭圆,解得 $A\left(\dfrac{\sqrt{2} - \sqrt{6}}{4}, \dfrac{1+\sqrt{3}}{2}\right)$,$B\left(\dfrac{\sqrt{2} + \sqrt{6}}{4}, \dfrac{1-\sqrt{3}}{2}\right)$。由 $\overrightarrow{OA} + \overrightarrow{OB} + \overrightarrow{OP} = \vec{0}$,解得 $P\left(-\dfrac{\sqrt{2}}{2}, -1\right)$。

显然 $\left(-\dfrac{\sqrt{2}}{2}\right)^2 + \dfrac{(-1)^2}{2} = 1$,所以 P 在椭圆上。见图 18-4。

(2) 如图 18-4,$Q\left(\dfrac{\sqrt{2}}{2}, 1\right)$。设 $M(x, y)$ 为 AB、PQ 垂直平分线的交点,AB 中点:$\left(\dfrac{\sqrt{2}}{4}, \dfrac{1}{2}\right)$,垂直平分线的斜率 $k = \dfrac{1}{\sqrt{2}}$,垂直平分线方程:$y - \dfrac{1}{2} = \dfrac{1}{\sqrt{2}}\left(x - \dfrac{\sqrt{2}}{4}\right)$;

PQ 中点:$(0, 0)$,垂直平分线的斜率 $k = -\dfrac{1}{\sqrt{2}}$,垂直平

分线方程:$y = -\dfrac{1}{\sqrt{2}}x$。解得 $M\left(-\dfrac{\sqrt{2}}{8}, \dfrac{1}{8}\right)$。$|MA| =$

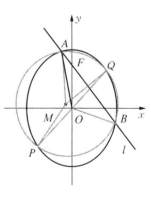

图 18-4

$$|MB| = |MP| = |MQ| = \frac{3}{8}\sqrt{11}。$$

所以 A、B、P、Q 在同一圆上。

今天讲评的是颜评委。关于两道题的解,这个过程就略去不记了。下面是颜评委的讲评内容:

颜评委:刚才郝同学与洪同学两道题都解得很好!说明大家解析几何方面知识的学习状况还是相当扎实的。尤其题目 1 应用了椭圆"压缩"为圆的方法。在压缩变换中,相交、中点等性质不会变化;水平、竖直方向的垂直关系也不会变化。用圆的方式解表明问题解决简单意识的强烈。因此很好!这样的题平面几何方法不是不能解决,但那样做显然不宜。第 2 题同学们的正确率相当高,这不能单从曾是高考题这样认为,还归结为解析几何基础较好以及学习理念到位。圆与圆锥曲线关联,大家已经很重视了。其实它们还隐含平面几何知识,虽不是高中知识体系,重要的常用的知识点依然在解题中起作用。一旦出现图形问题,学生能理想应用平面几何知识是明智的选择。用得好、用得巧更有讲究。这里的四点共圆,死板地用几何定理似不可取。洪同学由垂直平分线确定圆心,通过半径长解决问题,是平面几何与解析几何的有效结合。

我们今天既凸显圆与椭圆的组题问题,也融进一些具有趣味性的引人兴致的问题。就是给出一组与椭圆关联的圆具有相同圆心的问题。居然有系列的同心圆与椭圆形成数学问题,这本身就刺激人的智慧与思考。下面内容根据梁开华的文章[1]演绎。

☆问题 1:椭圆 $\frac{x^2}{a^2} + \frac{y^2}{b^2} = 1(a > b > 0)$ 中,有两条相互垂直的射线 OP、OQ,过 O 作 $OM \perp PQ$ 于 M,则点 M 的轨迹方程是以原点为圆心,$\frac{ab}{\sqrt{a^2 + b^2}}$ 为半径的圆。

椭圆中,两条互相垂直的射线 OP、OQ 存在一个重要的结论:$\frac{1}{|OP|^2} + \frac{1}{|OQ|^2}$ 是定值 $\frac{1}{a^2} + \frac{1}{b^2}$。如图 18-5,设 $M(x, y)$,由三角形面积,

$$|OM|^2 \cdot |PQ|^2 = |OP|^2 \cdot |OQ|^2,$$

所以 $|OM|^2 = x^2 + y^2 = \dfrac{1}{\dfrac{|PQ|^2}{|OP|^2 \cdot |OQ|^2}} = \dfrac{a^2 b^2}{a^2 + b^2}。$

所以,点 M 轨迹是以原点为圆心,$\frac{ab}{\sqrt{a^2 + b^2}}$ 为半径的圆。

问题 2:椭圆 $\frac{x^2}{a^2} + \frac{y^2}{b^2} = 1(a > b > 0)$ 的两条相互垂直的切线交点 $M(x, y)$ 的轨迹方

程是以原点为圆心，$\sqrt{a^2+b^2}$ 为半径的圆。见图 $18-6$。

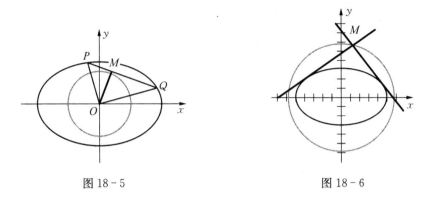

图 $18-5$ 图 $18-6$

证明留做练习。下面的相关问题，未必都给出解答过程；且有的也作为练习。

☆问题 3：已知椭圆 $\dfrac{x^2}{a^2}+\dfrac{y^2}{b^2}=1(a>b>0)$，

（1）则以长轴端点为顶点的等腰三角形的内切圆与以短轴端点为顶点的等腰三角形的内切圆，两个半径都是 $\dfrac{ab}{a+b}$；

（2）对于圆 $x^2+y^2=\left(\dfrac{ab}{a+b}\right)^2$，椭圆上的任意三点 A、B、C，当 AB、AC 是圆的切线时，BC 也是圆的切线。[2]

解：（1）如图 $18-7A$，$A(-a,0)$，由 $BC \perp x$ 轴，设方程为 $x=r$，代入椭圆，得 $y_c=\dfrac{b}{a}\sqrt{a^2-r^2}$。

所以 AC 方程：$\dfrac{y}{\dfrac{b}{a}\sqrt{a^2-r^2}}=\dfrac{x+a}{r+a}$，即 $\dfrac{b}{a}\sqrt{a^2-r^2}x-(r+a)y+b\sqrt{a^2-r^2}=0$。

所以 $\dfrac{b\sqrt{a^2-r^2}}{\sqrt{b^2-\dfrac{b^2r^2}{a^2}+(r+a)^2}}=r$。解得 $r=\dfrac{ab}{a+b}$。

如果 $A(0,b)$，设 BC：$y=-r$，代入椭圆，得 $x_C=\dfrac{a}{b}\sqrt{b^2-r^2}$。

所以 AC 方程：$\dfrac{y-b}{-r-b}=\dfrac{x}{\dfrac{a}{b}\sqrt{b^2-r^2}}$，即 $(r+b)x+\dfrac{a}{b}\sqrt{b^2-r^2}y-a\sqrt{b^2-r^2}=0$。

所以 $\dfrac{a\sqrt{b^2-r^2}}{\sqrt{(r+b)^2+a^2-\dfrac{a^2r^2}{b^2}}}=r$。同样解得 $r=\dfrac{ab}{a+b}$。

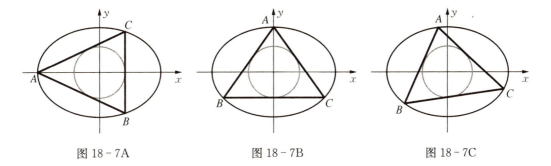

图 18-7A　　　　　　　　图 18-7B　　　　　　　　图 18-7C

（2）一般地，设 $A(a\cos\alpha,\ b\sin\alpha)$，$B(a\cos\beta,\ b\sin\beta)$，$C(a\cos\gamma,\ b\sin\gamma)$，则

$$k_{AB}=\frac{b(\sin\alpha-\sin\beta)}{a(\cos\alpha-\cos\beta)}=\frac{-b\cos\dfrac{\alpha+\beta}{2}}{a\sin\dfrac{\alpha+\beta}{2}}。$$

所以 AB 方程：$y-b\sin\alpha=\dfrac{-b\cos\dfrac{\alpha+\beta}{2}}{a\sin\dfrac{\alpha+\beta}{2}}(x-a\cos\alpha)$

即 $b\cos\dfrac{\alpha+\beta}{2}x+a\sin\dfrac{\alpha+\beta}{2}y-ab\cos\dfrac{\alpha-\beta}{2}=0$。　　　　　　（＊）

O 到 AB 的距离即为半径：

$$\frac{ab\cos\dfrac{\alpha-\beta}{2}}{\sqrt{a^2\sin^2\dfrac{\alpha+\beta}{2}+b^2\cos^2\dfrac{\alpha-\beta}{2}}}=\frac{ab}{a+b},$$

即 $(a+b)^2\cos^2\dfrac{\alpha-\beta}{2}=a^2\sin^2\dfrac{\alpha+\beta}{2}+b^2\cos^2\dfrac{\alpha+\beta}{2}=b^2+c^2\sin^2\dfrac{\alpha+\beta}{2}$。　①

由对称性，$(a+b)^2\cos^2\dfrac{\alpha-\gamma}{2}=b^2+c^2\sin^2\dfrac{\alpha+\gamma}{2}$。　　　　　　②

①－②，得 $(a+b)^2[\cos(\alpha-\beta)-\cos(\alpha-\gamma)]=c^2[-\cos(\alpha+\beta)+\cos(\alpha+\gamma)]$，

$(a+b)^2\sin\left(\alpha-\dfrac{\beta+\gamma}{2}\right)\sin\dfrac{\beta-\gamma}{2}=c^2\sin\left(\alpha+\dfrac{\beta+\gamma}{2}\right)\sin\dfrac{\beta+\gamma}{2}$，

$[(a+b)^2-c^2]\sin\alpha\cos\dfrac{\beta+\gamma}{2}=[(a+b)^2+c^2]\cos\alpha\sin\dfrac{\beta+\gamma}{2}$，

$b\sin\alpha\cos\dfrac{\beta+\gamma}{2}=a\cos\alpha\sin\dfrac{\beta+\gamma}{2}$，

$$\sin\frac{\beta+\gamma}{2} = \frac{b}{a}\tan\alpha\cos\frac{\beta+\gamma}{2};$$

且 $\tan\dfrac{\beta+\gamma}{2} = \dfrac{b}{a}\tan\alpha$，$\tan^2\dfrac{\beta+\gamma}{2} + 1 = \sec^2\dfrac{\beta+\gamma}{2} = \dfrac{b^2\sin^2\alpha + a^2\cos^2\alpha}{a^2\cos^2\alpha}$。

①+②，得 $(a+b)^2 \cdot \dfrac{1+\cos(\alpha-\beta) + 1 + \cos(\alpha-\gamma)}{2} =$

$$2b^2 + c^2 \cdot \frac{1-\cos(\alpha+\beta) + 1 - \cos(\alpha+\gamma)}{2}。$$

$$2ab + (a+b)^2\cos\left(\alpha - \frac{\beta+\gamma}{2}\right)\cos\frac{\beta-\gamma}{2} + c^2\cos\left(\alpha + \frac{\beta+\gamma}{2}\right)\cos\frac{\beta-\gamma}{2} = 0。$$

$$2ab + \cos\frac{\beta-\gamma}{2}\left[(a+b)^2\cos\left(\alpha - \frac{\beta+\gamma}{2}\right) + c^2\cos\left(\alpha + \frac{\beta+\gamma}{2}\right)\right] = 0。$$

$$2ab + \cos\frac{\beta-\gamma}{2}\left[2a(a+b)\cos\alpha\cos\frac{\beta+\gamma}{2} + 2b(a+b)\sin\alpha\sin\frac{\beta+\gamma}{2}\right] = 0。$$

$$ab + (a+b)\cos\frac{\beta-\gamma}{2}\left(a\cos\alpha\cos\frac{\beta+\gamma}{2} + b\sin\alpha \cdot \frac{b}{a}\frac{\sin\alpha}{\cos\alpha}\cos\frac{\beta+\gamma}{2}\right) = 0。$$

$$ab + \frac{(a+b)\cos\dfrac{\beta-\gamma}{2}\cos\dfrac{\beta+\gamma}{2}}{a\cos\alpha}(a^2\cos^2\alpha + b^2\sin^2\alpha) = 0。$$

$$\cos\frac{\beta-\gamma}{2} = \frac{-a^2 b\cos\alpha}{(a+b)\cos\dfrac{\beta+\gamma}{2}(a^2\cos^2\alpha + b^2\sin^2\alpha)}。$$

由对称性，对照(＊)，BC 方程：$b\cos\dfrac{\beta+\gamma}{2}x + a\sin\dfrac{\beta+\gamma}{2}y - ab\cos\dfrac{\beta-\gamma}{2} = 0$。

设 O 到 BC 的距离为 d，则

$$d = \frac{\left|ab\cos\dfrac{\beta-\gamma}{2}\right|}{\sqrt{a^2\sin^2\dfrac{\beta+\gamma}{2} + a^2\cos^2\dfrac{\beta+\gamma}{2}}}$$

$$= \left|\frac{a^3 b^2\cos\alpha}{(a+b)\cos\dfrac{\beta+\gamma}{2}(a^2\cos^2\alpha + b^2\sin^2\alpha)}\right| \frac{1}{\sqrt{\dfrac{b^2\sin^2\alpha\cos^2\dfrac{\beta+\gamma}{2}}{\cos^2\alpha} + b^2\cos^2\dfrac{\beta+\gamma}{2}}}$$

$$= \left|\frac{a^3 b\cos^2\alpha}{(a+b)\cos^2\dfrac{\beta+\gamma}{2}(a^2\cos^2\alpha + b^2\sin^2\alpha)}\right|$$

$$= \left| \frac{a^3 b \cos^2\alpha}{(a+b)(a^2\cos^2\alpha + b^2\sin^2\alpha)} \cdot \frac{b^2\sin^2\alpha + a^2\cos^2\alpha}{a^2\cos^2\alpha} \right|$$

$$= \frac{ab}{a+b}。$$

即 BC 仍是圆的切线。

著者注：本题的成因是根据学生提问：如图 18-7A，过抛物线 $y = x^2$ 上的任意一点 A，向圆 $x^2 + (y-2)^2 = 1$ 引两条切线 AB、AC，证明 BC 也是圆的切线。

改变为如图 18-7B，抛物线 $y = x^2 - 2$，圆 $x^2 + y^2 = 1$，即 x 轴上移 2 个单位，进一步琢磨编拟成功。

注意：即便是对于抛物线问题的证明，也是相当有难度的。正是著者解决抛物线问题的思想方法，[3] 使椭圆问题得以解决。

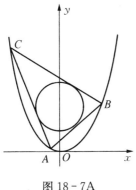

图 18-7A

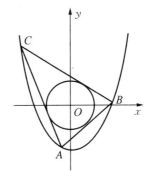

图 18-7B

☆问题 4：已知椭圆 $\dfrac{x^2}{a^2} + \dfrac{y^2}{b^2} = 1(a > b > 0)$，圆 $x^2 + y^2 = (a+b)^2$。如果弦 AB, AC 与椭圆相切，则弦 BC 也与椭圆相切。见图 18-8。

本题留做练习。应该很困难。但观察图中的小圆，联系到已经问题解决的问题 3，能否利用来解决问题 4 呢？这就是把问题 3 里面的椭圆改变为圆，外面的圆当然成了椭圆……

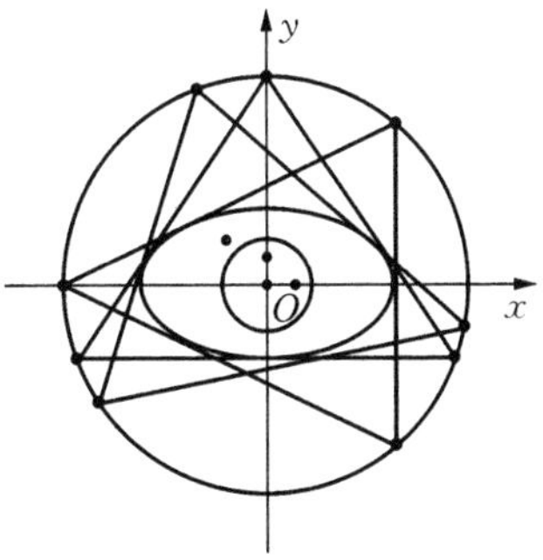

图 18-8

问题 5：如图 18-9，已知 P 为椭圆 $\dfrac{x^2}{a^2} + \dfrac{y^2}{b^2} = 1(a > b > 0)$ 上任意一点，F 是其中的一个焦点。Q 为 PF 中点，以 PF 为直径作一个圆，内切于与以 O 为圆心，a 为半径的圆。M 是切点。

这个问题，有它的对偶结论。即 P 为双曲线 $\dfrac{x^2}{a^2} - \dfrac{y^2}{b^2} = 1(a > 0, b > 0)$ 上任意一点，

F 是其中的一个焦点。Q 为 PF 中点,以 PF 为直径作一个圆,外切于与以 O 为圆心,a 为半径的圆。M 是切点。见图 18-10。

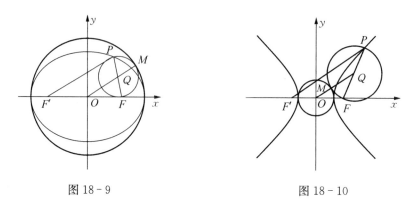

图 18-9   图 18-10

我们知道,离心率为 $\sqrt{2}$ 的双曲线叫做等轴双曲线,即此时 $a=b$。离心率为 $\dfrac{\sqrt{5}-1}{2}$ 的椭圆已被定义为"黄金椭圆"。梁开华定义离心率为 $\dfrac{\sqrt{2}}{2}$ 的椭圆为"白银椭圆",即此时 $b=c$。

问题 6:已知椭圆 $\dfrac{x^2}{a^2}+\dfrac{y^2}{b^2}=1(a>b>0)$ 的焦距为 $2b$,其长轴顶点是等轴双曲线的焦点。设 F 为此双曲线上的一个焦点,P 为双曲线上的任意一点,Q 为 PF 中点,以 PF 为直径作一个圆,与以 O 为圆心,b 为半径的圆相切。M 是切点。见图 18-11。

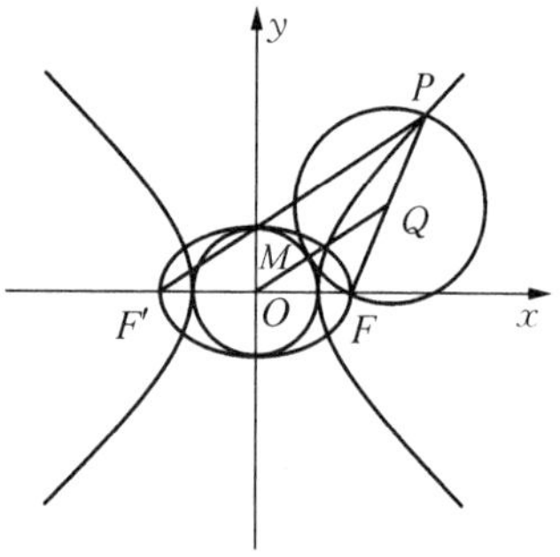

上述六个问题,居然不同半径 $\left(r=b,\ a,\ a+b,\right.$ $\left.\dfrac{ab}{a+b},\sqrt{a^2+b^2},\dfrac{ab}{\sqrt{a^2+b^2}}\right)$ 的圆,圆心都在原点,与椭圆

图 18-11

形成了不同的数学问题。

由椭圆构造与圆关联的问题例子还很多。我们再来体会一个圆心不在原点的例子。

问题 7:已知 $B(0,b)$ 是椭圆 $\dfrac{x^2}{a^2}+\dfrac{y^2}{b^2}=1(a>b>0)$ 的上顶点,在椭圆上另找一点 P,使 $|BP|$ 为最大的弦。

这就是夏令营的第 17 关活动主题《拓展意义上的尺规作图》练习 5 分析的问题。其解提到:

按圆与椭圆相切解求$|BP|$的最大值。

圆方程 $b^2 x^2 + b^2 (y-b)^2 = b^2 r^2$ 代入 $b^2 x^2 + a^2 y^2 = a^2 b^2$，得

$(a^2 - b^2) y^2 + 2b^3 y - b^2 (a^2 + b^2 - r^2) = 0$。$\Delta = 0 \Rightarrow r = \dfrac{a^2}{c}$。

即 $\mid BP \mid_{\max} = \dfrac{a^2}{c}$。

又说：

两个二元二次方程是不能用判别式等于零判断相切的。因为它们可能有四个交点，难以分清楚两个公共点，三个公共点怎样相切。换言之，其实 y 的方程 $y_1 + y_2 = \dfrac{-2b^3}{a^2 - b^2}$ 形不成解，又何以用判别式？

现在，借解析几何的主题来看一看"道理"：

如图 18-12，离心率左图大，切点为左右两个；下图小，没有切点（亦即圆与椭圆形不成解）；右图 $e = \dfrac{\sqrt{2}}{2}$，恰为白银椭圆。切点重合为下顶点。没有解时仍有 $r = \dfrac{a^2}{c}$，准线数据还是对的。这时的"相切"，梁开华定义为"虚相切"。注意，此时最大弦长是 $2b$，不是 $\dfrac{a^2}{c}$。

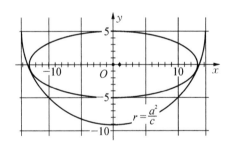
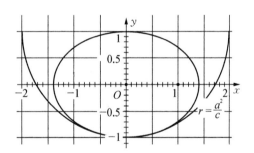

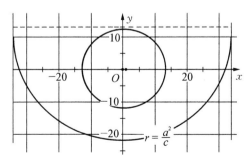

图 18-12

白银椭圆的性质，除了过 B 点的最大弦长为 $2b$，至少有，如图 18-13A，图18-13B，

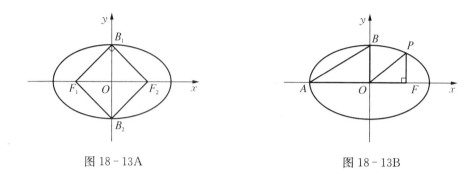

图 18－13A   图 18－13B

四边形 $B_1F_1BF_2$ 是正方形；$PF_2 \perp x$ 轴时，$BA /\!/ PO$。其中 A、B、B_1、B_2 分别为顶点，P 在椭圆上。

今天就到这里。

● **参考文献**

［1］ 梁开华. 高考数学选择题填空题解题策略. 上海：上海大学出版社，2012.

［2］ 梁开华. 首届全国高中数学教师解题基本功机能大赛试题压轴题. 中学数学教学参考，2006，8.

［3］ 梁开华. 解数学题的分步进行. 数学通报，2007，10.

挑 战 精 选 题

1. 即问题 2：证明：椭圆 $\dfrac{x^2}{a^2}+\dfrac{y^2}{b^2}=1(a>b>0)$ 的两条相互垂直的切线交点 M $(x，y)$ 的轨迹方程是以原点为圆心，$\sqrt{a^2+b^2}$ 为半径的圆。

2. 如题图 2，过抛物线 $y=x^2$ 上的任意一点 A，向圆 $x^2+(y-2)^2=1$ 引两条切线 AB、AC，证明 BC 也是圆的切线。

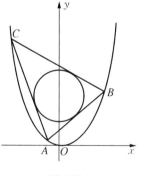

题 2 图 1

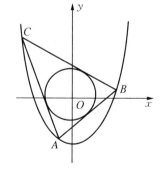

题 2 图 2

提示：改变为如题 2 图 2，抛物线 $y = x^2 - 2$，圆 $x^2 + y^2 = 1$，即 x 轴上移 2 个单位，相对简单些。

3. 即☆问题 4：已知椭圆 $\dfrac{x^2}{a^2} + \dfrac{y^2}{b^2} = 1 (a > b > 0)$，圆 $x^2 + y^2 = (a+b)^2$。如果弦 AB, AC 与椭圆相切，证明：弦 BC 也与椭圆相切。

4. 即问题 5：(1) 如题 4 图 1，已知 P 为椭圆 $\dfrac{x^2}{a^2} + \dfrac{y^2}{b^2} = 1 (a > b > 0)$ 上任意一点，F 是其中的一个焦点。Q 为 PF 中点，以 PF 为直径作一个圆，内切于与以 O 为圆心，a 为半径的圆。M 是切点。

(2) 如题 4 图 2，已知 P 为双曲线 $\dfrac{x^2}{a^2} - \dfrac{y^2}{b^2} = 1 (a > 0, b > 0)$ 上任意一点，F 是其中的一个焦点。Q 为 PF 中点，以 PF 为直径作一个圆，外切于与以 O 为圆心，a 为半径的圆。M 是切点。

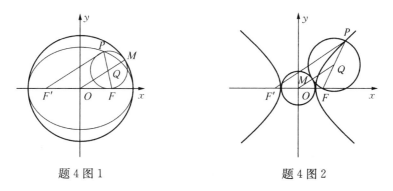

题 4 图 1　　　　　　　　　题 4 图 2

5. (江苏林广军 gjlin82@163.com 网上问题) 如题 5 图，椭圆的切线和切线的垂线与短轴所在的直线有两个交点，证明：以这两个交点为直径的圆，过椭圆的焦点。

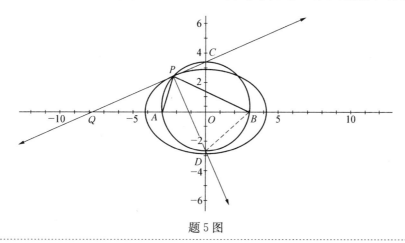

题 5 图

第 **19** 关 搭积木和七巧板

——划分与分割

今天的主题不知要说明些什么。闯关题目是这样的：

1. 把 5 变化为几个正整数相加，不计交换率，有多少种不同的加法（连同自身）？

☆2. 五个灯泡进行串、并联，画出所有不同的电路图。

3. (1) 小路准备用五个立方单位的木块粘在一起做成积木，玩搭积木游戏，共可做成多少个不同的积木块？用所有这样的积木块能否铺成一个 6×10 的矩形？选手先在纸上画出不同积木块的平面图形；然后取出积木盒，验证你的数据，且在积木板（类似棋盘）上试搭矩形。

(2) 你还能用这些积木搭成一个什么样的矩形或长方体？

这第 1 题不就是划分吗？5＝4＋1＝3＋2＝3＋1＋1＝2＋2＋1＝2＋1＋1＋1＝1＋1＋1＋1＋1。这谁不会做？

第 2 题画出来，不就如图 19-1，哦！也是划分。

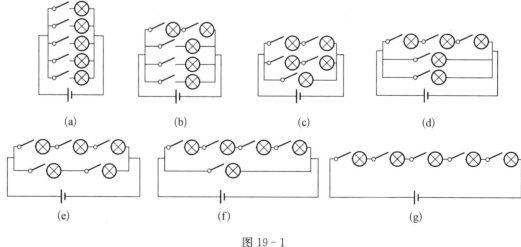

(a)　　　　(b)　　　　(c)　　　　(d)

(e)　　　　(f)　　　　(g)

图 19-1

这划分的意义是不用说的啦。比如一个控制设备，设计由指示灯的不同信号连接 30

个不同的终端,需设置多少个灯泡构造线路? 不用评委讲析,我都能知道这一知识点的重要,都能编拟相应数学问题。

别心猿意马了,赶快答题吧! 五个单位的积木块,给出一些倒是很快,但确定会不会重起来,有没有缺漏,就搞不准啦。思考来对照去,确定了! 总数为 12。打开积木盒一看,还真不含糊,是 12 块。排布形式如图 19 - 2。用这些搭出个名堂来,颇有些像玩"七巧板";真的搭出个名堂来,也就真的有讲究了。我也只知道这玩意对动脑筋有好处,也怪爹妈,小时候怎么就不弄些这些玩意儿让我摆弄摆弄呢? 6×10? 噢! 5 个单位,12 块。哎哟,一旦试搭起来,折腾来调配去,不是这里鼓出个包,就是那里缺个洞。搞了半天,倒弄成个 3×20,一字长蛇似的。罢了吧,如图 19 - 3,也挺得意的。

图 19 - 2

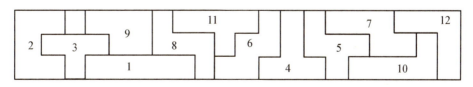

图 19 - 3　3×20

很快也就到讲评时间了,这第一道、第二道题偏偏叫上了我,欧评委还表扬了我关于划分**概念背景**的应用理念。第三道题是一个姓杭的同学做出的,如图 19 - 4。

夏令营里高手达人真多啊! 还有选手搭出的矩形图案分别如图 19 - 5、图 19 - 6。

欧评委:今天的闯关题大家做得不错。可惜长方体的没有选手作出。我们今天的主题是**划分**与**分割**。划分的概念估计大家并不陌生,倒是对划分的意义,未必有深入的了解

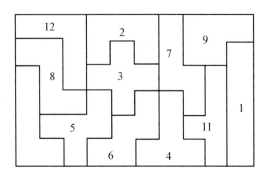

图 19-4　6×10

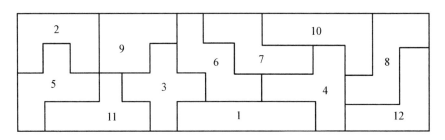

图 19-5　4×15

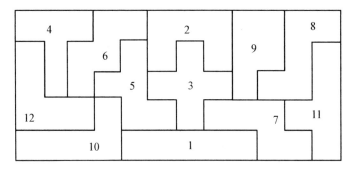

图 19-6　5×12

与感受。因为本来,这方面出现的问题就比较少。但数学问题关联划分思想,也并不鲜见。侯选手举例说,划分数是30,这个数是多少? 就很有意义;尤其是灯泡电路图的应用背景。当然具体数的划分数,我们总能用穷举法算出结果。但总是这样去求去算,数据较大时,可以想象,即便是计算机,也够麻烦的。有没有相关的计算公式呢? 提出这个问题本身就是够档次的。梁开华在他主编的《高中数学综合性问题》中提到了这个问题。下面的一段录自该书的 P196—197:

计算 $P(n)$ 是相当麻烦的事。湖南国防科技大学曹新谱(《算法设计与分析》)曾给出 $Q(n, m)$ 的递归定义 $(1 \leqslant m \leqslant n, n = m$ 即 $P(n))$:

$$Q(n, m) = \begin{cases} 1, & \text{当 } m=1 \text{ 或 } n=1 \text{ 时;} \\ Q(n, n), & \text{当 } n < m \text{ 时;} \\ 1+Q(n, n-1), & \text{当 } n=m \text{ 时;} \\ Q(n, n-1)+Q(n-m, m), & \text{当 } n>m>1 \text{ 时。} \end{cases}$$

比如

$$\begin{aligned}
Q(10, 4) &= Q(10, 3)+Q(6, 4) \\
&= Q(10, 2)+Q(7, 3)+Q(6, 3)+Q(2, 4) \\
&= Q(10, 1)+Q(8, 2)+Q(7, 2)+Q(4, 3)+Q(6, 2)+Q(3, 3)+Q(2, 2) \\
&= 1+Q(8, 1)+Q(6, 2)+Q(7, 1)+Q(5, 2)+Q(4, 2)+Q(1, 3)+ \\
&\quad\ Q(6, 1)+Q(4, 2)+1+Q(3, 2)+1+Q(2, 1) \\
&= 8+Q(6, 1)+Q(4, 2)+Q(5, 1)+Q(3, 2)+2[Q(4, 1)+Q(2, 2)]+ \\
&\quad\ Q(3, 1)+Q(1, 2) \\
&= 12+Q(4, 1)+Q(2, 2)+Q(3, 1)+Q(1, 2)+2[1+1+Q(2, 1)] \\
&= 21+1+Q(2, 1) \\
&= 23。
\end{aligned}$$

由举例可知,$Q(n, m)$ 中的 m 是对 n 划分时的最大加数,与 $P(n, k)$ 中 k 的含义不同,k 是指加数个数。

计算 n 的全部划分数有它的应用背景。下面列出 25 以内的划分数:

n	1	2	3	4	5	6	7	8	9	10	11	12	13	14
$P(n)$	1	2	3	5	7	11	15	22	30	42	56	77	101	135
n	15	16	17	18	19	20	21	22	23	24	25			
$P(n)$	176	231	297	385	490	627	792	1 002	1 255	1 575	1 958			

有了划分数的这些理念,尤其是拥有划分数表,一般的划分问题当可从容解决。

那么,划分问题又怎么扯上搭积木呢? 七巧板,搭积木,多像小孩子搬家家,这样"小儿科"的问题也弄到中学夏令营闯关活动中去吗? 如果这样认为,那就大错特错了。其实知识问题没有严格意义上的高低档之分,即便幼儿园教学与小学教学,照样空间广阔、别有洞天。有些人墨水喝多了,就以为高明得很,这样的潜意识不好。说到七巧板,搭积木,如果你恰是从事建筑或以建筑事业为志向者,也这样认为,那就简直糟糕! 中国的古建筑,蜚声古今中外。其中尤其是纯木质干栏卯榫,屋脊房梁,形成 样式,就是像搭积木似的,一块块、一层层摞起来的。即便是建于斜坡陡壁,历经风雨地震,照样不散不倒。相关"营造法式",那就是经典文化遗产。搭积木与之类比,简单与复杂的不同而已。怎么长方体,今天就没有人搭起来呢? 可见其智慧含量。

> **相关说明:** 行文至此,笔者回想起 40 多年前在复旦大学同学间的一段趣事。某天某同学带来一堆积木往桌上一放,说这堆积木(按:恰指这里说到的 5 个单位 12 块)不小心弄散了,谁能把它复原为 3×4×5 的长方体,就送给谁。这诱赏太刺激人了。但大伙儿摆弄来凑合去,始终不能如愿,真是无可奈何。后来,笔者把这一信息告诉了高中时的同学鲁方根。他是当年我们学校在毕业前就保送出国的两名优秀、尖子学生之一。1964 年时保送出国留学,那是极为稀罕、珍贵的求学荣誉与成就的标志。数学上的智慧与成绩就不用我多说了。他其时在北京,在没有实物的情况下,把搭配方法一层层图示,画好以后回信给我。我把解答复原给那位同学,有趣的是,他不兑现承诺了。需知那时的这么一副积木,10 厘米见方的五彩块团,比魔方漂亮多了,可是宝贝呀! 即便是现在,市场上、玩具店里,你也很难见到!

在给出 3×4×5 的答案之前,我们是否应先想一想,这搭积木与前面的问题——划分,有什么关系呢? 大家看看那 12 块,由 5 变化为 4+1,再 3+2,……是不是有那么一些相像啊! 只是,在相关"加法"里,不同的地方是,比如"4+1",有"两个解";"3+2","三个解";这些会多出来。"1+1+1+1+1"就是"5",又因"对称"会少下去。因之结果与"划分数"不同。下面是 1~6 的数据单位,划分数与积木块数的对应结论。划分数用 $P(n)$ 表示,积木的总块数用 $Q(n)$ 表示:

n	1	2	3	4	5	6
$P(n)$	**1**	**2**	**3**	**5**	**7**	**11**
$Q(n)$	**1**	**1**	**2**	**5**	**12**	**35**

单位数越大,同一相加可能性的积木不同搭配方式越多。且往往失去了解具体数值的意义。实在需知道,也只有穷举确认而已;但 6 以及 6 以上,则相当麻烦与困难,虽然不等于弄不出,不等于不能判断。

那么,3×4×5 的长方体是什么答案呢? 方法见图 19-7。

为什么会造成搭配的困难呢? 这与人们的思维定势有关,总指望在三层 4×5 的矩形框内解决问题。某种配置十二个图形的四块,局部是可以的,比如图 19-8;全部是不可能的。

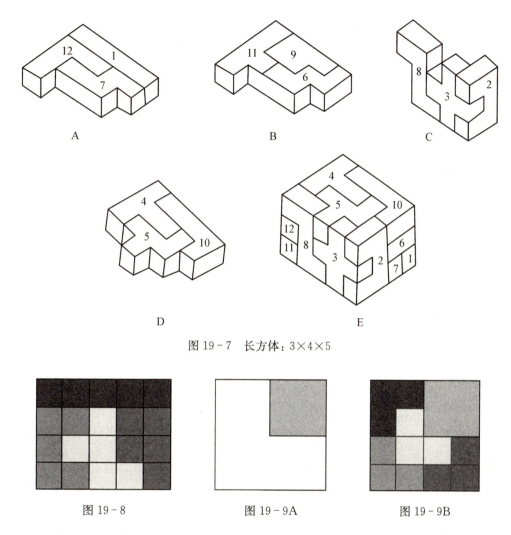

图 19-7　长方体：3×4×5

图 19-8　　　　　　图 19-9A　　　　　　图 19-9B

这就是"**分割**"。由分割可以很快判定相关解的可能性。这表明，三层解决的平面性绝对无解。也就是，要把有关图形"竖起来"，由图 19-7C 中的 3、8 与 2，竖起来的模式还具有"方向性"。换言之，是真正意义上的三维结构。

许多人不知道这类问题的解决原理，因而解这类问题不得要领。有一个网上问题：把图 19-9A 的空白部分四等分，好像很玄乎。其实一旦注意分割，如图 19-9B，就知道这样的问题其实是唬人的。至于对图 19-10A 七等分，如图 19-10B，明白了分割，是不是索然无味？

因之告诉我们，问题解决切合的方法与原理至关重要。

12 块积木搭成 3×4×5，很圆满。其实，还可以搭成"台阶体"，如图 19-11，也很美。

图 19 - 10A

图 19 - 10B

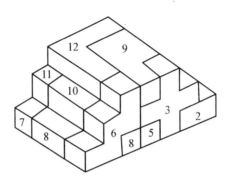

图 19 - 11　台阶体：$4 \times (3+5+7)$

中国是世界非物质文化遗产的策源地与伟大发明创造的故乡,尤其是智慧类结晶又用于锤炼人智慧的发明实体,具有源远流长的文明历史,益智小玩意更是多不胜举。像这样的 12 块积木,不会被现代文明湮没。比如著者朋友田洪瑜的介绍的"**伤脑筋十二块——古典智力玩具**"。本讲的 12 块内容主体,即取其中的说明书。相关介绍更是"伤脑筋十二块"的珍奇史料,"概述"录之如下:

曾是漫画师丰子恺誉为"超平玩具之上,与象棋、围棋相颉颃"的"伤脑筋十二块",是一种随心所欲、变幻无常的益智拼板游戏。

相传,它的祖先是中国的骨牌,故至今国外仍称其为"潘多米诺骨牌"。"潘多米诺"是五子相连的意思,因为十二块拼板,虽说形状各异,但是每块所占的正方形之数相同,均为五个,因而得名。

在 20 世纪 40 年代里,"伤脑筋十二块"受到了西方数学家们的垂青,他们极力加以提倡,一时风靡全球。50 年代初,我国上海的一位中学语文教员方不圆老师,将流行的平面的"伤脑筋的十二块"改造成为立体的,使得"十二块"更加伤脑筋,更富迷人的魅力。

在这个玩具的说明书中,还给出七巧板式的拼图举例。比如汉字"学习";动物图案"鸵鸟"等,颇有情趣。如果我们也拥有这样的"伤脑筋十二块",不妨也试着搭拼汉字、图案、几何形体,等等。

鸵鸟

在"伤脑筋十二块"中,提到了这样多米诺骨牌似的东西早已传至国外,他们往往把它们搭配成中国"蝴蝶结"一类的图案,并且提出了相关"对称"的一些命题。比如:

用奇数个相同的多联骨牌组成轴对称图形

http://www.matrix67.com/blog/archives/440 转载请注明出自 atrix67.com

聊举一些对称图案：

且提出"**不可能用奇数个 h 形六联骨牌排成一个左右轴对称的图形**"。

用"**分割**"原理,可进一步把积木块拼图问题提升到理论层次。

比如 $3 \times 4 \times 5 = 120$ 不是平方数,因此,12 块拼不成正方形;考察 $2 \times 30, 3 \times 20, 4 \times 15, 5 \times 12, 6 \times 10$,由于一个方向上两个单位以内与两个单位以上各占 6 个,所以 2×30 的矩形无解;有意思的是,其他都有解。

探究数学问题的解,有这样几个归宿为目标:有没有解;几个明确解;全部解的通式。拼图问题往往仅追求有没有解,特定形式不考究多解。

今天的讲评就到这里。相关练习,希望好好做一做。

挑 战 精 选 题

1. 试将 10 划分为最多 4 个加数的和,且验证是否 $P(10, 4) = 23$。

2. 试用"伤脑筋十二块"搭配成两个汉字。

☆3. 用总量分别一样多的 12 块积木形状的块砖铺成 10 个单位的路面若干长,有几种铺设方法？

☆4. 用搭配实例"证明"：

(1) 仅用"伤脑筋十二块"中的 1 块,2 块,3 块,4 块,5 块,总能搭成 5×5 的正方形；

(2) 仅用两块搭成 5×5 的正方形,其中一块仅允许用一个,以这一个为标记,共可形成多少种不同的图案？

(3) "十字形"用一个,其他 4 块也用同一个,共可形成多少种不同的图案？

☆5. 下面 6 个单位的图案中,有重复的,有遗漏的,请找出重复的,补上遗漏的,形成正确的全部积木图形。

共 36 种。

第20关 博弈游戏

——拿堆·异或运算·绝数论

今天的闯关活动很有趣,有一副象棋,一副围棋,两人一组,真像玩游戏一样:

1. **抢数**。轮流报数,依次给出或加上的数1～5,谁先报到100,谁胜。6次积分;

2. **拿堆**。如图20-1,三堆任意给定的围棋子,两人任意拿取某一堆的任意枚棋子,但不能同时拿两堆或三堆的。规定哪方拿到最后一枚棋子(即轮到他拿时,只剩下一堆,这堆不论多少,他可以一次拿光它们),哪方就算赢得胜利。4次积分;

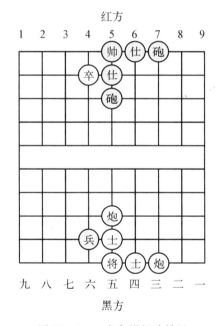

图 20-1 三堆任意给定的围棋子　　　　　图 20-2 一盘象棋趣味排局

3. **弈棋**。如图20-2的趣味排局,2次积分;

☆4. **定值**。拿堆时一旦对方拿,确保自己取胜,三堆的最小数值分别是多少? 如果改变规则,拿到最后一枚子判负呢?

☆5. **计算**。如果加法运算在二进位制数时,按如图20-3的法则进行,则请分别计算两个加数为(1) 14、19，(2) 19、29，(3) 29、14 的和。

第 1 题的"抢数"，其实是个数列问题。对于我们高中高年级的学生来说，当然是小菜一碟。先报数者有利：报出 4，然后不论对方报什么数，你硬把握着 10，16，22，…，94，100，取胜是一定的。这就是：**4＋16×6＝100**。

第 2 题不去记了，怪没意思的。我们两个，2 平。

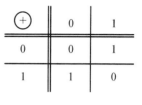

图 20-3

第 3 题，一旦将或帅出来，就胜定了；因此兵或卒不能离开位置。这样，只能两枚砲炮前后挪步。就是说，胜负与两枚砲炮之间的数量有关——4 与 8。这好判断：如果是两个数一样多，且始终保持一样多，当然谁走谁输。因此，**红先：砲 7 进 4；黑先：炮三进四，对方就没办法了**。即便中路砲（炮）多先行一些，以后边路砲（炮）有平中"将军"的机会，对方足可应付，也许将（帅）反而自由了，即更容易赢。总之，一旦数据成 4，4 到 0，0，再一步步退，最后就没法走了。

第 4 题，总能算得过来，三堆的最小数，应该是 1，2，3 了。不论对方怎么拿，你再拿，总可使两堆一样多，总能赢。如果胜负法则改变了，拿到最后一枚子算输了。那就是 1，1，1 呗！

好了，最后一题了。$14 = 1110_{(2)}$，$19 = 10011_{(2)}$；
$$\begin{array}{r} 1110 \\ +\ 10011 \\ \hline 11101 \end{array}$$
$2^4＋2^3＋2^2＋1 = 29$。所以 $14 \oplus 19 = 29$。哎！计算的结果出现这样的情况咯：$19 \oplus 29 = 14$，$29 \oplus 14 = 19$。转起来了。

……

元评委：选手们，开始讲评了。今天的活动主体内容是游戏。大家的态度与激情各不相同。有的兴趣很浓，有的不以为然。游戏，即便在动物界，尤其是其生长期，几乎不可或缺。兴趣、游戏与生命的活力相关联，古往今来的人中精英，科学家、思想家、发明创造的佼佼者，总是兴趣面广且浓烈，更往往热衷于智力类玩具与问题。数学的相关发展不少与智力问题的突破休戚相关。如概率、组合数学等都起始于博弈研究。据悉，日本军队晋升将军，围棋得参赛考试。这些不多说了。第 1 题，白同学已经说了，与等差数列相关；今天的练习题中，有一个"欧拉方阵"。这"老头"大家太熟知了，且一定是一个"玩家"。他那个时代的几乎所有智力游戏类问题，没有他不涉足探究的，且总能卓有建树。如"哥尼斯堡七桥问题"的解决，行起了图论、拓扑数学；"欧拉方阵"成因于 18 世纪普鲁士国王腓特烈大帝的阅兵奇想：6 个部队（比如步兵、炮兵、装甲……）、6 种军衔（比如等级将官、校官、尉官……）的 36 军官，能不能排成 6 行、6 列方阵供他检阅；当然每行、每列，部队、军衔各不相同。一个国王，在他的"本职岗位"上，也有智力游戏类细胞，也应是耐人寻味的。

别小看了这样演戏类问题,它可是惊动了一些科界翘楚,包括数学家欧拉。欧拉研究的结果也许令人失望:"36 军官问题"是没有解的。欧拉揭示的"定理"是:**除 $4k+2$ 类型的数,所有奇数以及 4 的倍数的 n^2 方阵都是有解的**。我们所说的兴趣,我们所说的见,要多;识,要广。在这个例子中可略有感悟:否则,你不知究理做相关题,那就瞎折腾吧!

这里提到了"方阵"概念。呈正方形的数学元素排布,我们并不生疏。如行列式、矩阵等。但如果相关元素都是明确的"数",比如让部队、军衔表示以 1~6 的 (x, y) 值——腓特烈国王问题就经历了**数学化、数据化**的两次问题模型的升华。**"数阵"**这样的概念,新中国成立以来,初等数学最权威、最顶尖的学者、初等数学研究会的发起人、倡导者与早期负责人杨世明先生极为重视,列为有探究前途的四个初等数学分支之一。2012 年初刚出版了新著《数阵及其应用》[1],数学园地又开出一朵璀璨奇葩。我们这本书第 16 个章节《三角形数阵》提到过。第 2 题拿堆,我们都已明白,取胜之道与三堆物的数目相关。数值较大时,显然当时计算非常不便。你也许会想到,有那么一张表就好了。一查,怎样的三个数,如此这般对应下去,总能赢。梁开华在 20 世纪 70 年代初,就系统探究过拿堆问题。为弄清楚可立于必胜之地,必须形成头头尾尾完整的说法,因此,梁开华把 3 堆能胜的数据定义为"绝数",编制了"绝数表",写作了《绝数论》。[2]相关拿堆问题得以圆满解决。

下面的内容根据梁开华的《绝数论》及[3]、[4]中的内容演绎。

先看《绝数表》如表 20-1,正确的表达应是 2^k 阶方阵,所有元素 $0 \sim 2^k-1$,分布在各行各列里。首行、首列分别为两堆数,行、列交叉对应第三个数。灵感来自于单循环象棋比赛的积分表,如表 20-2;制表原理见表 20-3。

表 20-1　绝数表 $(2^k-1) \times (2^k-1)$

$a_1 \backslash a_2$	1	2	3	4	5	6	7	8	9	10	11	12	13	14	15	16	17	18	19	20	21	22	23	24	25	26	27	28	29	30	31	……	2^k-1
1	0	3	2	5	4	7	6	9	8	11	10	13	12	15	14	17	16	19	18	21	20	23	22	25	24	27	26	29	28	31	30	……	2^k-2
2	3	0	1	6	7	4	5	10	11	8	9	14	15	12	13	18	19	16	17	22	23	20	21	26	27	24	25	30	31	28	29	……	2^k-3
3	2	1	0	7	6	5	4	11	10	9	8	15	14	13	12	19	18	17	16	23	22	21	20	27	26	25	24	31	30	29	28	……	
4	5	6	7	0	1	2	3	12	13	14	15	8	9	10	11	20	21	22	23	16	17	18	19	28	29	30	31	24	25	26	27	……	
5	4	7	6	1	0	3	2	13	12	15	14	9	8	11	10	21	20	23	22	17	16	19	18	29	28	31	30	25	24	27	26	……	
6	7	4	5	2	3	0	1	14	15	12	13	10	11	8	9	22	23	20	21	18	19	16	17	30	31	28	29	26	27	24	25	……	
7	6	5	4	3	2	1	0	15	14	13	12	11	10	9	8	23	22	21	20	19	18	17	16	31	30	29	28	27	26	25	24	……	
8	9	10	11	12	13	14	15	0	1	2	3	4	5	6	7	24	25	26	27	28	29	30	31	16	17	18	19	20	21	22	23	……	
9	8	11	10	13	12	15	14	1	0	3	2	5	4	7	6	25	24	27	26	29	28	31	30	17	16	19	18	21	20	23	22	……	
10	11	8	9	14	15	12	13	2	3	0	1	6	7	4	5	26	27	24	25	30	31	28	29	18	19	16	17	22	23	20	21	……	
11	10	9	8	15	14	13	12	3	2	1	0	7	6	5	4	27	26	25	24	31	30	29	28	19	18	17	16	23	22	21	20	……	
12	13	14	15	8	9	10	11	4	5	6	7	0	1	2	3	28	29	30	31	24	25	26	27	20	21	22	23	16	17	18	19	……	

续　表

a_1 \ a_2	1	2	3	4	5	6	7	8	9	10	11	12	13	14	15	16	17	18	19	20	21	22	23	24	25	26	27	28	29	30	31	…… 2^k-1
13	12	15	14	9	8	11	10	5	4	7	6	1	0	3	2	29	28	31	30	25	24	27	26	21	20	23	22	17	16	19	18	18……
14	15	12	13	10	11	8	9	6	7	4	5	2	3	0	1	30	31	28	29	26	27	24	25	22	23	20	21	18	19	16	17	17……
15	14	13	12	11	10	9	8	7	6	5	4	3	2	1	0	31	30	29	28	27	26	25	24	23	22	21	20	19	18	17	16	16……
16	17	18	19	20	21	22	23	24	25	26	27	28	29	30	31	0	1	2	3	4	5	6	7	8	9	10	11	12	13	14	15	15……
17	16	19	18	21	20	23	22	25	24	27	26	29	28	31	30	1	0	3	2	5	4	7	6	9	8	11	10	13	12	15	14	14……
18	19	16	17	22	23	20	21	26	27	24	25	30	31	28	29	2	3	0	1	6	7	4	5	10	11	8	9	14	15	12	13	13……
19	18	17	16	23	22	21	20	27	26	25	24	31	30	29	28	3	2	1	0	7	6	5	4	11	10	9	8	15	14	13	12	12……
20	21	22	23	16	17	18	19	28	29	30	31	24	25	26	27	4	5	6	7	0	1	2	3	12	13	14	15	8	9	10	11	11……
21	20	23	22	17	16	19	18	29	28	31	30	25	24	27	26	5	4	7	6	1	0	3	2	13	12	15	14	9	8	11	10	10……
22	23	20	21	18	19	16	17	30	31	28	29	26	27	24	25	6	7	4	5	2	3	0	1	14	15	12	13	10	11	8	9	9……
23	22	21	20	19	18	17	16	31	30	29	28	27	26	25	24	7	6	5	4	3	2	1	0	15	14	13	12	11	10	9	8	8……
24	25	26	27	28	29	30	31	16	17	18	19	20	21	22	23	8	9	10	11	12	13	14	15	0	1	2	3	4	5	6	7	7……
25	24	27	26	29	28	31	30	17	16	19	18	21	20	23	22	9	8	11	10	13	12	15	14	1	0	3	2	5	4	7	6	6……
26	27	24	25	30	31	28	29	18	19	16	17	22	23	20	21	10	11	8	9	14	15	12	13	2	3	0	1	6	7	4	5	5……
27	26	25	24	31	30	29	28	19	18	17	16	23	22	21	20	11	10	9	8	15	14	13	12	3	2	1	0	7	6	5	4	4……
28	29	30	31	24	25	26	27	20	21	22	23	16	17	18	19	12	13	14	15	8	9	10	11	4	5	6	7	0	1	2	3	3……
29	28	31	30	25	24	27	26	21	20	23	22	17	16	19	18	13	12	15	14	9	8	11	10	5	4	7	6	1	0	3	2	2……
30	31	28	29	26	27	24	25	22	23	20	21	18	19	16	17	14	15	12	13	10	11	8	9	6	7	4	5	2	3	0	1	1……
31	30	29	28	27	26	25	24	23	22	21	20	19	18	17	16	15	14	13	12	11	10	9	8	7	6	5	4	3	2	1	0	0……
…	…	…	…	…	…	…	…	…	…	…	…	…	…	…	…	…	…	…	…	…	…	…	…	…	…	…	…	…	…	…	…	2 1
2^k-1	2^k-2	2^k-3	…																													2 1 0

表 20-2　体育运动项目的积分表

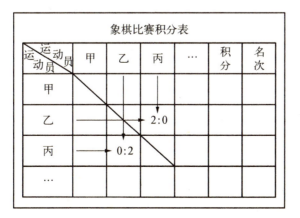

表 20 - 3　绝数表的制作原理

0　1　2　3　4　5　6　7…(从 0 开始,直到 2^k-1)
1　0　3　2　5　4　7　6…(1=2^0,2 个数 2 个数颠倒位置)
2　3　0　1　6　7　4　5…(2=2^1,4 个数 4 个数颠倒位置)
3　2　1　0　7　6　5　4…(3=3×2^0,2 个数 2 个数颠倒位置)
4　5　6　7　0　1　2　3…(4=2^2,8 个数 8 个数颠倒位置)
5　4　7　6　1　0　3　2…(5=5×2^0,2 个数 2 个数颠倒位置)
6　7　4　5　2　3　0　1…(6=3×2^1,4 个数 4 个数颠倒位置)
7　6　5　4　3　2　1　0…(7=7×2^0,2 个数 2 个数颠倒位置)
⋮　　　　　　　　⋮
n　　　　　　($n=m\times2^r$, 2^{r+1} 个数 2^{r+1} 个数颠倒位置)

绝数表蕴含的性质非常丰富。比如:

① 关于主对角线对称;主对角线元素都是 **0**,辅对角线元素都是 2^k-1;

② 每行、每列都是 **0,1,2,3,…,2^k-1** 的一个排列;

③ 是以 $2^n(n>k)$ 为模的周期数阵;

④ 记 $A_1=\begin{bmatrix}0&1\\1&0\end{bmatrix}$, $I_1=\begin{bmatrix}2&2\\2&2\end{bmatrix}$,

$$A_2=\begin{bmatrix}0&1&2&3\\1&0&3&2\\2&3&0&1\\3&2&1&0\end{bmatrix}, I_2=\begin{bmatrix}2^2&2^2&2^2&2^2\\2^2&2^2&2^2&2^2\\2^2&2^2&2^2&2^2\\2^2&2^2&2^2&2^2\end{bmatrix},$$

$$\vdots$$

则有**递推公式** $A_{n+1}=\begin{bmatrix}A_n&A_n+I_n\\A_n+I_n&A_n\end{bmatrix}$,

且有 $|A_1|=-1$, $|A_2|=|A_3|=\cdots=0$;

⑤ 记 $a_{ii}=0\Rightarrow a_{i1}=a$, $a_{1j}=b$, $a_{ij}=c$,绝数 (a,b,c) 的元素在二进位制时,满足**"绝数加法"**。加法法则如图 20 - 4,且 $a\oplus b=c$, $b\oplus c=a$, $c\oplus a=b$。数列运算如图 20 - 5。

$\oplus$	0	1
0	0	1
1	1	0

图 20 - 4

$$\begin{array}{r}0\;1\;1\\ \oplus\;1\;0\;1\\\hline 1\;1\;0\end{array}\;3\oplus5\backsim6\qquad\begin{array}{r}1\;0\;1\\ \oplus\;1\;1\;0\\\hline 0\;1\;1\end{array}\;5\oplus6\backsim3\qquad\begin{array}{r}1\;1\;0\\ \oplus\;0\;1\;1\\\hline 1\;0\;1\end{array}\;6\oplus3\backsim5$$

图 20 - 5

也许有更多性质待开发。

绝数表本身就是一个数阵,早在第五届初数会议的总结发言上,杨先生就肯定了绝数数阵的一席之地。然而,这张表关联的更多知识与价值,除了梁开华、杨先生等极少数人外,学术界知之甚少。所谓绝数加法,在计算机内部运算中叫**"异或运算"**,或**"本位加法"**、**"按位加法"**等。由于三个数之间任意两个数的和是第三个数,因此,在 $0 \sim 2^k - 1$ 的范围内,数做绝数加法,就像长不大的孩子,不会超出这一范围。据此,曾作为计算机初级阶段"穿孔"纸带数据输出被用着"检验和",以判定当时计算机运算能力尚未理想过关阶段计算有否出错。

绝数表还和"正交试验设计"中"二列间的交互作用列"表完全一致。见表20-4,什么意思呢? 正交试验时,考察的实验对象叫"因素",因素的不同标准叫"水平"。比如炼钢与温度相关,温度就是一个因素;试验时比如掌控 $1\,000°$, $1\,500°$, $2\,000°$,则对应 3 个水平。不同因素、水平按要求列成表,由表设置试验顺序。若二列对应两个元素,交互作用也往往不可小觑,一般即看作第三个元素。其数据即落实于交互作用列,三者之间"地位"平等。科学家对之正是"一视同仁"哪! 梁开华的学术研究成果,有两个方面体现平等法则:一是绝数理论、绝数加法;一是"字块"理论,字块分拆原理:即笔画、字形、字块,不论简单与复杂,在汉字结构中的"地位"是平等的。

表 20-4　二列间的交互作用列表

L_1 \ L_2	1	2	3	4	5	6	7	8	9	10	11	12	13	14	15	16	17	18	19	20	21	22	23	24	25	26	27	28	29	30	31	……
1		3	2	5	4	7	6	9	11	10	13	12	15	14	17	16	19	18	21	20	23	22	25	24	27	26	29	28	31	30		……
2			1	6	7	4	5	10	11	8	9	14	15	12	13	18	19	16	17	22	23	20	21	26	27	24	25	30	31	28	29	……
3				7	6	5	4	11	10	9	8	15	14	13	12	19	18	17	16	23	22	21	20	27	26	25	24	31	30	29	28	……
4					1	2	3	12	13	14	15	8	9	10	11	20	21	22	23	16	17	18	19	28	29	30	31	24	25	26	27	……
5						3	2	13	12	15	14	9	8	11	10	21	20	23	22	17	16	19	18	29	28	31	30	25	24	27	26	……
6							1	14	15	12	13	10	11	8	9	22	23	20	21	18	19	16	17	30	31	28	29	26	27	24	25	……
7								15	14	13	12	11	10	9	8	23	22	21	20	19	18	17	16	31	30	29	28	27	26	25	24	……
8									1	2	3	4	5	6	7	24	25	26	27	28	29	30	31	16	17	18	19	20	21	22	23	……
9										3	2	5	4	7	6	25	24	27	26	29	28	31	30	17	16	19	18	21	20	23	22	……
10											1	6	7	4	5	26	27	24	25	30	31	28	29	18	19	16	17	22	23	20	21	……
11												7	6	5	4	27	26	25	24	31	30	29	28	19	18	17	16	23	22	21	20	……
12													1	2	3	28	29	30	31	24	25	26	27	20	21	22	23	16	17	18	19	……
13														3	2	29	28	31	30	25	24	27	26	21	20	23	22	17	16	19	18	……
14															1	30	31	28	29	26	27	24	25	22	23	20	21	18	19	16	17	……
15																31	30	29	28	27	26	25	24	23	22	21	20	19	18	17	16	……
16																	1	2	3	4	5	6	7	8	9	10	11	12	13	14	15	……
17																		3	2	5	4	7	6	9	8	11	10	13	12	15	14	……
18																			1	6	7	4	5	10	11	8	9	14	15	12	13	……
19																				7	6	5	4	11	10	9	8	15	14	13	12	……
20																					1	2	3	12	13	14	15	8	9	10	11	……

续　表

L_1\\L_2	1	2	3	4	5	6	7	8	9	10	11	12	13	14	15	16	17	18	19	20	21	22	23	24	25	26	27	28	29	30	31	……
21																						3	2	13	12	15	14	9	8	11	10	……
22																							1	14	15	12	13	10	11	8	9	……
23																								15	14	13	12	11	10	9	8	……
24																									1	2	3	4	5	6	7	……
25																										3	2	5	4	7	6	……
26																											1	6	7	4	5	……
27																												7	6	5	4	……
28																													1	2	3	……
29																														3	2	……
30																															1	……
31																																
…																																……

　　绝数表、《绝数论》著者上大学时成文较早。无独有偶,老外对此也有热衷研究。可参看[5]、[6]。老外的这两本书成书,已是几十年以后了。他们把"拿堆"游戏、运筹博弈类的学问都称之为"尼姆(Nim)"游戏、尼姆加法或尼姆法则。"Nim"其实是若干单词的缩写,在经济学、银行业、计算机中都有概念对应;在中国倒译为"计量"的意思。究其本意,也就是在数学中,恰为拿堆对策。其实还是中国老祖宗传出去的——被贩卖到美洲的奴工们辛苦工作之余,用石头玩游戏以排遣寂寞。终被老外注意且青睐,往往在酒吧中赌博。参考书[5]中的"Nim"加法表其实还不够完备,它们没有按 2^k 阶方阵给出;至参考书[6]中,两个地方出现了此表,是 2^k 阶方阵了。只是有意思的是,他们是按所谓"最小非元素"方式制作的。但方法不易懂,操作过程也琐碎。比之表 20-3 中揭示的方法与规律差多了。且他们对"**绝数**"的称呼:"**拧数**",是不是受梁开华"绝数"概念的影响,不得而知。

　　下面把《绝数论》的要点再归纳一下:

　　绝数定义:对于任意给定的一组正整数 a_1,a_2,a_3,…,a_n,规定每次只能对其中某一个数作任意减少,若总能在**偶数次**(0 是偶数)减少时保持相关的特征,最后使所有的数全化为 0,则称这组数为**一组绝数**。

　　一组绝数可表示为 $G_n = (a_1, a_2, a_3, \cdots, a_n)$。$G$ 的下标可以省写。"≠","?",则分别读作"不等于"、"是否等于",其义自明。绝数中的数据叫做**元素**,元素的个数叫做**元**。绝数的一般表达式叫做**绝数通项**。一般地,绝数中的元素递增表达。

　　绝数中的所有元素取值最小时,定义为 **n 元基本绝数**。字母换作 I。比如 $I_2 = (1,$

1），$I_3 = (1, 2, 3)$。元素都为 0，定义为**零绝数**，记作 G_θ。对于三元绝数，字母改为 g，下标则为第一个数（或略写）。比如 $g_3 = (3, 5, 6)$，$g_1 = (1, 4, 5)$。所谓绝数通项，往往指三元时 $g_A = (A, B, C)$，$A < B < C$ 给定 A 所表达的关系式。

第 3、4、5 题，方选手、袁选手、乌选手解答得都不错。简单地说起来，博弈物未必总是 3 堆，对于前后不同的胜负法则，基本绝数数据如表 20-5：

表 20-5   两种不同规则的基本绝数

基本绝数　堆数　规则	二	三	四	五	六	…
前	1,1	1,2,3	1,1,1,1	1,1,1,2,3	1,1,1,1,1,1	…
后	2,2	1,1,1	1,1,2,2	1,1,1,1,1	1,1,1,1,2,2	…

总结绝数的相关定理如下：

绝数定理 1：只有一组非绝数经过一次减少，才能化为一组绝数，且一定能化为一组绝数。

由此，面对具体博弈数，只要不出差错，可明确胜负方。

绝数定理 2：两组绝数的元素放在一起，仍旧构成一组绝数。

由此，面对具体各成绝数的博弈数组，你在某绝数的某一堆里拿子，我也在某绝数的对应堆里采取对应对策，总可确定胜利。

因此，反之，**一组绝数中若干个元素构成绝数，则剩余元素也一定构成绝数。**

绝数定理 3：一定存在某一确定的数，与 n 个任意给定的数构成一组绝数。特别地，n 个数已是绝数，该数为 0。

绝数定理 4：把一组绝数的每一元素扩大相同的幂数倍，仍旧构成一组绝数。

绝数定理 5：一组绝数中，奇数个数一定为偶数个。

因此，所有元素的和——比如叫绝值—— 一定是偶数。

由于拿堆一般是三堆，因此，须特别归纳三元绝数的相关定理：

三元绝数定理 1：对于 $g_A = (A, B, C)$，$A < B < C$，$2^k \leqslant A < 2^{k+1}$ 时，A 的绝数通项有 2^k 个。个数可记于 g 的上标。比如

1 的绝数通项是：$g_1^1 = (1, 2m, 2m+1)$；

2 的绝数通项是：$g_2^1 = (2, 4m, 4m+2)$，$g_2^2 = (2, 4m+1, 4m+3)$；

$g_3^1 = (3, 4m, 4m+3)$，$g_3^2 = (3, 4m+1, 4m+2)$。

4 的绝数通项是：

$$g_4^1 = (4, 8m, 8m+4), \qquad g_4^2 = (4, 8m+1, 8m+5),$$

$$g_4^3 = (4, 8m+2, 8m+6), \qquad g_4^4 = (4, 8m+3, 8m+7);$$

$$g_5^1 = (5, 8m, 8m+5), \qquad g_5^2 = (5, 8m+1, 8m+4),$$

$$g_5^3 = (5, 8m+2, 8m+7), \qquad g_5^4 = (5, 8m+3, 8m+6);$$

$$g_6^1 = (6, 8m, 8m+6), \qquad g_6^2 = (6, 8m+1, 8m+7),$$

$$g_6^3 = (6, 8m+2, 8m+4), \qquad g_6^4 = (6, 8m+3, 8m+5);$$

$$g_7^1 = (7, 8m, 8m+7), \qquad g_7^2 = (7, 8m+1, 8m+6),$$

$$g_7^3 = (7, 8m+2, 8m+5), \qquad g_4^4 = (7, 8m+3, 8m+4)。$$

另不赘列。

$2^k (k \in \mathbf{N}^*)$ 这样的数在《绝数论》中地位特殊，特定义为"**幂数**"。

图 20-6 可感知三元绝数元素的分布：

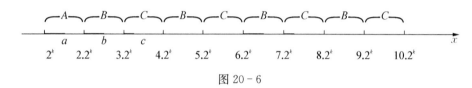

图 20-6

三元绝数定理 2：对于 $g_A = (A, B, C)$，$A < B < C$，$2^k \leqslant A < 2^{k+1}$ 时，

$$B \in [m \cdot 2^{k+1}, m \cdot 2^{k+1} + 2^k), C \in [m \cdot 2^{k+1} + 2^k, m \cdot 2^{k+1} + 2^{k+1})。$$

可见 A 和 B、C 之间至少隔着一个幂数，B、C 之间没有幂数。A、B、C 各在等距的范围内变化。

三元绝数定理 3：若 $g_A = (A, B, C)$ 成立，则 $A + B \geqslant C$。

三元绝数定理 4：若 $g_A = (2^k + a, m \cdot 2^{k+1} + b, m \cdot 2^{k+1} + 2^k + c)$ 成立，则

$g_A \Rightarrow g = (2^k + a, m \cdot 2^{k+1} + b - m \cdot 2^{k+1}, m \cdot 2^{k+1} + 2^k + c - m \cdot 2^{k+1})$，即

$g = (2^k + a, b, 2^k + c)$ 成立。

定义 $g = (0, m \cdot 2^{k+1}, m \cdot 2^{k+1})$ 为**二元周期绝数**。

三元绝数定理 5：若 $g_A = (2^k + a, 2^{k+1} + b, 2^{k+1} + 2^k + c)$ 成立，则

$g_A \Rightarrow g = (2^k + a - 2^k, 2^{k+1} + b - 2^{k+1}, 2^{k+1} + 2^k + c - 2^{k+1} - 2^k)$，即

$g = (a, b, c)$ 成立。

定义 $g = (2^k, 2^{k+1}, 2^{k+1} + 2^k)$ 为**三元周期绝数**。

三元周期绝数也可写成 $g = (2^k, 2 \cdot 2^k, 3 \cdot 2^k)$。

三元绝数定理 6：若 $g_A = (A, B, C)$ 成立，且 A 或 B 为幂数 2^k，则 $A + B = C$。

这样的绝数不妨称作**幂绝数**。

定义 2^k-1 为幂前数(当然 2^k+1 为幂后数),

三元绝数定理 7:若 $g_A=(A,B,C)$ 成立,且 C 为幂前数 2^k-1,则 $A+B=C$。

这样的绝数不妨称作**质绝数**。

经过如上分析,3 个数是否构成绝数,有了一些简明的判断方法,未必手里非得拿着一张表。比如:不断提取公因数 2;利用周期使元素变小;奇数有几个;分绝数堆;考察简单数的绝数通项;按幂数或幂前数考察 $A+B \overset{?}{=} C$? 等等。

> **相关说明**:著者曾有过发明"绝数棋"的构想。

绝数的本质到底是什么呢?

定义:对正整数 n 幂展开。即 $n=2^k+\langle 2^{k-1}\rangle+\langle 2^{k-2}\rangle+\cdots+\langle 2^2\rangle+\langle 2^1\rangle+\langle 2^0\rangle$。其中 $\langle x\rangle$ 表示这一项可能不存在。

二元绝数通项:$g_2=(m,m)$;

三元绝数通项:$g_3=(A,B,C)$,$A<B<C$,则对三个数幂展开时,

$$\begin{cases} A=0+0+\cdots+2^k+\langle 2^{k-1}\rangle+\langle 2^{k-2}\rangle+\cdots+\langle 2^2\rangle+\langle 2^1\rangle+\langle 2^0\rangle, \\ B=2^r+\langle 2^{r-1}\rangle+\langle 2^{r-2}\rangle+\cdots+\langle 2^k\rangle+\langle 2^{k-1}\rangle+\langle 2^{k-2}\rangle+\cdots+\langle 2^2\rangle+\langle 2^1\rangle+\langle 2^0\rangle, \\ B=2^r+\langle 2^{r-1}\rangle+\langle 2^{r-2}\rangle+\cdots+\langle 2^k\rangle+\langle 2^{k-1}\rangle+\langle 2^{k-2}\rangle+\cdots+\langle 2^2\rangle+\langle 2^1\rangle+\langle 2^0\rangle。 \end{cases}$$

其中 2^i 成对出现,$i=r,r-2,r-1,\cdots,k,k-1,k-2,\cdots2,1,0$。

当然幂展开未必展开到底。一般可展开到 $2^3=8$。

比如 $99=64+32+3,46=32+8+6$。与之构成绝数的值是 $64+8+5=77$。

绝数本质定理:把一组绝数的所有元素适度幂展开,各数的对应项依然各自构成绝数。

具体拿堆博弈时,自己总结经验、机巧与妙法。可参照练习感悟。

● 参考文献

[1] 杨世明,王雪芹. 数阵及其应用,哈尔滨:哈尔滨工业大学出版社,2012.

[2] 梁开华. 绝数论,第四届全国初等数学学术交流会交流论文.

[3] 梁开华. 由三堆物博弈产生的一个有趣数阵. 中学数学教学参考,2000,12.

[4] 梁开华. 关于《绝数表》的几点注记. 中学数学研究,2008,7.

[5] 戴维·盖尔. 蚁迹寻踪及其他数学探索,朱惠霖,译. 上海:上海教育出版社,2001.

[6] 埃尔温·伯莱坎普,约翰·康威,理查德·盖伊. 稳操胜券(上),谈祥柏,译. 上海教育出版社,2003.

挑 战 精 选 题

1. 如题1图,说明先走方的取胜关键。

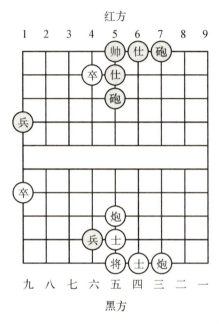

红方

题1图　象棋趣味排局添加兵卒

2. 在(1,2,3,4);(2,3,4,5);(3,4,5,6);(4,5,6,7);(5,6,7,8);(6,7,8,9);(7,8,9,10)中,哪4个数能构成一组绝数?对不能构成绝数的那组数,能否只添加一个元素,即可形成绝数?

3. 三元绝数 $g=(A,B,C)$, $A<B<C$, 证明:(1) 若 A 或 B 有一个是 2^k, 则 $A+B=C$;

(2) 若 $C=2^k-1$, 则 $A+B=C$。

4. 试不经过"本位加"计算,判断 670, 1 159, 1 561 是否构成一组绝数?

5. 排布一个5阶"欧拉方阵",用 (x,y) 模拟5个学校的5对双胞胎,

(1) 使总有同一对双胞胎在同一行同一列里;

(2) 没有同一对双胞胎在同一行同一列里;

(3) 设计一种其他特征的排布。

第**21**关 一把钥匙对应一把锁
——数学问题的恰当解法

数学闯关夏令营就要结束了。然而,今天的闯关题既多且难,一点没有轻轻松松收场的迹象。就像有些年份遇到大洪水、大地震那样,高考题也丝毫没有放低要求;是的,也不会放低要求。事后知晓,评奖早随着每天的进程量化进行,发奖过程很简短。这些我也不记了。今天有这样四道题:

1. 在 $4 \times 4 = 16$ 个方格中填入 $1 \sim 16$ 十六个数字,使横行、竖行,对角线上的数据之和都一样。

2. (张小明)已知 $a, b, c \in \mathbf{R}^+$,证明:$ab^2 + bc^2 + ca^2 \leqslant \dfrac{1}{3}(a^2 + b^2 + c^2)(a + b + c)$。

3. 填入数据完成如下的乘法运算:

$$
\begin{array}{r}
* * * \\
\times \quad * * * \\
\hline
* * * \\
* * * \\
+ \quad * * * \\
\hline
* * * * *
\end{array}
$$

其中"$*$"分别为两组 $0 \sim 9$ 共 20 个数字。

4. (伊朗数竞题·1998):

设 $a, b, c > 0, abc = 1$,求证:

$$\sqrt[3]{a^3 - a + 1} + \sqrt[3]{b^3 - b + 1} + \sqrt[3]{c^3 - c + 1} \geqslant a + b + c。$$

第 1 题,这类问题我知道叫"幻方",考古"洛书"、"河图"曾被研究得不轻呢! 但如果孤陋寡闻不知道呢,也够折腾一阵的。把解写出来吧!

1	8	13	12
14	11	2	7
4	5	16	9
15	10	3	6

第 2 题也还不算复杂,但 1、3 数字题,2、4 不等式题,旨在说明什么呢? 不管它,写解吧!

证明:$ab^2 + bc^2 + ca^2 \leqslant \dfrac{1}{3}(a^2 + b^2 + c^2)(a + b + c)$

$\Leftrightarrow a^3 + b^3 + c^3 + a^2 b + b^2 c + c^2 a \geqslant 2(ab^2 + bc^2 + ca^2)$。

因为 $a^3 + c^2 a \geqslant 2ca^2$,$b^3 + a^2 b \geqslant 2ab^2$,$c^3 + b^2 c \geqslant 2bc^2$。

所以 $a^3 + b^3 + c^3 + a^2 b + b^2 c + c^2 a \geqslant 2(ab^2 + bc^2 + ca^2)$。

即原不等式成立。

第 3 题,一个数字也没有。怎么弄出解呢? 有一些限制,比如被乘数、乘数,首位数字不会太大吧! 其实 0、5 等也不能参杂其中。但……编程吧! 我说呢,今天的题怎么也配备电脑呢! 夏令营开始时就有过说法,设计算法、编程、画框图、写程序语句,只要解决问题正确,都给分。我还是写算法吧! 变量多,用数组嘛!

解:① 建立数组 $a(20)$,$b(20)$,$c(20)$;

② 建立循环,给 a,b 数组赋值:0,0,1,1,2,2,…,9,9。数组 a 用着被乘数,数组 b 用着乘数;

③ 建立三重循环,0 不参与计算,被乘数 m 首位数字从 1 到 4,十位数字不限制,个位数字排除 5。$m = \overline{a(i)a(j)a(k)}$;

④ 使 $b(20) \rightarrow b(17)$,排除 m 中的三个数码数字;

⑤ 建立 3 重循环,0 不参与计算,乘数 n 百、十位数字不限制,个位数字排除 5,分别 $x = m \times b(d)$,$y = m \times b(e)$,$z = m \times b(f)$。排除 x,y,$z > 1\,000$,$n = \overline{b(d)b(e)b(f)}$;

⑥ $w = 100x + 10y + z$,使 m,n,x,y,z,w 的各位数字存入 c 数组;

⑦ $c(20)$,$a(20)$ 逐一对应比较,全部相等即为解,否则,转③继续运行;

⑧ 对解排除重复的,输出结果,结束。

至于第 4 题,没能理想解出,其他选手听说基本上都这样。

会议厅早已人都坐齐,大家都等着讲评。

土评委:为时三周的数学夏令营活动就要结束了。今天需要解析的内容还比较多,因此过程尽量简略。第一道题是编制四阶幻方。幻方的相关意思大家多少知道一些。我国古代那个搞二项式定理的杨辉,看来对数字问题兴趣特别大,曾编制出三—十阶幻方,记载在他1275年写的《续古摘厅算法》一书中,并称之为纵横图。通过东南亚国家、印度、阿拉伯传到西方。西方把纵横图叫作 Magic Square,翻译成中文就是"幻方"或"魔方"。可见"伤脑筋十二块","幻方"都是中华老祖宗的智慧产物,现在常把"多米诺骨牌"、"魔方"(老外对27个可转动小立方块组合因"幻方"而命名)挂在嘴边,请注意这是中国的命名权。关于"洛书""河图"就不多说了,如图 21 - 1曾由困惑不解到被考证为三阶魔方,上海曾出土一块元朝玉挂,背面就是四阶幻方。

　　关于幻方的知识体系已相当完备。简单地说,$1 \sim n^2$ 个数排布为正方形,行、列、对角线之和既然相等,应为 $\frac{1}{n}(1+2+\cdots+n^2) = \frac{1}{n} \cdot \frac{n^2(1+n^2)}{2} = \frac{n(1+n^2)}{2}$。这是正宗。当然每个数都加上同一个

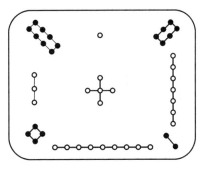

图 21 - 1

数,或由其他互不相等的数也排成行、列、对角线之和相等,那是另一回事。如果 n 是奇数,则中间那个数得再平均。所以图 1 中间是 5 个点。$\frac{1}{3} \cdot \frac{3(1+9)}{2} = 5$。知道相关的原理,当然填数会省时得多。请回忆 $\frac{\square}{\square\square} + \frac{\square}{\square\square} + \frac{\square}{\square\square} = 1$ 填数时的讲评,基本法则就是**平**

1	8	13	12
14	11	2	7
4	5	16	9
15	10	3	6

均、调节、平衡。我们看看第 1 题的解————————,刚才火选手也说了,比如

1～8的分布,1—8、2—7;3—6、4—5,…

　　第 2 题,木选手说,应用的是基本不等式。

　　或曰:今天的问题互不搭界,扯在一起,是什么主题呢? 这就是:**数学问题的恰当解法**。一般地,解决一个数学问题,从大的方面说,有这样**四种思想方法**:**推理解析的方法**;**图形图像的方法**;**编程运行的方法**;**实践实验的方法**。可以这么说,相关的数学问题,有时必须用恰当的对应方法,才能得以解决;否则,也许极为费事,也许无从解决。诚所谓,一

把钥匙开一把锁。比如 $x^2 + 2y^2 = 3z^2$，研究图像求它的通解，似乎形成了一个新的自找麻烦问题；编程解决能找出解，但得出全部解，也显然不对路子；即便是推理解析，还得遵循数论、无理数或复数封闭运算的原理。像有些不定方程，费尔马的"无穷递降法"，或用上连分数的佩尔方程，就是特定的钥匙。人们对勾股数解的通式相对熟悉，对应数学问题深层次的思考，才容易到位。比如第 2 题的证明不算难，应用基本不等式相对较好；第 1 题，往往动手尝试，虽然结合一些数学原理与知识，本质上还是实践实验。那么，第 3 题呢？你也去摆弄数据求解吗？推理？对应什么图形、图像？须得借助于计算工具。计算水平与时代的科技水平相对应。既然电子计算机已几乎无所不能，那么编程的思考是正确与明智的。也许有同学说，编程我不会呀！

> 注意：算法、框图、程序语句已是高中教学内容，可惜教学上都有不重视的短视想象；有的从傻瓜相机角度去理解计算机学习，精的是操作，思维反而粗糙。有条件的学生在算法初步的基础上学学某些易学的计算机语言编程，对求学发展是有利的。

刚才金选手用算法的步骤给出了问题解决的思路，应是可取的。这些解析，现实生活中的事例也比比皆是，不胜枚举。比如有病需求医，但某些疾病只能用特效药、特效疗法、特效偏方。因之，在一定的档次、境界理念下解题，既要重视通法，也要有必需对应相关知识与方法的意识。其实两者都不应偏废。

学生怕学数学有不少原因，也不乏认知误区与心理因素。比如因挫折导致的畏难情绪，学、用工夫不到家，主观上欠努力或客观上练习不充分不到位，基本知识不巩固不扎实、或方法与理解不对应，没有克服困难的信心与毅力，等等。说到底，无非是知识与方法不理想这两条。因此，知识上一定要把基础打牢，方法上要多琢磨、多感悟、多总结、多巩固。在知识与方法上，都要讲究一个"实"字。数学知识你真懂了，数学方法你真会了，你数学上的提高才真的有望了。对于夏令营的"收官"主题，我们强调的就是方法，且方法须恰当。恰当的方法又得对路子，又得在摸索、探究的过程中升华、优化。你形成理念、法则与感觉了，你长此以往这样做了，你学习上不进步才不可思议。所以，第 3 题不在于你是否能解出，而在于你怎么去解。有选手问第 1 题用编程解决不是也很好吗？我们练习留了个 3 阶编程的练习题。4 阶与 3 阶，原理上是一致的；但有些问题，增加一个因素与条件，增加的头绪与过程也许得思考与体验。就像大城市的外环路，比如从三环路到四环路，范围之扩充你得好好去想象。由此，实验上难为的简单事，计算机具优势；中等事，也许计算机解决未必理想；又复杂又困难，计算机又正可扬其所长。总之，从实际出发。这样说几乎轻描淡写，但凡此形成你的认知、感觉与经验，也许须有长年累月的历练砥砺过程。你超越了这一过程，你就由必然到自由了。

　　第 3 题由梁开华的朋友田洪瑜据《科学画报》1987 年第 10 期提出。梁开华编程几秒钟得出解,为更体现一般性,尽量减少数学推理形成的判断——否则用计算机干什么呢? 这样,再经调试,24 秒输出结果,这其实还算是快的。程序与运行的解如下:

```
10 DIM a(20), b(20), c(20)
20 FOR i = 1 TO 20: READ a(i): b(i) = a(i): NEXT

30 FOR i = 3 TO 10
40 FOR j = 3 TO 20: IF j = i THEN 800
50 FOR k = 3 TO 20: IF a(k) = 5 OR k = j OR k = i THEN 700
60 m = a(i) * 100 + a(j) * 10 + a(k)

70 FOR l = 3 TO 20: IF t = 3 THEN 90
75   IF b(l) = a(i) THEN t = t + 1: GOTO 100
80 IF b(l) = a(j) THEN t = t + 1: GOTO 100
85 IF b(l) = a(k) THEN t = t + 1: GOTO 100
90 s = s + 1: b(s) = a(l)
100 NEXT: t = 0: s = 0

110 FOR d = 3 TO 17
120 x = m * b(d): IF x > 1000 THEN 700
130 FOR e = 3 TO 17: IF e = d THEN 500
140 y = m * b(e): IF y > 1000 THEN 600
150 FOR f = 3 TO 17: IF b(f) = 5 OR f = e OR f = d THEN 400
160 z = m * b(f): IF z > 1000 THEN 500
170 n = b(d) * 100 + b(e) * 10 + b(f)
180 w = x * 100 + y * 10 + z: p = x: q = y: r = z: o = w
190 c(1) = a(i): c(2) = a(j): c(3) = a(k): c(4) = b(d): c(5) = b(e): c(6) = b(f)
200 c(7) = INT(p / 100): p = p - c(7) * 100: c(8) = INT(p / 10): c(9) = p - c(8) * 10
210 c(10) = INT(q / 100): q = q - c(10) * 100: c(11) = INT(q / 10): c(12) = q - c(11) * 10
```

```
220 c(13) = INT(r / 100): r = r − c(13) * 100: c(14) = INT(r / 10): c(15)
= r − c(14) * 10
230 c(16) = INT(o / 10000): o = o − c(16) * 10000: c(17) = INT(o / 1000):
o = o − c(17) * 1000
240 c(18) = INT(o / 100): o = o − c(18) * 100: c(19) = INT(o / 10): c(20)
= o − c(19) * 10

250 FOR u = 1 TO 19
260 FOR v = u + 1 TO 20
270 IF c(u) > c(v) THEN t = c(u): c(u) = c(v): c(v) = t: t = 0
280 NEXT v, u

290 FOR u = 1 TO 20:
300 IF c(u) <> a(u) THEN 400
310 NEXT

320 IF m1 = m AND n1 = n THEN 700
330 g = g + 1: m1 = m: n1 = n
340 PRINT TAB(20); m: PRINT TAB(15); " * "; TAB(20); n: PRINT TAB(14);
" − − − − − − − − − − − − − − − "
350 PRINT TAB(20); z: PRINT TAB(19); y: PRINT TAB(15); " + "; TAB(18); x
360 PRINT TAB(14); " − − − − − − − − − − − − − − − ": PRINT TAB(18);
w: GOTO 800

400 NEXT f
500 NEXT e
600 NEXT d

700 NEXT k
800 NEXT j
900 NEXT i
1000 PRINT "t = "; g, : END
1100 DATA 0, 0, 1, 1, 2, 2, 3, 3, 4, 4, 5, 5, 6, 6, 7, 7, 8, 8, 9, 9
```

RUN

```
              179
     *        224
     - - - - - - - -
              716
              358
     +        358
     - - - - - - - -
            40096
```

t = 1

田先生的程序,1 秒钟解决问题,不愧为编程高手! 下面是他的程序:

```
5 DIM S(0 TO 9)
10 FOR A = 100 TO 999
       LET M = A − 10 * INT (A / 10)
       IF M = 0 THEN GOTO 300
       IF M = 1 THEN GOTO 300
       IF M = 5 THEN GOTO 300
       IF M = 6 THEN GOTO 300
20     FOR X = 1 TO 9
30       FOR Y = 1 TO 9
40         FOR Z = 1 TO 9
             IF Z = 1 OR Z = 5 OR Z = 6 THEN GOTO 290
50           LET R = A * Z
             IF R > 999 THEN 290
60           LET P = A * Y
             IF P > 999 THEN 290
70           LET T = A * X
             IF T > 999 THEN 290
80           LET B = 100 * X + 10 * Y + Z
90           LET C = A * B
             IF C > 99999 THEN GOTO 290
100            LET N $ = STR $ (A)  & STR $ (B)  & STR $ (R)  & STR $
(p) & STR $ (T) &   STR $ (C)
```

```
110        FOR I = 1 TO 20
120            LET N = VAL ( MID $ (N $ , I, 1))
130            LET S(N) = S(N) + 1
               IF S(N) > 2 THEN GOTO 260
140        NEXT I
150        FOR N = 0 TO 9
160            IF S(N) <> 2 THEN 260
170        NEXT N
180        PRINT TAB(10) ; A
190        PRINT TAB(8);"X ";B
200        PRINT TAB(8);" - - - - - - "
210        PRINT TAB(10);R
220        PRINT TAB(9);p
230        PRINT TAB(8);T
240        PRINT TAB(8);" - - - - - - "
250        PRINT TAB(8);C
260        FOR N = 0 TO 9
270            LET S(N) = 0
280        NEXT N
290      NEXT Z
      NEXT Y
   NEXT X
300 NEXT A
END
```

上述过程旨在说明,方法在问题解决中的地位。方法比知识更重要。比如每一次数学的发展与飞跃,都是在方法的突破上前进的。数学成就的个人标记,就是他与新方法的创生状况相对应的。老年科学家如欧拉,壮年科学家如费尔马,青年科学家如伽罗华,以及灿若群星的中外优秀的数学名人莫不如此。陈景润的数学地位就是他的"筛法"。我们这样说,不是要大伙儿都去创造个什么这样法那样法,**尤其是学习阶段,打好基础,打好基本功,学好基本方法、通用方法才是最重要的**。不要一味追求巧法怪方,以防适得其反,以防走火入魔,以防得不偿失。但有这样的理念与意识,也是相当重要的。由此,你解决一个困难问题,就得问问自己,一般方法是不是就真的行不通;相关解法的知识学习与掌握到位没有;可能或应该用什么对应的方法;以及怎样用功努力或不耻下问,学到以及会用这样的方法。那么,话说回来,这第 4 题,不等式怎么证明比较好呢? 不等式的大多数问题是 3 元的,结构是轮换对称的;对应条件除 3 元是正数或非负数,亦多为 $a+b+c=1$ 及其他整数;或 $abc=1$ 及其他整数。我们先休息一下。

（休息以后）

土评委：问题解答时水选手没有解答理想,但对应思路还是不错的。

> **相关说明**：梁开华相关论文《系方程、系函数与系曲线及其应用举例》提出**系方程、系函数与系曲线**的概念,以下根据**系方程、系函数与系曲线**的解题思想方法演绎。

数学是"数"和"形"并重的知识体系,注意含"数"和"形"两个方面。当今社会科技已相当发达,如"几何画板"类作图工具已相当完备。对于比如函数作图已**极为明显**的函数一定范围内的增减性或凸凹性,包括**极为明显**且可予数据代入相对应的极值点、最值点,笔者认为已没有必要数学论证。**数学问题的解决,应充分挖掘图形图像的应用功能,且宜建树这方面的理论探究**。笔者对此甘做吃螃蟹第一人。

在高中解析几何知识点中,方程 $a_1x+b_1y+c_1+\lambda(a_2x+b_2y+c_2)=0$ 叫做**直线系方程**,指过两已知直线交点的所有直线;以下方程叫做**圆系方程**,指所有过已知两圆交点的圆：

$$x^2+y^2+d_1x+e_1y+f_1+\lambda(x^2+y^2+d_2x+e_2y+f_2)=0。$$

特别地,$\lambda=-1$,圆系方程退化为过交点的直线。定义为两圆的"**根轴**"。

据此,**定义** $f(x)=x+\dfrac{1}{x}$ 为**双曲线型函数**,其图像为**双曲线型曲线**。更广义的,改变连接符号,改变系数为不等于 1 的正数,都是**双曲线型函数**。简单标记为**正比例函数**与**反比例函数**的**复合**。

设 $f(x)$ 为多项式函数,或是使多项式函数有意义的有理指数函数,

定义 $F(x)=f(x)+f\left(\dfrac{1}{x}\right)(x>0)$ 为**双曲线系函数**。着眼于实用性,只考虑 $x>0$。很显然,**双曲线系函数**中蕴含**双曲线型函数**。比如 $f(x)=(x^3-x+1)^{\frac{2}{3}}$ 的图像为图 21-2 中较浅色的那段,自变量倒数的函数为最浅色的那(两)段,$F(x)$ 即双曲线系函数为最深色的图像。$x>0$ 时与 $y=x+\dfrac{1}{x}$ 的图像十分类似。

为简明起见,从实用出发,且望用此概念解题时,注意对命题函数或构造函数,应尽量保持双曲线系函数与函数 $y=x+\dfrac{1}{x}$ 在 $x>0$ 上的相类性,不要复杂化或作怪异的改变或推广。下面归纳**双曲线系函数**的相关性质。

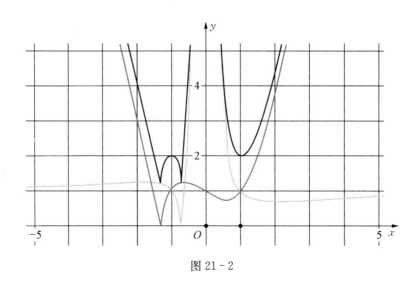

图 21 - 2

性质 1：最简单的双曲线系函数，即双曲线型函数，相对于 $y = x + \dfrac{1}{x}$，有如图 21 - 3 的不同变化，**两条渐近线**往往是正比例函数对应的直线。

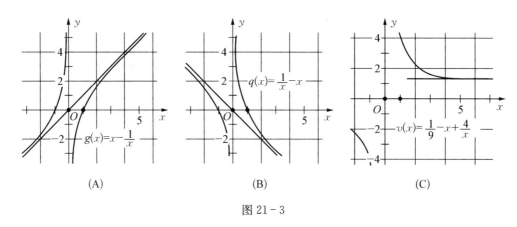

(A)　　　　　　(B)　　　　　　(C)

图 21 - 3

对于 $y = px + \dfrac{q}{x}$，简单起见，$p, q > 0$，考察 (C)，则 $y \geqslant 2\sqrt{pq}$ 时，当且仅当 $px = \dfrac{q}{x}$，$x = \sqrt{\dfrac{q}{p}}$ 时取等号。

性质 2：一般地，双曲线系函数在 $0 < x \leqslant 1$ 时为减函数，$x \geqslant 1$ 时为增函数；

性质 3：一般地，双曲线系函数在 $x > 0$，$x = 1$ 时取得最小值；

性质 4：一般地，双曲线系函数在 $x > 0$ 时有明确的**上凸性或下凹性**；往往同时为下凹函数。具体解题时，宜给出图像验证；也只需给出图像验证，即不必再证明。

性质 5：一般地，双曲线系函数在 $x > 0$ 时，**如果 $ab = 1$，则 $f(a) = f(b)$**。

由图 21-4 可以看得很清楚其中的相关对称情况。$y = x + \dfrac{1}{x}$ 本来应像抛物线关于

$x = 1$ 那样具有对称性，只是 $x > 1$ 时，右边向右拉开了。但 $f\left(\dfrac{1}{m}\right) = f(m)$ 总是成立的。

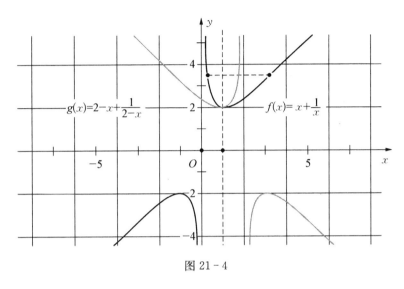

图 21-4

性质 6：双曲线系函数的和仍是双曲线系函数；如果 $x > 0$，始终 $y_1 \geqslant y_2$，且 $\boldsymbol{y_1}$，$\boldsymbol{y_2}$

是双曲线系函数，则 $\boldsymbol{y_1} - \boldsymbol{y_2}$ 仍是 $\boldsymbol{y = x + \dfrac{1}{x}}$ 类型的双曲线型函数。且总在 $\boldsymbol{x = 1}$ 时，取得

最小值。可参看图 21-5，线条较粗的是 y_1。

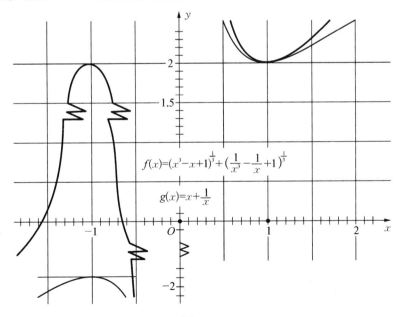

图 21-5

2006 年上海的高考压轴题中的第(3)小题的函数 $F(x) = \left(x^2 + \dfrac{1}{x}\right)^n + \left(\dfrac{1}{x^2} + x\right)^n$ 展开以后,就是一系列的双曲线系函数相加。由此,即可说明 $x = 1$ 时,有最小值 $F(x) = 2^{n+1}$。

引进双曲线系函数的意义,显然是希望有助于解题。尤为针对性的思考是什么呢?

熟知条件不等式多为三元正数或非负数满足 $a+b+c = 1$ 或 $abc = 1$。但如图 21-6 的函数及其图像,$x > 0$ 时,$f(x) < 0$ 的值很有限,若 $abc = 1 \Rightarrow f(a) + f(b) + f(c) \geqslant 0$ 明明很明显,数学论证却很啰嗦。$0 < x \leqslant 1$ 免说;1 到 2 附近下降,大约 2 后面又在 x 轴下面缓缓上升。其实如果局限于 $0 < x < 2$,用下凹减函数证之,倒也罢了;了不得由**导数**明确之。但总觉得说理不利落。为此,继续挖掘双曲线系函数性质,以顺畅解决类似问题。

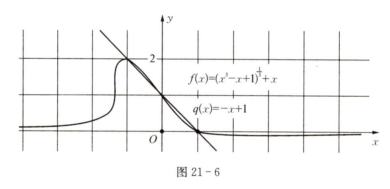

图 21-6

如果 x 取值总在 1 的某一边,函数值相加总是正的或负的;$abc = 1$,即一边取 1 个,一边取 2 个,怎么"确保"正的大过负的,总能成立 $f(a) + f(b) + f(c) \geqslant 0$ 呢?我们还从源头解析:

先看对数函数 $f(x) = \lg(x)$,其图像如图 21-7,不等正数 $abc = 1$,$f(a) + f(b) + f(c) = 0$,不论怎么取值,就像天平的两端置换砝码,总是平衡的;另一方面,见图中 x 轴上的粗线,且同时有,$F(x) = f(x) + f\left(\dfrac{1}{x}\right) = \lg(x) + \lg\left(\dfrac{1}{x}\right) = 0$。**这是一个重要的基本模型**,图像特征相当于这样,就能达到一种"平衡态"。$F(x) = 0$,$abc = 1$,$f(a) + f(b) + f(c) \neq 0$,表明曲线 x 轴上、下方图像的位置有了改变。

再看前面提到的比如 $f(x) = x - \dfrac{1}{x}$,见图 21-3(A),$x > 0$ 时,是上凸增函数,$f(1) = 0$。由于 $F(x) = f(x) + f\left(\dfrac{1}{x}\right) = 0$。因此,对于 $abc = 1$,$f(a) + f(b) + f(c)$ 究竟是正的还是负的,无从明确。比如 $f(2) + f(3) + f\left(\dfrac{1}{6}\right) < 0$,$f\left(\dfrac{1}{2}\right) + f\left(\dfrac{1}{3}\right) + f(6) >$

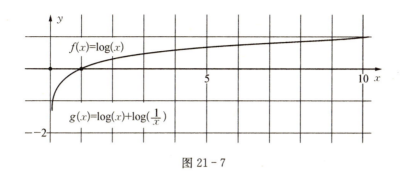

图 21 - 7

0。其中最大数 $6\left(\text{当然最小数}\dfrac{1}{6}\right)$ 的函数值的作用是决定性的。或正或负,就是因为 x 轴上下方的图像,绝对值不具明显的"压倒优势"。$F(x) = f(x) + f\left(\dfrac{1}{x}\right) = 0$ 的平衡不像对数函数,已被各逞其能的正负值所打破。

但改变函数为 $f(x) = x^2 - \dfrac{1}{x}$ 或 $f(x) = \dfrac{1}{x} - x^2$,$F(x) = f(x) + f\left(\dfrac{1}{x}\right)$。情况马上改变。由于 $x > 0$ 时,$F(x) \geqslant 0$ 或 $F(x) \leqslant 0$ 必具其一,如图 21 - 8[粗线条是 $g(x)$]。这样,正数 $abc = 1$,$f(a) + f(b) + f(c)$ 也就非负或非正。二者必具其一;不再是或正或负了。

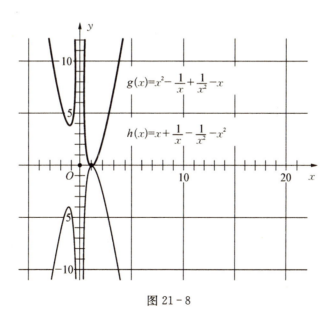

图 21 - 8

我们可以对 $ax + by + c = 0$ 及 $ax + by + c > 0$ 的意义作进一步理解。见图 21 - 9,直线上方的区域基于函数值 $y_1 > y_0$。$F(x) = 0$,$abc = 1$ 导致 $f(a) + f(b) + f(c) < 0$ 的情况,由 $f(a) + f(b) + f(c) > 0$,$x = 1$ 的某一边,$F(x) \geqslant 0$ 更巩固了 $f(a) + f(b) +$

$f(c) > 0$ 的结果;这样,$x = 1$ 的另一边,$F(x) \geqslant 0$,$abc = 1$,相关函数值 ＼＿／ 这样的变化,极值点的两边已没有多少质的差别。所以 $F(x) = 0$ 的那种 $f(a) + f(b) + f(c) < 0$ 的情况不可能出现了。换句话说,绝对值具明显"压倒优势"的一方决定了 $f(a) + f(b) + f(c)$ 的恒正或恒负。从图像上来讲,就是像图 21-9 变化自变量后,达到了比如始终 $y_1 > y_0$ 的效果。

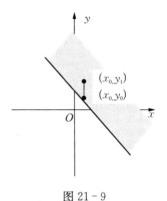

图 21-9

所以,简单地归结起来:

如果 $f(x)$ 是**双曲线型函数**,$f(1) = 0$,且 $F(x) = f(x) + f\left(\dfrac{1}{x}\right)$,则 $F(x) = 0$ 时,对于不等正数 $abc = 1$,

$f(a) + f(b) + f(c)$ 与 $f\left(\dfrac{1}{a}\right) + f\left(\dfrac{1}{b}\right) + f\left(\dfrac{1}{c}\right)$ 不恒为 0,则一正一负;

但 $F(1) = 0$,$F(x) \geqslant 0$ 时,则 $f(a) + f(b) + f(c)$ 与 $f\left(\dfrac{1}{a}\right) + f\left(\dfrac{1}{b}\right) + f\left(\dfrac{1}{c}\right)$ 恒正;

$F(x) \leqslant 0$,$f(a) + f(b) + f(c)$ 与 $f\left(\dfrac{1}{a}\right) + f\left(\dfrac{1}{b}\right) + f\left(\dfrac{1}{c}\right)$ 恒负。

就像图 21-5 之 $f(x)$,$0 < x < 1$,$f(x) > 0$,远比 $x > 1$,$f(x) < 0$ 绝对值往往大得多。导致 $F(1) = 0$,$F(x) \geqslant 0$,由此,不论 $a > 1$ 最大还是 $0 < \dfrac{1}{a} < 1$ 最小,总是 $f(a) + f(b) + f(c) > 0$;$f(a) + f(b) + f(c) < 0$ 已不具可能性。

性质 7:对于**双曲线系函数** $F(x) = f(x) + f\left(\dfrac{1}{x}\right)$ $(x > 0)$,$F(1) = 0$,$abc = 1$ 时,

由 **$x = 1$ 时是极值点**,$F\left(\dfrac{1}{m}\right) = F(m)$,

若 $f(a) + f(b) + f(c) \geqslant 0$ 成立,则亦 $f\left(\dfrac{1}{a}\right) + f\left(\dfrac{1}{b}\right) + f\left(\dfrac{1}{c}\right) \geqslant 0$;

若 $f(a) + f(b) + f(c) \leqslant 0$ 成立,则亦 $f\left(\dfrac{1}{a}\right) + f\left(\dfrac{1}{b}\right) + f\left(\dfrac{1}{c}\right) \leqslant 0$。

即两者一定不等号方向相同。取决于 $x = 1$ 两边的绝对值,大的一方是决定性的。请体会 $f(x) = \sqrt[3]{x^3 - x + 1} - x$ $(x > 0)$ 与 $f(x) = \sqrt[3]{-x^3 + x - 1} + x$ $(x > 0)$ 的不同。

性质 8:对于双曲线系函数 $F(x) = f(x) + f\left(\dfrac{1}{x}\right)$ $(x > 0)$,$F(1) = 0$,$abc = 1$,且 $F(a) + F(b) + F(c) \geqslant 0$,则由性质 7,一定

$$f(a)+f(b)+f(c) \geqslant 0, \text{ 或 } f\left(\frac{1}{a}\right)+f\left(\frac{1}{b}\right)+f\left(\frac{1}{c}\right) \geqslant 0。$$

因为两者同号,只有都是正的,才使 $F(a)+F(b)+F(c) \geqslant 0$。

这样,前面的解题困惑迎刃而解。不妨看一个不等式证明问题解决的例子。本例(为伊朗数竞题·1998)由翟得玉先生网上提出:

设 $a, b, c > 0$,$abc = 1$,求证:

$$\sqrt[3]{a^3-a+1}+\sqrt[3]{b^3-b+1}+\sqrt[3]{c^3-c+1} \geqslant a+b+c。$$

证明:设 $a=\dfrac{1}{u}$,$b=\dfrac{1}{v}$,$c=\dfrac{1}{w}$,$abc=1 \Leftrightarrow uvw=1$。

设 $f(x)=\sqrt[3]{x^3-x+1}-x(x>0)$,即证:

$$f(a)+f(b)+f(c) \geqslant 0 \Leftrightarrow f(u)+f(v)+f(w) \geqslant 0。(*)$$

对于 $F(x)=\sqrt[3]{x^3-x+1}-x+\sqrt[3]{\left(\dfrac{1}{x}\right)^3-\dfrac{1}{x}+1}-\dfrac{1}{x}(x>0)$,由于 $F\left(\dfrac{1}{x}\right)=F(x)$,由对称性,总认为 $0<x\leqslant 1$。

当 $0<x\leqslant 1$ 时,$\sqrt[3]{x^3-x+1}-x \geqslant 0 \Leftrightarrow (\sqrt[3]{x^3-x+1})^3 \geqslant x^3 \Leftrightarrow 1-x \geqslant 0$,不等式成立;

对于双曲线型函数 $g_1(x)=\sqrt[3]{x^3-x+1}+\sqrt[3]{\left(\dfrac{1}{x}\right)^3-\dfrac{1}{x}+1}$,$g_2(x)=x+\dfrac{1}{x}$,$(x>0)$,

由 $\sqrt[3]{x^3-x+1} \geqslant x$,得

$g_1(x)>g_2(x) \Leftrightarrow \sqrt[3]{x^3-x+1}+\sqrt[3]{\left(\dfrac{1}{x}\right)^3-\dfrac{1}{x}+1} \geqslant x+\dfrac{1}{x}(x>0)$。即 P193 图 21-5,粗线条是 $g_1(x)$。

不必拘泥于 $x<0$ 的函数图像如何,$x>0$,$g_1(x)=\sqrt[3]{x^3-x+1}+\sqrt[3]{\left(\dfrac{1}{x}\right)^3-\dfrac{1}{x}+1}$ 确实与 $g_2(x)=x+\dfrac{1}{x}$ 图像相仿。极为明显且始终在 $g_2(x)$ 上方。如果还对此图像特征说三道四,还坚持数学论证,未免迂拙。所谓数学之中"形"的意义与作用,图 21-5 可谓非常典型。

所以,$F(x)=\sqrt[3]{x^3-x+1}-x+\sqrt[3]{\left(\dfrac{1}{x}\right)^3-\dfrac{1}{x}+1}-\dfrac{1}{x} \geqslant 0(x>0)$。见图21-10。

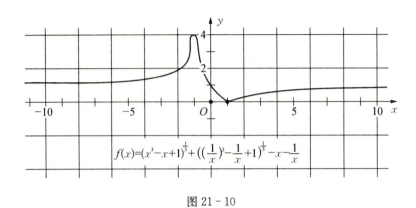

图 21 - 10

这时 $x>0,x=1$ 两边函数图像的**凸凹性已无关紧要**,即分函数 $x=1$ 两边函数值的正负已无关紧要。总之,**最小值点 $x=1$,$F(x)=0$**。

即 $f(a)+f(b)+f(c)+f(u)+f(v)+f(w)\geqslant 0$。

由**性质8**,即对于(*),$f(a)+f(b)+f(c)\geqslant 0$ 成立。

所以,原不等式成立。当且仅当 $a=b=c=1$ 时取等号。

注意如图 21 - 5 第一象限的图像模型极为重要。由这样的图像模型导致的一种证明方法,也许对轮换对称 $abc=1$ 的条件不等式有一定的普适性。

挑战精选题

1. (法国数竞・2005)设 $x,y,z\in \mathbf{R}^+$,且 $x+y+z=1$,

求证:$\sqrt{\dfrac{yz}{x+yz}}+\sqrt{\dfrac{zx}{y+zx}}+\sqrt{\dfrac{xy}{z+xy}}\leqslant \dfrac{3}{2}$。

2. (上海高考・2006)已知函数,$y=x+\dfrac{a}{x}(a>0,$ 为常数)有如下性质:在 $(0,\sqrt{a}]$ 上是减函数,在 $[a,+\infty)$ 上是增函数。

(1) 如果函数 $y=x+\dfrac{2^b}{x}(x>0)$ 的值域为 $[6,+\infty)$,求 b 的值;

(2) 研究函数 $y=x^2+\dfrac{c}{x^2}$(常数 $c>0$)在定义域内的单调性,并说明理由;

(3) 对函数 $y=x+\dfrac{a}{x}$ 和 $y=x^2+\dfrac{a}{x^2}$(常数 $a>0$)作出推广,使它们都是你所推广双曲线函数的特例。研究推广后的函数的单调性(只须写出结论,不必证明),并求函数

$$F(x) = \left(x^2 + \frac{1}{x}\right)^n + \left(\frac{1}{x^2} + x\right)^n \ (n \text{ 是正整数})$$

在区间 $\left[\frac{1}{2}, 2\right]$ 上的最大值和最小值（可利用你的研究结论）。

3. 一个直三棱柱上底面被截成 3 条侧棱长分别为 a, b, c，上底形成的新三角形重心到底面的距离为 H，如果下底面积为 S，证明这个棱柱的体积为 SH。

4. (1)（宋庆猜想）若 a, b, c 为满足 $abc = 1$ 的正数，则

$$\frac{1}{\sqrt{8a + a^2}} + \frac{1}{\sqrt{8b + b^2}} + \frac{1}{\sqrt{8c + c^2}} \geqslant 1。$$

(2)（杨学枝）若 a, b, c 为满足 $abc = 1$ 的正数，则

$$\frac{1}{(1 + a^2)(1 + a^7)} + \frac{1}{(1 + b^2)(1 + b^7)} + \frac{1}{(1 + c^2)(1 + c^7)} \geqslant \frac{3}{4}。$$

☆5. 试编程给出三阶幻方，且给出视觉效果不同的全部解。

第 1 关参考答案

1. 第 1、4 个图能一笔画,第 2、3 个图不能一笔画(各四个奇点)。

2. 四个奇点,消除两个即可。只须添加一条线。比如

3. n 为奇数可以,n 为偶数不行。

题 2 图

第 2 关参考答案

1. 解:$ssh(a+c) - ssh(b+d) = 0$. 所以 $\overline{abcd}$ 是 11 的倍数;所以 $x=y$。平方数的末两位数数字相同,只有 44。所以 $\overline{xy} = 22$ 或 88。$\overline{abcd}$ 是 4 位数,所以 $\overline{xy} = 88 \Rightarrow 88^2 = 7\ 744$。即 $\overline{abcd} = 7\ 744$。

2. 证明:$ssh^{12}t = \begin{cases} 1, \\ 9. \end{cases}$ 所以 $ssh(x_1^{12} + x_2^{12} + \cdots + x_n^{12}) \in \{8, 7, 6, 5, 4, 3, 2, 1\}$;$ssh\underbrace{99\cdots9}_{k个} = 9$. 所以 $x_1^{12} + x_2^{12} + \cdots + x_n^{12} = \underbrace{99\cdots9}_{k个}$ 没有正整数解。

3. 解:因为 $a^3 + b^3 + c^3 + d^3 = (a+b)^3 - 3ab(a+b) + (c+d)^3 - 3cd(c+d) = (a+b+c+d)^3 - 3(a+b)(c+d)(a+b+c+d) - 3ab(a+b) - 3cd(c+d)$. 所以 $ssh(a^3+b^3+c^3+d^3)3r(r=1, 2, 3) \neq 1$. 所以 $a^3 + b^3 + c^3 + d^3 \neq 10^m$。

注:原题右边是 100。

4. 解:因为 10^5 是 6 位数,100^5 是 11 位数,所以 x 是两位数。$ssh656, 356, 768 = 7$。当且仅当 $ssh^5 4 = 7 \Rightarrow ssh^5 \overline{ab} = 7$。$ssh\overline{ab} = 4 \Rightarrow b = 8, a = 5$。所以 $x = 58$。

5. 由估算,$\lg 4\ 444^{4\ 444} < 4\ 444\lg 10\ 000 = 4\ 444 \times 4 = 17\ 776$. 所以 $4\ 444^{4\ 444}$ 最多是 17 777 位数。即便各位数字都是 9,$A < 17\ 777 \times 9 < 199\ 999$,$B < 1 + 5 \times 9 < 4 + 9 = 13$。设 B 的数字和是 C,则 $C < 13$。因为 $ssh(4\ 444^{4\ 444}) = 7$,所以 $C = 7$.

第 3 关参考答案

1. 解:程序语句如下:

```
INPUT "N="; N            IF i>9 THEN i=N-1
i=1                       WHILE i>=1
DO                        PRINT i;
PRINT i;                  i=i-1
i=i+1                     WEND
LOOP UNTIL i>9            END
```

解法二：应用 $\underbrace{11\cdots1}_{n\text{个}}{}^2 = 123\cdots n(n-1)\cdots21$。

INPUT "N="; N	i=i+1
i=1	LOOP UNTIL i>9
m=10	PRINT S*S
DO	END
S=S*m+i	

注：认为计算机能正确输出任意位数的数值(一般地说,位数多时,计算机只能按一定精度输出)。

2. **解**：对于 2^n, n 为奇数是 $3k+2$ 型的。所以 $n=6k+1 \Rightarrow 2^n+n \equiv 0 (\text{mod}\,3)$。$k \in \mathbf{N}$。当然 $n = 6k+1$ 有无限多个。

3. **解**：先思考一个等价命题：**确定所有的三元正整数组 (u, v, w), 使得 $\dfrac{1}{u}+\dfrac{1}{v}+\dfrac{1}{w}=1$**，设 $u < v < w$, 则 $u=2 \Rightarrow \dfrac{1}{2}+\dfrac{1}{3}+\dfrac{1}{6}=1$；$v>3$, 无解；$u=3 \Rightarrow \dfrac{1}{3}+\dfrac{1}{3}+\dfrac{1}{3}=1$. 不合, 舍去；$u>3$, 无解。所以 $(u, v, w) = 2, 3, 6$ 是唯一解。这表明 $1+2+3=6$, 且 $[1, 2, 3]=6$. $[x, y, z]$ 表示 x, y, z 的最小公倍数。所以 $(a, b, c) = (a, 2a, 3a)$. $a \geqslant 1$。

4. **解**：由 $q \mid (r+2p)$, $r=2$ 时, p, q 为奇数。设 $2+2p=mq$, $2+q=np$, $m, n \in \mathbf{N^*}$, p 大时, $n=1$, $\therefore p=2+q \Rightarrow (m-2)q=6$, $m=3$, $q=3$, $p=5$；$(5,3,2)$是解。q 大时, $q=\dfrac{2(1+p)}{m} \Rightarrow m=2$, $q=1+p$. 无解。若 q, r 是奇数；由 $p \mid (q+r)$, $p=2$。q 最大时, 由 $r+4=mq, m \in \mathbf{N^*}$, 只能 $m=1 \Rightarrow q=r+4$, 代入 $2+3q=nr \Rightarrow r(n-3)=14 \Rightarrow n=5$, $r=7 \Rightarrow q=11$。$(2,11,7)$是解。r 最大时, 由 $n \in \mathbf{N^*}$, $r=\dfrac{2+3q}{n} \Rightarrow n \leqslant 3 \Rightarrow n=1$. 代入 $r+4=mq$, $(m-3)q=6 \Rightarrow m=5$, $q=3 \Rightarrow r=11$。$(2,3,11)$是解。综合, 得 $(p, q, r)=(5,3,2),(2,11,7),(2,3,11)$。

5. **证明**：用反证法。① 设 $x^4+x^3+x^2+x+1=(x+1)(x^3+px^2+qx+1)$, $p, q \in \mathbf{N^*}$, 则右边 $= x^4+(p+1)x^3+(p+q)x^2+(q+1)x+1$. 所以 $\begin{cases} p+1=1, \\ p+q=1, \quad p=q=0. \\ q+1=1. \end{cases}$ 所以,假设不能成立。

② 设 $x^4+x^3+x^2+x+1=(x^2+px+1)(x^2+qx+1)$, 则右边 $= x^4+(p+q)x^3+(pq+2)x^2+(p+q)x+1$. 所以 $\begin{cases} p+q=1, \\ pq+2=1, \quad p, q 无解. \\ p+q=1. \end{cases}$ 所以,假设不能成立。 ③ 设 $x^4+x^3+x^2+x+1=(x-1)(x^3+px^2+qx-1)$, 或 $x^4+x^3+x^2+x+1=(x^2+px-1)(x^2+qx-1)$, $p, q \in \mathbf{N}$, 同理可证,假设不能成立。综上, $x^4+x^3+x^2+x+1$ 在整数域内不能因式分解。

> **相关说明**：事实上,如果定义系数都是1,不缺项的降幂排列的多项式为"单位多项式"：$x^n + x^{n-1}+x^{n-2}+\cdots+x+1, n \in \mathbf{N^*}$。单位多项式不能在整数域内因式分解的充要条件是：项数为素数。这样的多项式亦不妨定义为**素单位多项式**。[1]

能分解的单位多项式,因式的系数是否都是 1 呢? 比如对于方程 $x^{105}-1=0$,指数最高项为 x^{104} 的单位多项式居然有因式 $x^{48}+x^{47}+x^{46}-x^{43}-x^{42}-2x^{41}-x^{40}-x^{39}+x^{36}+x^{35}+x^{34}+x^{33}+x^{32}+x^{31}-x^{28}-x^{26}-x^{24}-x^{22}-x^{20}+x^{17}+x^{16}+x^{15}+x^{14}+x^{13}+x^{12}-x^9-x^8-2x^7-x^5+x^2+x+1.$ [2] 真是匪夷所思。即表明事物变化的多样性,也表明事物变化的奇异性。

● 参考文献

[1] 梁开华. 单位多项式初探. 全国第三届初等数学研究学术交流会论文集.

[2] 杨之. 初等数学研究的问题与课题. 长沙:湖南教育出版社,1993.

第 4 关参考答案

1. 答题 1 图 1 中的梯形结构,其实等同于答题 1 图 2 中的梯形结构。注意不仅 $|IM|=|MJ|$,且线段 IJ 还是梯形上、下底的调和平均数。

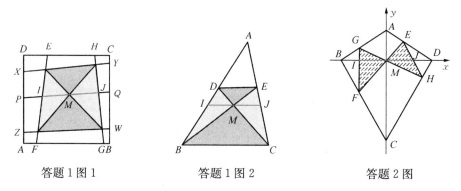

答题 1 图 1   答题 1 图 2   答题 2 图

2. 证明:如答题 2 图,建立直角坐标系, $A(0,a)$, $D(b,0)$, $B(-b,0)$, $C(0,C)$。则 AD、AB、BC、DC 分别为 $\dfrac{x}{b}+\dfrac{y}{a}=1$, $\dfrac{x}{-b}+\dfrac{y}{a}=1$, $\dfrac{x}{-b}+\dfrac{y}{c}=1$, $\dfrac{x}{b}+\dfrac{y}{c}=1$。设 EF、GH 方程分别为 $y=k_1x$ 及 $y=k_2x$。分别解得 $E\left(\dfrac{ab}{a+bk_1},\dfrac{abk_1}{a+bk_1}\right)$, $F\left(\dfrac{bc}{bk_1-c},\dfrac{bck_1}{bk_1-c}\right)$, $G\left(\dfrac{ab}{bk_2-a},\dfrac{abk_2}{bk_2-a}\right)$,

$H\left(\dfrac{bc}{c+bk_2},\dfrac{bck_2}{c+bk_2}\right)$. 得 GF: $\dfrac{x-\dfrac{bc}{bk_1-c}}{\dfrac{ab}{bk_2-a}-\dfrac{bc}{bk_1-c}}=\dfrac{y-\dfrac{bck_1}{bk_1-c}}{\dfrac{abk_2}{bk_2-a}-\dfrac{bck_1}{bk_1-c}}$。$y=0\Rightarrow x_I=$

$\dfrac{-\dfrac{bck_1}{bk_1-c}\cdot\left(\dfrac{ab}{bk_2-a}-\dfrac{bc}{bk_1-c}\right)+\dfrac{bc}{bk_1-c}\cdot\left(\dfrac{abk_2}{bk_2-a}-\dfrac{bck_1}{bk_1-c}\right)}{\dfrac{abk_2}{bk_2-a}-\dfrac{bck_1}{bk_1-c}}=\dfrac{\dfrac{bc}{bk_1-c}\cdot\dfrac{ab}{bk_2-a}(k_2-k_1)}{\dfrac{abk_2}{bk_2-a}-\dfrac{bck_1}{bk_1-c}}=$

$\dfrac{abc(k_2-k_1)}{b(a-c)k_2k_1+ac(k_1-k_2)}$; EH: $\dfrac{x-\dfrac{ab}{a+bk_1}}{\dfrac{bc}{c+bk_2}-\dfrac{ab}{a+bk_1}}=\dfrac{y-\dfrac{abk_1}{a+bk_1}}{\dfrac{bck_2}{c+bk_2}-\dfrac{abk_1}{a+bk_1}}$。$y=0\Rightarrow x_J=$

$\dfrac{\dfrac{abk_1}{a+bk_1}\cdot\left(\dfrac{bc}{c+bk_2}-\dfrac{ab}{a+bk_1}\right)+\dfrac{ab}{a+bk_1}\cdot\left(\dfrac{bck_2}{c+bk_2}-\dfrac{abk_1}{a+bk_1}\right)}{\dfrac{bck_2}{c+bk_2}-\dfrac{abk_1}{a+bk_1}}=\dfrac{\dfrac{ab}{a+bk_1}\cdot\dfrac{bc}{c+bk_2}(k_2-k_1)}{\dfrac{bck_2}{c+bk_2}-\dfrac{abk_1}{a+bk_1}}=$

$$\frac{abc(k_2-k_1)}{b(c-a)k_2k_1+ac(k_2-k_1)}。所以 \mid IM \mid = \mid MJ \mid。$$

3. 证明：如答题 3 图，取 M 为原点，PQ 所在直线为 x 轴，建立直角坐标系。且设 EF、GH 方程分别为 $y=k_1x$，$y=k_2x$；点的坐标 $C(a,b)$，$D(c,b)$，$Q(m,0)$，$P(-m,0)$。则 MC，DM 分别为 $y=\frac{b}{a}x$，$y=\frac{b}{c}x$。又 DP，即

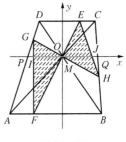

答题 3 图

DA：$\frac{y}{b}=\frac{x+m}{c+m}$，$CB$：$\frac{y}{b}=\frac{x-m}{a-m}$。解得 $A\left(\frac{am}{m+c-a},\frac{bm}{m+c-a}\right)$，

$B\left(\frac{cm}{m+c-a},\frac{bm}{m+c-a}\right)$；且得 $E\left(\frac{b}{k_1},b\right)$，$F\left(\frac{bm}{(m+c-a)k_1},\right.$

$\left.\frac{bm}{m+c-a}\right)$。由 GH 与 DA，解得 $G\left(\frac{bm}{(m+c)k_2-b},\frac{bmk_2}{(m+c)k_2-b}\right)$；及 GH 与 CB，解得

$H\left(\frac{bm}{(m-a)k_2+b},\frac{bmk_2}{(m-a)k_2+b}\right)$。由是，$GF$：$\dfrac{y-\dfrac{bm}{m+c-a}}{\dfrac{bmk_2}{(m+c)k_2-b}-\dfrac{bm}{m+c-a}}=\dfrac{x-\dfrac{bm}{(m+c-a)k_1}}{\dfrac{bm}{(m+c)k_2-b}-\dfrac{bm}{(m+c-a)k_1}}$。

$y=0 \Rightarrow x_I=\dfrac{bm(k_1-k_2)}{(ak_2-b)k_1}$；$FH$：$\dfrac{y-b}{\dfrac{bmk_2}{(m-a)k_2+b}-b}=\dfrac{x-\dfrac{b}{k_1}}{\dfrac{bm}{(m-a)k_2+b}-\dfrac{b}{k_1}}$。$y=0 \Rightarrow x_J=$

$\dfrac{bm(k_2-k_1)}{(ak_2-b)k_1}$。所以 $\mid IM \mid = \mid MJ \mid$。

4. 证明：让图形转置，且建立直角坐标系如答题 4 图。设 $A(a,0)$，$C(-a,0)$，$B(b,kb)$，$D(c,kc)$；且设 FE：$y=k_1x$，GH：$y=k_2x$。则 AB、BC、CD、DA 的方程分别是 $\frac{y}{kb}=\frac{x-a}{b-a}$；$\frac{y}{kb}=\frac{x+a}{b+a}$；$\frac{y}{kc}=$

$\frac{x+a}{c+a}$；$\frac{y}{kc}=\frac{x-a}{c-a}$。可解得 $\begin{cases}x_E=\dfrac{abk}{kb+(a-b)k_1}, \\ y_E=\dfrac{abkk_1}{kb+(a-b)k_1};\end{cases}$ $\begin{cases}x_F=\dfrac{ack}{(a+c)k_1-kc}, \\ y_F=\dfrac{ackk_1}{(a+c)k_1-kc};\end{cases}$ $\begin{cases}x_G=\dfrac{abk}{(a+b)k_2-kb}, \\ y_G=\dfrac{abkk_2}{(a+b)k_2-kb};\end{cases}$

$\begin{cases}x_H=\dfrac{ack}{kc+(a-c)k_2}, \\ y_H=\dfrac{ackk_2}{kc+(a-c)k_2}。\end{cases}$ 由此，GF：$\dfrac{x-\dfrac{ack}{(a+c)k_1-kc}}{\dfrac{abk}{(a+b)k_2-kb}-\dfrac{ack}{(a+c)k_1-kc}}=\dfrac{y-\dfrac{ackk_1}{(a+c)k_1-kc}}{\dfrac{abkk_2}{(a+b)k_2-kb}-\dfrac{ackk_1}{(a+c)k_1-kc}}$。$y=0\Rightarrow$

$x_I=\dfrac{-\dfrac{ackk_1}{(a+c)k_1-kc}\left(\dfrac{abk}{(a+b)k_2-kb}-\dfrac{ack}{(a+c)k_1-kc}\right)+\dfrac{ack}{(a+c)k_1-kc}\left(\dfrac{abkk_2}{(a+b)k_2-kb}-\dfrac{ackk_1}{(a+c)k_1-kc}\right)}{\dfrac{abkk_2}{(a+b)k_2-kb}-\dfrac{ackk_1}{(a+c)k_1-kc}}=$

$\dfrac{\dfrac{ack}{(a+c)k_1-kc}\cdot\dfrac{abk}{(a+b)k_2-kb}(k_2-k_1)}{\dfrac{abkk_2}{(a+b)k_2-kb}-\dfrac{ackk_1}{(a+c)k_1-kc}}=\dfrac{abck(k_2-k_1)}{a(b-c)k_1k_2+bck(k_1-k_2)}$；$EH$：$\dfrac{x-\dfrac{abk}{(a-b)k_1+kb}}{\dfrac{ack}{(a-c)k_2+kc}-\dfrac{abk}{(a-b)k_1+kb}}$

$$= \frac{y - \dfrac{abkk_1}{(a-b)k_1 + kb}}{\dfrac{ackk_2}{(a-c)k_2 + kc} - \dfrac{abkk_1}{(a-b)k_1 + kb}} \text{。} y = 0 \Rightarrow x_J =$$

$$= \frac{-\dfrac{abkk_1}{(a-b)k_1 + kb}\left(\dfrac{ack}{(a-c)k_2 + kc} - \dfrac{abk}{(a-b)k_1 + kb}\right) + \dfrac{abk}{(a-b)k_1 + kb}\left(\dfrac{ackk_2}{(a-c)k_2 + kc} - \dfrac{abkk_1}{(a-b)k_1 + kb}\right)}{\dfrac{ackk_2}{(a-c)k_2 + kc} - \dfrac{abkk_1}{(a-b)k_1 + kb}}$$

$$= \frac{\dfrac{abk}{(a-b)k_1 + kb} \cdot \dfrac{ack}{(a-c)k_2 + kc}(k_2 - k_1)}{\dfrac{ackk_2}{(a-c)k_2 + kc} - \dfrac{abkk_1}{(a-b)k_1 + kb}} = \frac{abck(k_2 - k_1)}{a(c-b)k_1k_2 + bck(k_2 - k_1)} \text{。所以} \mid IM \mid = \mid MJ \mid \text{。}$$

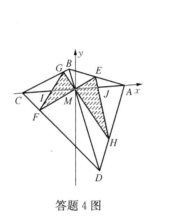

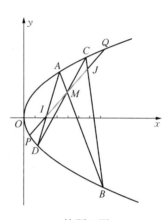

答题 4 图　　　　　　　　答题 5 图

5. 证明：如答题 5 图，M 是 PQ 中点。设抛物线方程：$y^2 = 2px(p > 0)$，弦 PQ 方程：$x = my + n$，代入抛物线，则 $y^2 - 2pmx - 2pn = 0$。由中点解得 $y_M = pm$，$x_M = pm^2 + n$。设 $A(2pa^2, 2pa)$，$B(2pb^2, 2pb)$，$C(2pc^2, 2pc)$，$D(2pd^2, 2pd)$，则 AB、CD 方程分别为 $\dfrac{x - 2pb^2}{2p(a^2 - b^2)} = \dfrac{y - 2pb}{2p(a-b)}$，$x = (a+b)y - 2pab$，及 $x = (c+d)y - 2pcd$。由三线共点之三角形面积为 0，方程 $AB + CD = PQ$，得 $x = \dfrac{a+b+c+d}{2}y - 2p(ab + cd) \Rightarrow \dfrac{a+b+c+d}{2} = m$，$-2p(ab + cd) = n$。又 AD 方程 $x = (a+d)y - 2pad$，CB 方程 $x = (c+b)y - 2pcb$。两者相加：恰有 $x = my + n$。亦即表明 AD 与 BC 与 PQ 相交时，M 恰为交点线段的中点。☆思考题：已知点 $A(a_1, b_1)$，$B(a_2, b_2)$，直线 $l_1 : a_1x + b_1y + c = 0$，$l_2 : a_2x + b_2y + c = 0$。$M$ 在 AB 上，对于直线系 $l : a_1x + b_1y + c = 0 + \lambda(a_2x + b_2y + c) = 0$。若 l 过 M，则 M 是 AB 中点的充要条件是：$\lambda = 1$。提示：设 $l_1 \cap l_2 = P(x_0, y_0)$，对于 $l_1 : a_1x + b_1y + c = 0$，有 $a_1x_0 + b_1y_0 + c = 0$，同样，有 $a_2x_0 + b_2y_0 + c = 0$，所以 AB 方程 $x_0x + y_0y + c = 0$。

第 5 关参考答案

1. 简证：$a^2 + b^2 \equiv \begin{cases} 0, \\ 1, (\bmod 4)\text{。} \\ 2\text{。} \end{cases}$

2. 简解：$x = -5a \pm \sqrt{25a^2 - 5a \pm 3}$。$25a^2 - 5a + 3 \equiv \begin{cases} 2, \\ 3. \end{cases} \pmod 5$，不是完全平方。

3. 简解：b 是 $3k \pm 1$ 型的数，则 b^2 是 $3k + 1$ 型的数，$(3a+2)b^2 + 3 \equiv 2 \pmod 3$，不是平方数；$3 \mid b$，$(3a+2)b^2 + 3 \equiv 3 \pmod 9$，不是平方数。

4. 解：搞清楚不能表示的，作为因数表达。则 $x^2 + y^2 = 11^2[(3^2 \times 4^2 \times 2^2 \times 11^2) \cdot 5^2 + (3^2 + 4^2) \cdot 5^2] = 11^2[(3^2 + 4^2) \cdot (264^2 + 5^2)] = 11^2[(3 \times 264 + 4 \times 5)^2 + (4 \times 264 - 3 \times 5)^2] = 11^2[(3 \times 264 - 4 \times 5)^2 + (4 \times 264 + 3 \times 5)^2] = 11^2(812^2 + 1\ 041^2) = 11^2(772^2 + 1\ 071^2) = 8\ 932^2 + 11\ 451^2 = 8\ 492^2 + 11\ 781^2$。其实 $x^2 + y^2 = 210\ 906\ 025 = 11^2 \times 5^2 \times 113 \times 617$。11 不参与计算。所以共有不同的表示法 $\left\lfloor \frac{1}{2}(2+1)(1+1)(1+1) \right\rfloor = 6$(种)。

5. 解：(1) $1! = 1, 2! = 2, 3! = 6, 4! = 24$，当 $n \geq 5$ 时，$n! \equiv 0 \pmod{10}$。所以 $1! = 1, 1! + 2! = 3, 1! + 2! + 3! = 9, 1! + 2! 3! + 4! = 33$，当 $n \geq 4$ 时，$\sum_{k=1}^{n} k! \equiv 3 \pmod{10}$。所以，仅有解 $n = 1$, $n = 3$。

(2) 从 a_3 起，各项模 4 的情况是 $1 \cdot 1 + 1 \equiv 2 \pmod 4$，$2 \cdot 1 + 1 \equiv 3 \pmod 4$，$3 \cdot 2 + 1 \equiv 3 \pmod 4$，$3 \cdot 3 + 1 \equiv 2 \pmod 4$，$2 \cdot 3 + 1 \equiv 3 \pmod 4$，$3 \cdot 2 + 1 \equiv 3 \pmod 4$，… 所以，没有一项是平方数。 (3) 奇素数的积当然是 $4k + 1$，$4k + 3$ 型的数，它们乘以 2，包括第一个数 2×1，第二个数 2×3，都是 $4k + 2$ 型的数，所以所有的数都是 $4k + 3$ 型的，当然没有一个可表示为两个平方数之和。

第 6 关参考答案

1. 解：相关边长如答题 1 图，$u > v$，由本原勾股数的性质，两直角边分别为 3、或 4 的倍数。设 l 不是 3 的倍数，则 u, v 分别是 3 的倍数，即 l 应是 3 的倍数；同理可证，l 也是 4 的倍数。所以 u, v 分别是 $4k + 1$ 与 $4k + 3$ 型的数。设 l 不是 5 的倍数，不妨末两位数是 12，平方的末两位数是 44，若 u 是 5 的倍数，则 v 的个位数字是 7，由此，y 不是整数；所以只能 x, y 都是 5 的倍数。由此，u^2, v^2 的末两位数字只能是 81；且 u, v 的个位数字之和不能是 0，它们的个位数字同为 1 或 9。同为 9 时，u 的是 09, 59，则 v 的是 03, 53，v^2 的末两位数字不是 81；同为 1 时，u 的是 41, 91，则 v 的是 71, 21，v^2 的末两位数字也不是 81。总之，l 的末两位数不能是 12。$4 \mid l$，l 的末两位数是 $\overline{\alpha 2}$，$\overline{\beta 4}$，$\overline{\alpha 6}$，$\overline{\beta 8}$，（α, β 分别是奇数、偶数），同样 x, y 不能同时为整数。所以 l 也应是 5 的倍数。对于不论 s, t 同是怎样类型的奇数或偶数，由 $s^2 - t^2 = (s+t)(s-t)$，一定是 8 的倍数。这样，由代换式，设 $l = 2ab = 2mn \Rightarrow x = a^2 + b^2$，$y = m^2 + n^2$，$x + y$ 是偶数，$x - l = (a-b)^2$，$y - l = (m-n)^2$，$x - y$ 是 8 的倍数；所以 $x^2 - y^2$ 是 16 的倍数。又 $x^2 - y^2 = (l^2 + u^2) - (l^2 + v^2) = (u+v)(u-v) = l(u-v)$，$u - v$ 只能是 2 的倍数，所以 l 是 8 的倍数。由 $3 \times 5 \times 8$，所以，正方形的边长是 120 的倍数。

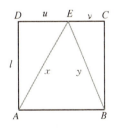

答题 1 图

> 相关说明：本题改编于庄亚栋译《又 100 个数学问题》第 11 题：能不能作一个正方形，它的边长是整数，并且在它所在的平面上能指出一个点，使该点到正方形的四个顶点的距离都可以用整数表示。该题已被人解决，答案是：不存在这样的点。

2. 解：先考虑第一象限中的情形。再由对称性推及全体。令 $x = 5x_1$, $y = 5y_1$，则有 $25x_1^2 + 25y_1^2 = 25 \cdot 5^2 \Rightarrow (x_1, y_1) = (5, 0), (4, 3), (3, 4), (0, 5)$。即有整点 $(25, 0), (20, 15), (15, 20), (0, 25)$；$25^2 = (3^2 + 4^2)(4^2 + 3^2) = 24^2 + 7^2$，又有整点 $(24, 7), (7, 24)$。情况如答题 2 图，知 $S_{\triangle AOB} = S_{\triangle COD} = S_{\triangle EOF}$，$S_{\triangle BOC} = S_{\triangle DOE}$。所以 $S_{\triangle AOB} = \dfrac{1}{2} \begin{vmatrix} 0 & 0 & 1 \\ 25 & 0 & 1 \\ 24 & 7 & 1 \end{vmatrix}$ 的绝对值 $= \dfrac{1}{2} \times 25 \times 7 = 87.5$（平方单位），所以 $S_{\triangle BOC} = \dfrac{1}{2} \begin{vmatrix} 0 & 0 & 1 \\ 24 & 7 & 1 \\ 20 & 15 & 1 \end{vmatrix}$ 的绝对值 $= \dfrac{1}{2} |24 \times 15 - 20 \times 7| = 110$（平方单位）。所以 $S = 4(3S_{\triangle AOB} + 2S_{\triangle BOC}) = 4(3 \times 87.5 + 2 \times 110) = 1\,930$（平方单位）。

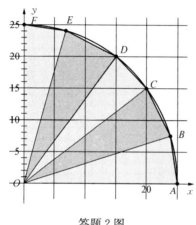

答题 2 图

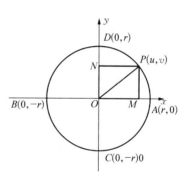

答题 3 图

3. 证明：如答题 3 图，连 OP，则 $\text{Rt}\triangle POM$ 三边形成勾股数。设 $|OM|$ 为偶数，则 $|MP|$ 为奇数。由 $(p, q) = 1 \Rightarrow (p^m, q^n) = 1$，及代换性，令 $|OM| = u = p^m = 2ab$，$|PM| = v = q^n = |a^2 - b^2|$，$|OP| = r = a^2 + b^2$。其中 a 偶 b 奇，互质。由 p 是质数，且为偶数，得 $p = 2$，$b = 1$，$a = 2^{m-1}$。所以 $q^n = a^2 - b^2 = 2^{2(m-1)} - 1 = (2^{m-1} + 1)(2^{m-1} - 1)$。必须 $2^{m-1} - 1 = 1$，$m = 2 \Rightarrow q^n = 3$，$n = 1$，$a = 2$。所以 $|OM| = u = 4$，$|PM| = v = 3$，$|OP| = r = 5$。$|OM|$ 为奇数，$|MP|$ 为偶数时，同理可得 $|OM| = 3$，$|MP| = 4$。$u > v$，舍去。所以，$|AM| = 1$，$|BM| = 9$，$|CN| = 8$，$|DN| = 2$。

4. 解：$2^x + 3^y = z^2$，$z^2 \equiv 1 \pmod 3 \Rightarrow x$ 为偶数。令 $x = 2x_1 \Rightarrow 4^{x_1} + 3^y = z^2$，$z^2 \equiv 1 \pmod 4 \Rightarrow y$ 为偶数。令 $y = 2y_1$，成立 $(2^{x_1})^2 + (3^{y_1})^2 = z^2$。由勾股数，$x_1 = 2x_2$，即 $(4^{x_2})^2 + (3^{y_1})^2 = z^2$。再由代换性，$4^{x_2} = 2^{x_1} = 2ab \Rightarrow b = 1$，$3^{y_1} = a^2 - 1 = (a+1)(a-1) \Rightarrow \begin{cases} a + 1 = 3^k, \\ a - 1 = 3^l。\end{cases} k > l。k, l \in \mathbf{Z}$。$2a = 3^l(3^k + 1) \Rightarrow l = 0$，$a = 2$，$k = 1$，$x_2 = 1$，$y_1 = 1$。$x = 4x_2 = 4$，$y = 2y_1 = 2$。所以方程有唯一解 $(x, y, z) = (4, 2, 5)$。

5. 解：设存在四个数 t, $t + d$, $t + 2d$, $t + 3d \Rightarrow a = t$, $b = t + 3d$；$m = t + d$, $n = t + 2d$。对于两组勾股数 (x_0, y_0, z_0), (u_0, v_0, w_0)，$|w_0 - z_0| = t^2 + (t+3d)^2 - (t+d)^2 - (t+2d)^2 = 4d^2$，$|u_0 - x_0|$

$=\mid (t+3d)^2-t^2-2(t+d)(t+2d)\mid =\mid 5d^2-2t^2\mid ,\mid v_0-y_0\mid =\mid (t+2d)2-(t+d)2-2t(t+3d)\mid =$
$\mid 3d^2-2t^2-4td\mid$。当 $d=2$，$t=1$ 时，得 $\mid u-x\mid =18$，$\mid v-y\mid =2$，$\mid w-z\mid =16$，恰符合题意。所以
$(x_0,y_0,z_0)=(30,16,34),(u_0,v_0,w_0)=(48,14,50)$。

6. 简解一：设 $5N+1=u^2$，$7N+1=v^2\Rightarrow 2(6N+1)=u^2+v^2$。$u,v$ 一定是奇数；所以，N 是偶数。
N 是 $3k+1$ 型数，$7N+1$ 不是平方数；N 是 $3k+2$ 型数，$5N+1$ 不是平方数。所以，u,v 不是 3 的倍数。

由 n 为奇数时，$n^2\begin{cases}120k+\begin{cases}1^2,\\7^2;\end{cases}(15\nmid n)\\360k+\begin{cases}3^2,\\9^2;\end{cases}(3\mid n,\ 5\nmid n)\\600k+5^2;\ (5\mid n,\ 3\nmid n)\\1\,800k+15^2.\ (15\mid n)\end{cases}$，对于 $120k+1,120k+48+1,600k+24+1$ 对比 $5N+1$ 与

$7N+1$，当然 N 是 24 的倍数。简解二：同样，设 $5N+1=u^2$，$7N+1=v^2$，则 $2(6N+1)=u^2+v^2=$
$2[(u_1+v_1)^2+(u_1-v_1)^2]$。设 $p=u_1+v_1$，$q=u_1-v_1\Rightarrow 6N+1=p^2+q^2$。所以，$N$ 最小时，$6N+1$
为 $4k+1$ 型数，得 N 为偶数；从而 u,v 为奇数；奇数平方减 1 是 8 的倍数。所以，由条件，$5\times 8\cdot N_1=$
$(u+1)(u-1)$，$7\times 8\cdot N_1=(v+1)(v-1)$，$N_1=3$ 最小，可使 $24\times 5+1=11^2,24\times 7+1=13^2$。所以，
N 是 24 的倍数；另外，N 不是 3 的倍数，$5N+1$ 与 $7N+1$ 不是平方数。所以，命题成立。

第7关参考答案

1.（1）正四面体的四个顶点都在球面上，如答题 1 图 1，球心应该在正四面体内；看具体计算。如答

题 1 图 2，设 AD 过大圆，AQ 是直径，正四面体棱长为 a，则 $PD=\dfrac{\sqrt{3}}{3}a$，$AP=\dfrac{\sqrt{6}}{3}a$。由直角三角形射影

定理，$AD^2=AP\cdot AQ\Rightarrow 2r=\dfrac{3}{\sqrt{6}}a$。所以 $r=\dfrac{\sqrt{6}}{4}a$。可见球心 O 在 AP 之间。即在四面体内。所以 OP

$=\left(\dfrac{\sqrt{6}}{3}-\dfrac{\sqrt{6}}{4}\right)a=\dfrac{\sqrt{6}}{12}a=\dfrac{\sqrt{6}}{12}\cdot\dfrac{4}{\sqrt{6}}=\dfrac{1}{3}r=\dfrac{1}{3}$。（2）据题意，设正三角形 BCD 边长为 a，则 $AP=PD$

$=r=1=\dfrac{\sqrt{3}}{3}a\Rightarrow a=\sqrt{3}$。所以 $V=\dfrac{1}{3}\cdot\dfrac{\sqrt{3}}{4}(\sqrt{3})^2\cdot 1=\dfrac{\sqrt{3}}{4}$。选择 C。

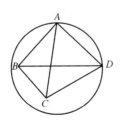

答题 1 图 1

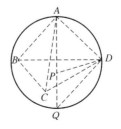

答题 1 图 2

2. 解：设球的半径为 r，三个球的体积是圆柱形的体积去掉水的体积。所以 $3\cdot\dfrac{4}{3}\pi r^3=\pi r^2\cdot$

$(6r)-\pi r^2\cdot 8\Rightarrow 4r=6r-8$，$r=4$。

3. 解：正置、倒置水面都过点 P，肯定正置水面高。所以正四棱锥的高超过正四棱柱高的一半。① 错；由对称性，将容器侧面水平放置时，水面应恰好过点 P。② 正确；容器正面水平放置及侧面水平放置时，水面都恰好过点 P，在变动至两者之间时，很显然，下方含装饰块，不对称；水面淹没 P。③ 错；设装饰块体积为 m，则水体积为 $2m$，所以上方恰倒置为水体积，亦 $2m$。$V_{柱}=5m$。其实注满即注倒置的水 $2m$。所以④正确。填入②、④。

4. $V=\dfrac{4}{3}\pi R^3$，所以 $R=\sqrt[3]{\dfrac{3V}{4\pi}}=\dfrac{1}{2}\sqrt[3]{\dfrac{6V}{\pi}}$，$r=\dfrac{1}{2}R=\dfrac{1}{4}\sqrt[3]{\dfrac{6V}{\pi}}$。根据题意，$V_2=V-(4V_{小球}-V_1)$

$=V-4\cdot\dfrac{4}{3}\pi\left(\dfrac{1}{4}\sqrt[3]{\dfrac{6V}{\pi}}\right)^3+V_1=\dfrac{V}{2}+V_1\Rightarrow V_2-V_1=\dfrac{V}{2}$。所以 $V_2>V_1$。选择 D。

5. 解：(1) 如题 5 图 1 设计，$\angle APB=270°-2x$，结合题 5 图 2，则 $x\in\left(\dfrac{\pi}{4},\dfrac{\pi}{2}\right)$。所以 $AP=$

$\dfrac{m}{2\sin(135°-x)}=\dfrac{m}{2\sin(x+45°)}$，$PQ=\dfrac{m\cos x}{\sin(x+45°)}$，$PO=\dfrac{\sqrt{2}}{2}\cdot\dfrac{m\cos x}{\sin(x+45°)}$，$AO=\sqrt{AP^2-PO^2}$

$=\dfrac{m}{2\sin(x+45°)}\cdot\sqrt{1-2\cos^2 x}$。所以 $V=\dfrac{1}{3}\cdot\left[\dfrac{m\cos x}{\sin(x+45°)}\right]^2\cdot\dfrac{m}{2\sin(x+45°)}\cdot\sqrt{\sin^2 x-\cos^2 x}=$

$\dfrac{1}{6}\cdot\dfrac{m^3\cos^2 x}{\sin(\alpha+45°)^3}\cdot\sqrt{\sin^2 x-\cos^2 x}=\dfrac{\sqrt{2}}{3}\cdot\dfrac{m^3\cos^2 x}{(\sin\alpha+\cos x)^2}\sqrt{\dfrac{\sin x-\cos x}{\sin x+\cos x}}=\dfrac{\sqrt{2}}{3}\cdot\dfrac{m^3}{(\tan x+1)^2}\cdot$

$\sqrt{\dfrac{\tan x+1}{\tan x-1}}$。($*$)　(2) $\triangle APQ$ 为正三角形时，$x=60°$，则 $V=\dfrac{\sqrt{2}}{3}\cdot\dfrac{m^3}{(\sqrt{3}+1)^2}\cdot\sqrt{\dfrac{\sqrt{3}-1}{\sqrt{3}+1}}=\dfrac{\sqrt{2}}{3}\cdot$

$\dfrac{m^3}{(\sqrt{3}+1)^2}\cdot\sqrt{\dfrac{(\sqrt{3}-1)^2}{2}}=\dfrac{1}{3}\cdot\dfrac{m^3(\sqrt{3}-1)}{(\sqrt{3}+1)^2}=\dfrac{(\sqrt{3}-1)^3 m^3}{12}$。　(3) 由 ($*$)，$V=\dfrac{\sqrt{2}}{3}\cdot\dfrac{m^3}{(\tan x+1)^2}\cdot$

$\sqrt{\dfrac{\tan x+1}{\tan x-1}}=\dfrac{\sqrt{2}}{3}\cdot\dfrac{m^3}{(\tan x+1)^2}\sqrt{\dfrac{1}{\tan(x-45°)}}$，因为 $x\in\left(\dfrac{\pi}{4},\dfrac{\pi}{2}\right)$，$\tan x,\tan(x-45°)$ 都是增函数，所以 V 是减函数，不存在最大值和最小值。只是 $x>45°$，x 越小，V 越大。

6. 如答题 6 图 1，正六边形与正三边形平行，相距 $\dfrac{\sqrt{3}}{2}-\dfrac{\sqrt{3}}{3}=\dfrac{\sqrt{3}}{6}$。直接计算其体积，不妨按答题 6 图 2 分割。其中 $MN=\sqrt{2}$ 是正六边形对角线，O 是中心；G,P,Q 是正三边形边的中点。由此，几何体分割为三个体积等同于 $GPQ\text{-}FON$ 的棱柱；两个体积等同于 $M\text{-}POEA_1$ 的棱锥；以及一个体积为上底面是 MPO 的棱柱。所以 $V=3\cdot\dfrac{\sqrt{3}}{4}\left(\dfrac{\sqrt{2}}{2}\right)^2\cdot\dfrac{\sqrt{3}}{6}+2\cdot\dfrac{1}{3}\cdot\left(\dfrac{\sqrt{2}}{2}\cdot\dfrac{1}{2}\right)\cdot\dfrac{\sqrt{2}}{4}+\dfrac{1}{2}\cdot\dfrac{1}{2}\cdot\dfrac{1}{2}\cdot\dfrac{1}{2}=\dfrac{3}{16}+\dfrac{1}{12}+\dfrac{1}{16}=\dfrac{1}{3}$。

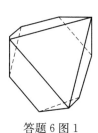

答题 6 图 1

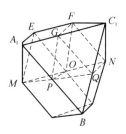

答题 6 图 2

第 8 关参考答案

1. 奇数平方数的末两位数是 $\overline{\beta1}$, 25, $\overline{\beta9}$。

2. 提示：分 $\overline{ab}+\overline{ba}$ 是两位数（=44），三位数（=110,121,154,165,176,）讨论。仅 121 是平方数。解为 29,92;38,83;47,74;56,65。

3. 提示：$y>x \Rightarrow \begin{cases} y-x=56, \\ y+x=50m。 \end{cases} m\in\mathbf{N}^* \Rightarrow x=22, y=78$。

4. （可结合计算器计算）$\overline{xy5^{2n+1}}$ 的末三位数仅 125,375,625,875 四种形式,则 $\overline{xy5^{2n+1}}-1$ 的末三位数有 124,374,624,874。$(\overline{xy5^{2n+1}}-1)^{2k+1}$ 的末三位数只有 624。

5. 至少 $\overline{y6}$ 是 4 的倍数，$\overline{x17}$，$\overline{x37}$，$\overline{x77}$，$\overline{x97}$ 的变化周期是 100,不合。唯一解 $\overline{xy7}=557$。

第 9 关参考答案

1. 简解：对于 $12_{(k)}$,当然 $k>2$；$3\leqslant k\leqslant 9$ 时,$12_{(3)}=3+2=5$；$12_{(8)}=8+2=10$。分别是 5 的倍数；k 为其他数不是。假设对于 $2n$ 位数,$k=3$ 或 8 时,$1\ 212\cdots 12_{(k)}$ 的十进位制数是 5 的倍数,不妨设为 $5t\ (t\in\mathbf{N}^*)$；则对于 $2(n+1)$ 位数,$k=3$ 或 8 时,$1\ 212\cdots 12_{(k)}=\underbrace{1200\cdots 00_{(k)}}_{2n\text{个}}+\underbrace{1212\cdots 12_{(k)}}_{2n\text{位}}=5\times 3^{2n}+5t$；或 $10\times 3^{2n}+5t$,还是 5 的倍数。所以,只有三或八进位制数 $1212\cdots 12$ 化为十进位制数后,是 5 的倍数。填入 3,8。

2. 简解：三进位制数的数字和是奇数,原十进位制数是奇数；三进位制数的数字和是偶数,原十进位制数是偶数。三进位制数的个位数字分别是 0,1,2,原十进位制数分别是 $3k$, $3k+1$, $3k+2$ 型的数。证明略。

3. 证明：运算到等于（或开始时）n 是奇数,下一步当然 $3n+1$ 不是 3 的倍数；则不论再进行到哪一步,对这个数除以 2 或乘以 3 加 1,再也不会是 3 的倍数。注：数学解题中的二进位制与三进位制是最常用的非十进位制。事物的二分性自不必说,三分也是极为普遍、重要的基本规律。在二分的基础上,计算机内还常用八进位制、十六进位制。十六进位制数 10～16,即 A～F。

4. 证明：对于 $n\geqslant 1$, $b=6$ 时,$25_{(6)}=2\times 6+5=17$,不是平方数；同理可证,$b=7, 8, 9, 11, \cdots$,时,总有 $x_b=\underbrace{1\cdots 1}_{n-1\text{个}}\underbrace{2\cdots 2}_{n\text{个}}5$ 化为十进位制数,不是平方数；$b=10$ 时,$x_b=(\underbrace{3\cdots 3}_{n-1\text{个}}5)^2$。所以,$n\geqslant 1$,始终有 $x_b=(\underbrace{3\cdots 3}_{n-1\text{个}}5)^2=\underbrace{1\cdots 1}_{n-1\text{个}}\underbrace{2\cdots 2}_{n\text{个}}5$,只能 $b=10$。

5. 解：即有不定方程 $2^0+2^{2x}+2^{2y}=z^2$。都化为二进位制数,则一定是 $1+\underbrace{100\cdots 0}_{2x\text{个}}+\underbrace{100\cdots 0}_{2y\text{个}}=(\underbrace{100\cdots 0}_{2n-1\text{个}}+1)^2$。二进位制奇数中多于两个 1,其平方一定多于 3 个 1。所以 $(x,y,z)=(n, 2n-1, 1+2^{2n-1})$ 或 $(2n-1, n, 1+2^{2n-1})$。相关说明：二进位制时,问题的解一步到位。本题与上海某一年的数竞题如出一辙：已知 $2^s+2^t+2^r=n^2$,求所有符合 t, s, r 为非负整数的解。设 $r\leqslant s\leqslant t$,变量皆偶数,提取 2^r,是否即韩国数竞题？$2^u+2^v+1=x^2$,x 为二进位制数时,有 4 个得解途径：① $x^2=(2^L+1)^2$,这就是练习题 5 给出的解法；② $x^2=(2^L-1)^2$,只能 $L=3$, $u=5$, $v=4$, $x=7$；③ $x^2=(2^L+2^{L-1}+1)^2$,只能 $L=2$, $x=7$,解即②；④ $x^2=(2^L+2^{L-1}+1)^2$,只能 $L=4$, $x=23$。由于②、③、④的解,不能使 u, v 同为偶数,故不合。[1]

● **参考文献**

[1] 梁开华.关于不定方程 $2^u+2^v+2^w=x^2$. 全国第三届初等数学研究学术交流会议文集.

第 10 关参考答案

1. $a_{12}=144$。

2. 简解：考察图 10 - 2，$AM=\sqrt{1+\left(\dfrac{1}{2}\right)^2}=\dfrac{\sqrt{5}}{2}$，$ON=\dfrac{\sqrt{5}-1}{2}$，长即黄金分割数；　　$AN=$

$\sqrt{1+\left(\dfrac{\sqrt{5}-1}{2}\right)^2}=\dfrac{\sqrt{10-2\sqrt{5}}}{2}$。此即单位圆上正五边形的边长。

3. 解：对于图 10 - 2，即在 $\triangle AOB$ 中，$\angle AOB=72°$，求 AB。先求 $\cos 72°=\sin 18°$。设 $\sin 18°=x$，则

$\sin 3x=\cos 2x$，$1-2\sin^2 x-3\sin x+4\sin^3 x=0$。$4\sin^2 x(\sin x-1)+2\sin^2 x-3\sin x-1=0$，

$4\sin^2 x(\sin x-1)+(\sin x-1)(2\sin x-1)=0$，$\sin x\neq 1$，所以 $4\sin^2 x+2\sin x-1=0\Rightarrow\sin x=\dfrac{\sqrt{5}-1}{4}$。

即 $\sin 18°=\dfrac{\sqrt{5}-1}{4}$。是黄金分割数的一半。所以 $AB=\sqrt{1+1-2\cdot\dfrac{\sqrt{5}-1}{4}}=\dfrac{\sqrt{10-2\sqrt{5}}}{2}$。

4. 简解：此数列即费波那契数列。n 为 $3k\pm 1$ 型的数时，a_n 是奇数；n 为 $3k$ 型的数时，a_n 是偶数。不难检验 S_n，u_n 的对应如下表（利用通项公式，数学归纳法证明略）：

n	1	**2**	3	**4**	5	**6**	7	**8**	9	**10**	11	**12**	⋯
u_n	1	**1**	2	**3**	5	**8**	13	**21**	34	**55**	89	**144**	⋯
S_n		S_1		S_2		S_3		S_4		S_5		S_6	⋯

因此，n 为 $3k\pm 1$ 型的数时，S_n 是奇数；n 为 $3k$ 型的数时，S_n 才是偶数。恰与原数列情况相仿；且恰能被 8 整除（同样数学归纳法证明略）。所以 n 是 3 的倍数时，S_n 是 8 的倍数。

5. 简解：此数列即费波那契数列。$a_n^4-a_n-2=(a_n+1)(a_n^3-a_n^2+a_n-2)$。能得出 $m\mid(a_n+1)$ 当然最好。当 m 为 $3k(k\in\mathbf{N}^*)$ 型的数时，$3k+2$ 型的费波那契数总能存在，设为 $3kd-1(d\in\mathbf{N}^*)$，$3k\mid$ (a_n+1)。比如 $m=21$，取 $a_{14}=377$，$378=18\times 21$，符合题意。同理可证，当 m 为 $3k+1$ 型的数时，$3k$ 型的费波那契数总能存在，设为 $3kd$；比如 $m=22$，即取 $a_8=21$，符合题意。当 m 为 $3k+2$ 型的数时，$3k+$ 1 型的费波那契数总能存在，设为 $3kd+1$；取 $a_7=13$，检验 13^4-13-2，由 $13^4-1-(13+1)=$ $(13^2+1)(13-1)(13+1)-(13+1)\Rightarrow 170\times 12-1=2\,039$，不是 23 的倍数；再取 $a_9=34$。直接计算 $(34^2+1)(34-1)-1=[(23+11)^2+1)](23+10)-1\Rightarrow 10\times 11^2+10-1=1\,219=23\times 53$。符合题意。所以，分别 $m=21,22,23$ 时，有解 $a_{14}=377$，$a_8=21$，$a_9=34$。

第 11 关参考答案

1. 简解：$\dfrac{1}{7}=0.\dot{1}4285\dot{7}$，$\dfrac{2}{7}=0.\dot{2}8571\dot{4}$，$\dfrac{3}{7}=0.\dot{4}2857\dot{1}$，$\dfrac{4}{7}=0.\dot{5}7142\dot{8}$，$\dfrac{5}{7}=0.\dot{7}1428\dot{5}$，

$\dfrac{6}{7}=0.\dot{8}5714\dot{2}$。每个分数都是无限循环小数，循环节含 6 个数字 1,4,2,8,5,7 不变；分数分子由 1～6 递增时，小数的循环节第一个数字也按 1,2,4,5,7,8 递增取数；6 个数字的排列相对于前一个分数，则从

这个所取数字起到最后依序"搬到"最前面。适合的一个解可以是 $m = \dfrac{3}{7} = \dfrac{3^3 + 3^3}{1^3 + 5^3}$，$n = \dfrac{4}{7} =$ $\dfrac{4^3 + 4^3}{2^3 + 6^3}$。即 $m + n = \dfrac{3^3 + 3^3}{1^3 + 5^3} + \dfrac{4^3 + 4^3}{2^3 + 6^3} = \dfrac{3}{7} + \dfrac{4}{7} = 1$。**更多探究见脑力加油站。**

2. 简解：(1) 存在等式 $n^2 + (n+1)^2 + [n(n+1)]^2 = (n^2 + n + 1)^2$。$n \in \mathbf{N}^*$。(2) 事实上，$\dfrac{x^2 + y^2}{w^2 - z^2} = 1 \Leftrightarrow x^2 + y^2 = w^2 - z^2 \Leftrightarrow x^2 + y^2 + z^2 = w^2$。由题(1)，$(x, y, z, w) = (n, n+1, n(n+1), n^2 + n + 1)$ 可以形成无穷多个解。注意：但不是全部解。即给出的解不是对应问题解的通式。比如 $\dfrac{36^2 + 52^2}{65^2 - 15^2} = 1$，不符合给出解的样式。

3. $\dfrac{1}{\tan\alpha} - \dfrac{2}{\tan 2\alpha} = \tan\alpha$，即 $\dfrac{1}{\tan\alpha} = \tan\alpha + \dfrac{2}{\tan 2\alpha}$；$2\left(\dfrac{1}{\tan 2\alpha} - \dfrac{2}{\tan 4\alpha}\right) = 2\tan 2\alpha$，两式相加：$\dfrac{1}{\tan\alpha} = \tan\alpha + \dfrac{2}{\tan 2\alpha} + \dfrac{4}{\tan 4\alpha}$；$4\left(\dfrac{1}{\tan 4\alpha} - \dfrac{2}{\tan 8\alpha}\right) = 4\tan 4\alpha$，三式相加：$\dfrac{1}{\tan\alpha} = \tan\alpha + \dfrac{2}{\tan 2\alpha} + \dfrac{4}{\tan 4\alpha} + \dfrac{8}{\tan 8\alpha}$；

$\vdots$

$\dfrac{2^{n-1}}{\tan 2^{n-1}\alpha} - \dfrac{2^n}{\tan 2^n\alpha} = 2^{n-1}\tan 2^{n-1}\alpha$，全部相加：所以 $\dfrac{1}{\tan\alpha} - \dfrac{2^n}{\tan 2^n\alpha} = \tan\alpha + 2\tan 2\alpha + \cdots + 2^{n-1}\tan 2^{n-1}\alpha$。

$\dfrac{1}{\tan\alpha} = \tan\alpha + \dfrac{2}{\tan 2\alpha} = \tan\alpha + 2\tan 2\alpha + \dfrac{4}{\tan 4\alpha} = \cdots = \tan\alpha + 2\tan 2\alpha + \cdots + 2^{n-1}\tan 2^{n-1}\alpha + \dfrac{2^n}{\tan 2^n\alpha}$。

4. 应该成立：$a_1 \geqslant a_2 \geqslant \cdots \geqslant a_n \geqslant 0$ 时，$\dfrac{1}{a_1 - a_2} + \dfrac{1}{a_2 - a_3} + \cdots + \dfrac{1}{a_{n-1} - a_n} + \dfrac{(n-1)^2}{a_n - a_1} \geqslant 0$。证明：由柯西定理的简单形式：$n$ 个正数成立 $(a_1 + a_2 + \cdots + a_n)\left(\dfrac{1}{a_1} + \dfrac{1}{a_2} + \cdots + \dfrac{1}{a_n}\right) \geqslant n^2$。这样，最后一项不动，原式左边 $= \dfrac{[(a_1 - a_2) + (a_2 - a_3) + \cdots + (a_{n-1} - a_n)]}{a_1 - a_n}\left(\dfrac{1}{a_1 - a_2} + \dfrac{1}{a_2 - a_3} + \cdots + \dfrac{1}{a_{n-1} - a_n}\right) + \dfrac{(n-1)^2}{a_n - a_1} \geqslant \dfrac{(n-1)^2}{a_1 - a_n} + \dfrac{(n-1)^2}{a_n - a_1} = 0$。

5. 简解：$2xyz$ 是偶数，所以 x, y, z 不全是奇数。设 $x = 2x_1$，若 y, z 皆奇数，则 $x^2 + y^2 + z^2 \equiv 2 \pmod 4$，$2xyz \equiv 0 \pmod 4$。所以 y, z 也是偶数，设 $y = 2y_1, z = 2z_1$，代入方程，得 $x_1^2 + y_1^2 + z_1^2 = 4x_1 y_1 z_1 \Rightarrow x_1, y_1, z_1$ 亦皆偶数；设 $x_1 = 2x_2, y_1 = 2y_2, z_1 = 2z_2$，代入方程，得 $x_2^2 + y_2^2 + z_2^2 = 8x_2 y_2 z_2 \Rightarrow x_2, y_2, z_2$ 亦皆偶数；$\cdots$；总之，用无穷递降法，可得若 (a_0, b_0, c_0) 是解，则 $\left(\dfrac{a_0}{2}, \dfrac{b_0}{2}, \dfrac{c_0}{2}\right)$ 也是解；$\left(\dfrac{a_0}{4}, \dfrac{b_0}{4}, \dfrac{c_0}{4}\right), \left(\dfrac{a_0}{8}, \dfrac{b_0}{8}, \dfrac{c_0}{8}\right), \cdots, \left(\dfrac{a_0}{2^n}, \dfrac{b_0}{2^n}, \dfrac{c_0}{2^n}\right)$，都是解。这显然是不可能的。所以，如果方程有整数解，只能是 $(0, 0, 0)$；没有正整数解。

6. 简解：$(a, b) = (1, 1) \Rightarrow m = 6$。解不定方程 $\dfrac{1}{a} + \dfrac{1}{b} + \dfrac{1}{ab} = \dfrac{6}{a+b} \Rightarrow b^2 - (4a-1)b + a(a+1) = 0 \Rightarrow b_2 = 4a - 1 - b_1$。由 $(b_1, a) \leftarrow (a, b)$ 得解 $(1,1), (1,2), (2,6), (6,21), \cdots$ 所以，解的系列数列 $\{a_n\} = \{1, 1, 2, 6, 21, 77, \cdots\}$

第 12 关参考答案

1. 简解：即解不定方程 $x^2 + y^2 + z^2 = 30^2 = (2 \times 15)^2$。由 $15 = \dfrac{u+v}{2}$，$u+v = 30$。考察 $uv = a^2 + b^2$，$u = 29$，$v = 1$，$a = 5$，$b = 2 \Rightarrow (x, y, z) = (10, 4, 28)$；$u = 25$，$v = 5$，$a = 10$，$b = 5 \Rightarrow (x, y, z) = (20, 10, 20)$；$a = 11$，$b = 2 \Rightarrow (x, y, z) = (22, 4, 20)$；$u = 17$，$v = 13$，$a = 14$，$b = 5 \Rightarrow (x, y, z) = (28, 10, 4)$；$a = 10$，$b = 11 \Rightarrow (x, y, z) = (20, 22, 4)$。两组解重复，所以共有三组解。三度为 $(10, 4, 28)$ 时，共需立方体 $V = 1\,120$ 个；三度为 $(20, 10, 20)$ 时，共需立方体 $V = 4\,000$ 个；三度为 $(22, 4, 20)$ 时，共需立方体 $V = 1\,760$ 个。

2. 简解：(1) $1^2 + 2^2 + 2^2 + 4^2 = 5^2$；$1^2 + 4^2 + 4^2 + 4^2 = 7^2$；$1^2 + 2^2 + 2^2 + 8^2 = 9^2$；$1^2 + 2^2 + 4^2 + 10^2 = 11^2$；$1^2 + 2^2 + 8^2 + 10^2 = 13^2$。其实，只要 $t \neq 1$，$t \neq 3$，此不定方程总有解。 (2) $1^2 + n^2 + n^2 + (n^2)^2 = (n^2 + 1)^2$。

3. 简解：即解 $\dfrac{n(n+1)(2n+1)}{6} = y^2$。令 $2n + 1 = m \Rightarrow n = \dfrac{m-1}{2}$，$n + 1 = \dfrac{m+1}{2}$。所以 $\dfrac{(m-1)m(m+1)}{6} = (2y)^2$。左边分子连续 3 个数必含平方数，且不含素数因子。除了 $m = 3$，$n = 1$，$y = 1$，至 $m = 49$ 时，始有解 $n = 24$，$y = 70$。如果 $n = 1$，$y = 1$ 不算；其实 $n = 24$，$y = 70$ 是唯一解。

4. 简解：即 $3x^2 + 2 = 2y^2 + 2y + 1$，$3x^2 = 3y^2 - (y-1)^2$。令 $y - 1 = 3z$，得 $x^2 + 3z^2 = y^2$。由前面给出的解：$x = |a^2 - 3b^2|$，$z = 2ab$，$y = a^2 + 3b^2$。结合 $y = 3z + 1$，得 $a^2 + 3b^2 = 6ab + 1 \Rightarrow 3(b-a)^2 - 2a^2 = 1$。$a = 1$，$b = 2 \Rightarrow x = |a^2 - 3b^2| = 11$，$y = a^2 + 3b^2 = 13$，所以成立 $10^2 + 11^2 + 12^2 = 13^2 + 14^2$。注意：给出的 a，b 要符合 $3(b-a)^2 - 2a^2 = 1 (***)$ 才是解。且有无穷多解。$(***)$ 怎样一步到位确定解，还须代换，转化为佩尔方程。可参考参考文献[1]的具体内容。

> 相关说明：著者找到了佩尔方程的部分得解简略机制。形如 $3s^2 - 2t^2 = 1$，不是标准的佩尔方程形式，不妨定义为"类佩尔方程"。不须代换及转化，解可以这样给出：$\sqrt{3}x_0 + \sqrt{2}y_0 = (\sqrt{3} + \sqrt{2})^{2n+1}$。所以 $(x_0, y_0) = (1, 1)$，$(9, 11)$，$\cdots$。这样，$(s, t) = (1, 1) \Rightarrow (a, b) = (1, 2) \Rightarrow (x, y) = (11, 13)$，即为问题的解。如果给出第二个解，则 $(s, t) = (9, 11) \Rightarrow (a, b) = (11, 2) \Rightarrow (x, y) = (109, 133)$。即成立 $108^2 + 109^2 + 110^2 = 133^2 + 134^2$。其实 $(s, t) = (9, 11)$ 还有另一个解：由 $|b - a| = 9$，还可以 $(a, b) = (11, 20) \Rightarrow (x, y) = (1\,079, 1\,321)$。

5. 简解：对于 $(x-1)^2 + x^2 = (x+1)^2 \Rightarrow x(x-4) = 0$，$x = 4$。所以 $3, 4, 5$ 是唯一解；对于 $(x-1)^3 + x^3 + (x+1)^3 = (x+2)^3 \Rightarrow 2x^3 - 6x^2 - 6x - 8 = 0$，$x^3 - 3x^2 - 3x - 4 = 0$。得 $x^2(x-4) + x^2 - 3x - 4 = 0$，$x^2(x-4) + (x+1)(x-4) = 0$，$(x-4)(x^2 + x + 1) = 0$。所以 $x = 4$，$3^3 + 4^3 + 5^3 = 6^3$ 是唯一解。

第 13 关参考答案

1. 证明：如答题 1 图，设 DC、BE 交于 O，连 AO, OF，则在 $\triangle ABO$ 与 $\triangle BCO$ 中，$\dfrac{\sin(\alpha + \theta)}{\sin 1} = \dfrac{AO}{BO} =$

$\dfrac{BC}{BO}=\dfrac{\sin(\delta+\beta)}{\sin 4}$，所以 $\dfrac{\sin(\alpha+\theta)}{\sin(\delta+\beta)}=\dfrac{\sin 1}{\sin 4}$；同理可证，$\dfrac{\sin(\delta+\beta)}{\sin(\theta+\gamma)}=\dfrac{\sin 3}{\sin 6}$；$\dfrac{\sin(\theta+\gamma)}{\sin(\alpha+\theta)}=\dfrac{\sin 5}{\sin 2}$。所以 $\sin 1\cdot$

$\sin 3\cdot\sin 5=\sin 2\cdot\sin 4\cdot\sin 6$。在 $\triangle ADC$ 与 $\triangle ABE$ 中，$\dfrac{\sin 7}{\sin 5}=\dfrac{AC}{AD}=\dfrac{AB}{AE}=\dfrac{\sin 12}{\sin 2}$；同理可证，$\dfrac{\sin 8}{\sin 4}=\dfrac{\sin 9}{\sin 1}$；

$\dfrac{\sin 10}{\sin 6}=\dfrac{\sin 11}{\sin 3}$。所以 $\sin 7\cdot\sin 9\cdot\sin 11=\sin 8\cdot\sin 10\cdot\sin 12$。又在 $\triangle ADO$ 与 $\triangle AOE$ 中，$\dfrac{\sin\alpha}{\sin 7}=\dfrac{AD}{AO}=$

$\dfrac{AE}{AO}=\dfrac{\sin\gamma}{\sin 12}$；同理可证，$\dfrac{\sin\theta}{\sin\delta}=\dfrac{\sin 8}{\sin 9}$；$\dfrac{\sin\beta}{\sin\theta}=\dfrac{\sin 10}{\sin 11}$。所以 $\dfrac{\sin\alpha}{\sin\beta}=\dfrac{\sin\gamma}{\sin\delta}=\dfrac{\sin(\alpha+\theta)}{\sin(\beta+\theta)}$。$\therefore\alpha=\beta$。

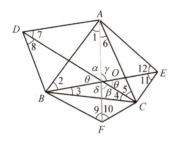 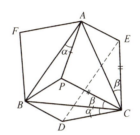

答题 1 图　　　　　　　　　　答题 2 图

2. 证明：如答题 2 图，在 $\triangle APC$ 与 $\triangle DCE$ 中，$AP=DC$，$PC=CE$，又 $\angle CAP=60°-\alpha$，$\angle PCA=60°-\beta$。所以 $\angle APC=60°+\alpha+\beta=\angle DCE$。所以 $\triangle APC\cong\triangle DCE\Rightarrow AC=DE=AB$；又 $BD=BP=AE$，所以，四边形 $ABDE$ 是平行四边形，所以，六边形 $AFBDCE$ 是标准六边形，所以，AD、BE、FC 共点。

3. 证明：(1) 不妨图形设置于平面直角坐标系中，各点坐标为 $A(x_1,\ y_1)$，$B(x_2,\ y_2)$，$C(x_3,\ y_3)$，$D(x_4,$

$y_4)$，$E(x_5,\ y_5)$，$A(x_6,\ y_6)$，如答题 3 图 1，则 $O_1\left(\dfrac{x_1+x_2+x_3}{3},\ \dfrac{y_1+y_2+y_3}{3}\right)$，$O_4\left(\dfrac{x_4+x_5+x_6}{3},\right.$

$\left.\dfrac{y_4+y_5+y_6}{3}\right)$，其中点为 $O\left(\dfrac{x_1+x_2+x_3+x_4+x_5+x_6}{6},\ \dfrac{y_1+y_2+y_3+y_4+y_5+y_6}{6}\right)$。不待说，$O$ 又是

O_2O_5，O_3O_6 的中点。所以，命题成立。因之，O 亦可定义为**六边形 $ABCDEF$ 的重心**。同时，**六边形 $O_1O_2O_3O_4O_5O_6$ 是标准六边形**。 (2) 如答题 3 图 2，连 AD 交 PQ 于 X，则 $AX=XD$。又 PO_1：$O_1D=$ PO_2：$O_2A=1$：2，所以，O_1O_2 // DA，即 PQ 通过 O_1O_2 中点。由(1)，六边形 $O_1O_2O_3O_4O_5O_6$ 是标准六边形。其中心就是对角顶点连线交点，亦即对边中点连线交点。也就是 MN、PQ、UV 的交点。所以，命题成立。

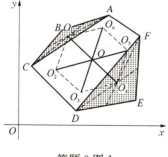 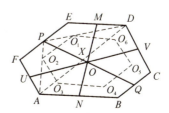

答题 3 图 1　　　　　　　　　答题 3 图 2

4. 证明:如答题 4 图,易证△CAM≌△QAB⇒∠1=∠2⇒A、M、N、B、O 共圆⇒$\alpha+\beta=90°$。又 $\alpha=\beta=45°$,由对称性,所以,N、O、P 共线。

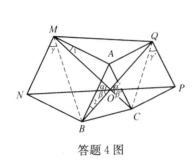
答题 4 图

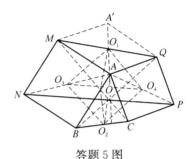
答题 5 图

5. 如答题图 5,易证① □$A'MAQ$ ⇒ △$A'MA$ ≌ △CBA ⇒ O_1A ⊥ BC;② $O_1O_3=O_1O_4=O_2O_3=O_2O_4$,且 O_2O_3 ⊥ O_2O_4 ⇒ $O_1O_2O_3O_4$ 是正方形。这样,由 O_1 作 O_1X ⊥ MQ,由 O_2 作 O_2X ⊥ BC,O_1X,O_2X 交于 X,则四边形 O_1XO_2A 是平行四边形。设 O 是对角线交点,则 O 恰为 O_3O_4 中点。连 NX,应有 NX∥O_3O;连 NP,应有 NP∥OO_4。所以,N、X、P 共线,即 X 同为 NP,O_1X,O_2X 的交点,且同时平分 NP。

6. 简解:如答题 6 图 1,D 是 BC 上任意一点,M、N 分别是 D 关于 AB、AC 的对称点,则△AMN 是顶角为 $2A$ 的等腰三角形,且 MN 恰是内接三角形 DEF 的周长,在一条直线上,应相对最小;如答题 6 图 2,又如果 AD 是 BC 上的高,当然等腰三角形"腰"更小,即 MN 更小。由对称性,△ABC 高之垂足三角形的周长最小。

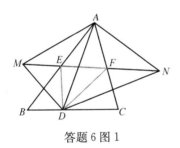
答题 6 图 1

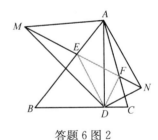
答题 6 图 2

第 14 关参考答案

1. 解:显然 m 是奇数。当 $m=1$,$x_0+\sqrt{2}y_0=(1+\sqrt{2})^{2n+1}$。第一个解$(1,1)$;当 $m=2k+1,k\in\mathbf{N}^*$ 时,原方程为 $x^2-2(2^ky)^2=-1$,显然 $2^ky_0\neq1$。所以,当且仅当 $m=1$,即原方程为 $x^2-2y^2=-1$,始有解 $x_0+\sqrt{2}y_0=(1+\sqrt{2})^{2n+1}$。

2. 证明:$x^2=3y^2-1$,x^2 不可能是 $3k+2$ 型数,所以此方程无正整数解。**显而易见,D 是 $4k+3$ 型数,原方程总没有解;其实 D 含 $4k+3$ 型因子,原方程总没有解。**

3. 解(1) D 是 $3k+1$($k\in\mathbf{N}^*$)型数时,x 一定不是 3 的倍数。 (2) D 是 $4k+1$($k\in\mathbf{N}^*$)型数时,x 一定不是偶数。总之,**只要 D 不是 3 的倍数,x,y 总有一个是 3 的倍数;D 不含平方因子,一定 x,y 一奇一偶。** (3) D 是 $5k\pm2$($k\in\mathbf{N}^*$)型数时,x 一定不是 5 的倍数。因为或者 y 是 5 的倍数;或者 y^2 是 $5k\pm1$($k\in\mathbf{N}^*$)型数时,Dy^2 是 $5k\pm2$ 型数。

4. 解：(1) $\sqrt{101} = 10 + \left(\dfrac{1}{10}\right)$；$\sqrt{103} = 10 + \left(\dfrac{1}{6} + \dfrac{1}{1} + \dfrac{1}{2} + \dfrac{1}{1} + \dfrac{1}{1} + \dfrac{1}{9} + \dfrac{1}{1} + \dfrac{1}{1} + \dfrac{1}{2} + \dfrac{1}{1} + \dfrac{1}{6} + \dfrac{1}{20}\right)$。 (2) $\sqrt{102} = 10 + \left(\dfrac{1}{10} + \dfrac{1}{20}\right)$。$n = 2$，是偶数，由两个"加数"，$\dfrac{a}{b} = 10 + \dfrac{1}{10} = \dfrac{101}{10}$。所以 $x_0 + \sqrt{102}\, y_0 = (101 + 10\sqrt{102})^n$。

5. 解：$x^2 - (5y+1)x + y^2 - 8y = 0$，$\therefore x = \dfrac{5y+1 \pm \sqrt{21y^2 + 42y + 1}}{2}$。令 $21y^2 + 42y + 1 = m^2 \Rightarrow$ $m^2 - 21(y+1)^2 = -20$。所以 $m_0 + \sqrt{21}(y_0 + 1) = |(55 + 12\sqrt{21})^n(1 \pm \sqrt{21})|$；所以 $(m_0, y_0) = (307,$ $67-1)$，$(197, 43-1)$；所以 $x_0 = \dfrac{5 \times 66 + 1 \pm 307}{2}$，$x_1 = 319$，$x_2 = 12$；$x_0 = \dfrac{5 \times 42 + 1 \pm 197}{2}$，$x_3 = 204$，$x_4 = 7$。所以原方程有 100 以内的正整数解 $x = 12$，$y = 66$；$x = 7$，$y = 42$。再有正整数解则超过 100。

第 15 关参考答案

1. (1) 用"**基本不等式法**"：左边 $= \dfrac{b^2c^2 + c^2a^2 + a^2b^2}{abc} \geqslant \dfrac{bcca + caab + abbc}{abc} = \dfrac{abc(a+b+c)}{abc} =$

$1 = $ 右边。 (2) 用"**基本不等式法**"：首先有 $1 = a + b + c \geqslant 3\sqrt[3]{abc} \Rightarrow \dfrac{1}{\sqrt[3]{abc}} \geqslant 3$。所以左边 $=$

$\dfrac{a^2 + b^2 + c^2}{abc} \geqslant \dfrac{3\sqrt[3]{(abc)^2}}{abc} = \dfrac{3}{\sqrt[3]{abc}} \geqslant 3 \times 3 = 9$。当且仅当 $a = b = c = \dfrac{1}{3}$ 时，等式成立。

> 相关说明：有些制约条件，往往会形成一系列可资应用的资料性结论。题 1 正是如此。由正数 $a + b + c = 1$，一起归纳为：$a^2 + b^2 + c^2 \geqslant \dfrac{1}{3}$；$ab + bc + ca \leqslant \dfrac{1}{3}$；$abc \leqslant \dfrac{1}{27}$；$\dfrac{1}{a} + \dfrac{1}{b} + \dfrac{1}{c} \geqslant 9$；$\dfrac{1}{ab}$ $+ \dfrac{1}{bc} + \dfrac{1}{ca} \geqslant 27$；$\dfrac{1}{a^2} + \dfrac{1}{b^2} + \dfrac{1}{c^2} \geqslant \dfrac{1}{abc} \geqslant 27$；$a^2 + b^2 + c^2 \geqslant 9abc$；$\cdots$

2. 解且证明：设 $f(x) = \sqrt{2x+1}$，则 $f(x)$ 是抛物线型的**上凸函数**，所以 $\sqrt{2a_1+1} + \sqrt{2a_2+1} +$

$\sqrt{2a_3+1} + \cdots + \sqrt{2a_n+1} = n \cdot \dfrac{\sqrt{2a_1+1} + \sqrt{2a_2+1} + \sqrt{2a_3+1} + \cdots + \sqrt{2a_n+1}}{n} \leqslant n \cdot$

$\sqrt{2 \cdot \dfrac{a_1 + a_2 + a_3 + \cdots + a_n}{n} + 1} = n \cdot \sqrt{\dfrac{2+n}{n}} = \sqrt{n(n+2)}$。当且仅当 $a_1 = a_2 = a_3 = \cdots = a_n = \dfrac{1}{n}$

时取等号。$n \geqslant 2$，$n \in \mathbf{N}^*$。因为 $n(n+2) \in \mathbf{N}^*$，$M = \sqrt{n(n+2)} > \sqrt{n^2} = n$，$\sqrt{n(n+2)} <$

$\sqrt{n^2 + 2n + 1} = n + 1$，$n < M < n + 1$，所以 M 总是无理数。

3. 用**空间向量的余弦**，亦即柯西定理。令 $x_1 = \dfrac{a}{bc}$，$y_1 = \dfrac{b}{ca}$，$z_1 = \dfrac{c}{ab}$，$x_2 = y_2 = z_2 = abc$，得

$\dfrac{(x_1x_2 + y_1y_2 + z_1z_2)^2}{(x_1^2 + y_1^2 + z_1^2) \cdot (x_2^2 + y_2^2 + z_2^2)} \leqslant 1$，即 $\dfrac{(a^2 + b^2 + c^2)^2}{\left(\dfrac{a^2}{b^2c^2} + \dfrac{b^2}{c^2a^2} + \dfrac{c^2}{a^2b^2}\right) \cdot (3a^2b^2c^2)} \leqslant 1$。所以 $(a^2 + b^2 + c^2)^2 \leqslant$

$3(a^4 + b^4 + c^4)$。当且仅当 $a = b = c = \dfrac{1}{3}$ 时取等号。

4. 证明：用平抑法：由 $\dfrac{a+b}{1+ab}-1+\dfrac{b+c}{1+bc}-1+\dfrac{c+a}{1+ca}-1=\dfrac{(a-1)(1-b)}{1+ab}+\dfrac{(b-1)(1-c)}{1+bc}+\dfrac{(c-1)(1-a)}{1+ca}$。通分，考察分子，化简，得 $2abc(ab+bc+ca)+3-6abc-3a^2b^2c^2=3(1-abc)^2+$

$2abc(ab+bc+ca-3abc)\geqslant 0+2abc\cdot 3\sqrt[3]{a^2b^2c^2}(1-\sqrt[3]{abc})\geqslant 0$。所以原不等式成立。当且仅当 $a=b=c=1$ 时取等号。

5. 证明：用平抑法：$\dfrac{c}{1+ab}-\dfrac{c}{2}+\dfrac{a}{1+bc}-\dfrac{a}{2}+\dfrac{b}{1+ca}-\dfrac{b}{2}=\dfrac{c(1-ab)}{2(1+ab)}+\dfrac{a(1-bc)}{2(1+bc)}+\dfrac{b(1-ca)}{2(1+ca)}$。

通分，只考察分子，得 $c(1-ab)(1+bc+ca+abc^2)+b(1-ca)(1+ab+bc+ab^2c)+a(1-bc)(1+ca+ab+a^2bc)=c+bc^2+c^2a+abc^3+b+ab^2+b^2c+ab^3c+a+ca^2+a^2b+a^3bc-abc(1+bc+ca+abc^2+1+ab+bc+ab^2c+1+ca+ab+a^2bc)=3+ab(a+b)+bc(b+c)+ca(c+a)+abc(a^2+b^2+c^2)-3abc-2abc(ab+bc+ca)-3a^2b^2c^2=3-3a^2b^2c^2+3(ab+bc+ca)-6abc+abc(a^2+b^2+c^2-ab-bc-ca)-abc(ab+bc+ca)\geqslant 0+2(ab+bc+ca-3abc)+0+(ab+bc+ca)(1-abc)\geqslant 0$。所以原式 $\geqslant 0$。所以原不等式成立。当且仅当 $a=b=c=1$ 时取等号。其实，也可以这样证明：$\dfrac{c}{1+ab}+\dfrac{a}{1+bc}+\dfrac{b}{1+ca}=\dfrac{c^2}{c+abc}+\dfrac{a^2}{a+abc}+\dfrac{b^2}{b+abc}\geqslant\dfrac{(a+b+c)^2}{a+b+c+3abc}\geqslant\dfrac{9^2}{3+3}=\dfrac{3}{2}$。当且仅当 $a=b=c=1$ 时取等号。

☆命题1 已知 $a,b,c\in\mathbf{R}^+$，$a+b+c=3$，则(1) $\dfrac{1}{1+ab}+\dfrac{1}{1+bc}+\dfrac{1}{1+ca}\geqslant\dfrac{3}{2}$；(2) $\dfrac{a}{1+ab}+\dfrac{b}{1+bc}+\dfrac{c}{1+ca}\geqslant\dfrac{3}{2}$；(3) $\dfrac{b}{1+ab}+\dfrac{c}{1+bc}+\dfrac{a}{1+ca}\geqslant\dfrac{3}{2}$；(4) $\dfrac{c}{1+ab}+\dfrac{a}{1+bc}+\dfrac{b}{1+ca}\geqslant\dfrac{3}{2}$。问题解决过程中，还可得相关"**副产品**"。比如对于命题1(2)：可得 $\dfrac{a}{1+ab}-\dfrac{a}{2}+\dfrac{b}{1+bc}-\dfrac{b}{2}+\dfrac{c}{1+ca}-\dfrac{c}{2}=\dfrac{a}{2(1+ab)}(1-ab)+\dfrac{b}{2(1+ac)}(1-bc)+\dfrac{c}{2(1+ca)}(1-ca)=\dfrac{a}{2(1+ab)}(1+ab-2ab)+\dfrac{b}{2(1+ac)}(1+bc-2bc)+\dfrac{c}{2(1+ca)}(1+ca-2ca)=\dfrac{a}{2}-\dfrac{a^2b}{1+ab}+\dfrac{b}{2}-\dfrac{b^2c}{1+bc}+\dfrac{c}{2}-\dfrac{c^2a}{1+ca}=\dfrac{3}{2}-\dfrac{a^2b}{1+ab}-\dfrac{b^2c}{1+bc}-\dfrac{c^2a}{1+ca}\geqslant 0$。所以，对于同样的条件，应该有对应结论：

☆命题2 已知 $a,b,c\in\mathbf{R}^+$，$a+b+c=3$，则 $\dfrac{a^2b}{1+ab}+\dfrac{b^2c}{1+bc}+\dfrac{c^2a}{1+ca}\leqslant\dfrac{3}{2}$。

6. 证明：$\dfrac{b+c}{a}+\dfrac{c+a}{b}+\dfrac{a+b}{c}-9\geqslant 2\Big(\dfrac{a}{b+c}+\dfrac{b}{c+a}+\dfrac{c}{a+b}-3\Big)\Leftrightarrow\dfrac{b+c}{a}+\dfrac{c+a}{b}+\dfrac{a+b}{c}+3\geqslant 2\Big(\dfrac{a}{b+c}+\dfrac{b}{c+a}+\dfrac{c}{a+b}+3\Big)\Leftrightarrow(a+b+c)\Big(\dfrac{1}{a}+\dfrac{1}{b}+\dfrac{1}{c}\Big)\geqslant 2\Big(\dfrac{1}{b+c}+\dfrac{1}{c+a}+\dfrac{1}{a+b}\Big)(a+b+c)\Leftrightarrow$

$$\frac{1}{2}\left(\frac{1}{a}+\frac{1}{b}+\frac{1}{c}\right)\geqslant\frac{1}{b+c}+\frac{1}{c+a}+\frac{1}{a+b}.$$ 由 $\dfrac{1}{2a}-\dfrac{1}{b+c}+\dfrac{1}{2b}-\dfrac{1}{c+a}+\dfrac{1}{2c}-\dfrac{1}{a+b}=\dfrac{b-a+c-a}{2a(b+c)}+$

$$\frac{c-b+a-b}{2b(c+a)}+\frac{a-c+b-c}{2c(a+b)}=\frac{(b-a)(bc+ba-ab-ac)}{2a(b+c)b(c+a)}+\frac{(c-b)(ca+cb-bc-ba)}{2b(c+a)c(a+b)}+$$

$$\frac{(a-c)(ab+ac-ca-cb)}{2c(a+b)a(b+c)}=\frac{c(b-a)^2}{2ab(b+c)(c+a)}+\frac{a(c-b)^2}{2bc(c+a)(a+b)}+\frac{b(a-c)^2}{2ca(a+b)(b+c)}\geqslant0.$$ 当且仅

当 $a=b=c=1$ 时取等号。

相关说明：事实上，变量结构是方式，正数 $a+b+c=m$，不影响结果。又 $\dfrac{1}{2a}+\dfrac{1}{2b}+\dfrac{1}{2c}\geqslant\dfrac{1}{b+c}$

$+\dfrac{1}{c+a}+\dfrac{1}{a+b}$，基于理性判断应成立，才把一个不成立的错题改变数据与结构为终能成立。

第 16 关参考答案

1. 简解：$b_n=\left[\dfrac{1+\sqrt{8n-7}}{2}\right]$。$n\in\mathbf{N}^*$ 记号 $[k]$ 表示不超过 k 的最大整数.

相关说明：这个通项公式面世后，引起初数界较广泛的注意。

---

2. 解：先看相关教材关于平方数的几何图形模拟背景：

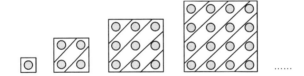

......

$n^2=1+2+3+\cdots+n+n-1+\cdots+3+2+1$。由此类比，可得

1	1	1	1	1	1	1	1	1
1	2	2	2	2	2	2	2	1
1	2	3	3	3	3	3	2	1
1	2	3	4	4	4	3	2	1
1	2	3	4	$\cdots$	4	3	2	1
1	2	3	4	4	4	3	2	1
1	2	3	3	3	3	3	2	1
1	2	2	2	2	2	2	2	1
1	1	1	1	1	1	1	1	1

相关说明：这看起来既偶然又必然的数值对应，其实蕴含着这一三角形数阵可能更多的应用。

3. 解：几乎都得试下一行。因此，第 7 行都是 1 应能很快得解。那么，$1,3,7,\cdots$，呈什么规律呢？其通项应是 2^n-1。也就是说，第 63 行都是 1。由 $a_{ij}+a_{ij+1}=a_{i+1j+1}$。即每一行中的某一个数，等于它上一行"双肩"上两个数之和。类比第 5、6、7 行，所以第 61、62、63 应按答题 3 图 1 给出：

$$1\ 1\ 0\ 0\ 1\ 1\ 0\ \cdots$$
$$1\ 0\ 1\ 0\ 1\ 0\ 1\ \cdots$$
$$1\ 1\ 1\ 1\ 1\ 1\ 1\ \cdots$$

答题 3 图 1

因此，第 61 行，有 62 个数，由 $1,1,0,0,1,1,0,0,\cdots$，排列，应有 32 个 1，30 个 0。分别填入 **7**（通项应是 2^n-1）；**32**。

4. 解：(1) 由分子 $1,2,3,\cdots,n^2$，知第 n 项共有 n^2 张纸片。 (2) 设 n^2 张纸片的所有数之和为 P，其中所有整数的和为 Q，则 $S=P-Q=\dfrac{1}{n}(1+2+3+\cdots+n^2)-(1+2+3+\cdots+n)=\dfrac{1}{n}\cdot\dfrac{n^2(n^2+1)}{2}$
$-\dfrac{n(n+1)}{2}=\dfrac{n}{2}(n^2+1-n-1)=\dfrac{n^2(n-1)}{2}$。 (3) $T_n=S_1+S_2+S_3+\cdots+S_n$。其中 $S_n=1+2+3+\cdots+n=\dfrac{n(n+1)}{2}=\dfrac{1}{2}(n^2+n)$。所以 $T_n=\dfrac{1}{2}\left[(1^2+2^2+3^2+\cdots+n^2)+(1+2+3+\cdots+n)\right]$
$=\dfrac{1}{2}\left[\dfrac{n(n+1)(2n+1)}{6}+\dfrac{n(n+1)}{2}\right]=\dfrac{1}{2}\cdot\dfrac{n(n+1)}{2}\cdot\left(\dfrac{2n+1}{3}+1\right)=\dfrac{n(n+1)(n+2)}{6}$。 (4) 对于
$\dfrac{2\cdot3\cdot4}{6},\dfrac{3\cdot4\cdot5}{6},\dfrac{4\cdot5\cdot6}{6},\cdots,\dfrac{100\cdot101\cdot102}{6}$。项数有限，且其中分子含 5 以上质数或其倍数（明显不为解）的即可不予检验。不难解得 $n=2$ 时，$\dfrac{2\cdot3\cdot4}{6}=2^2$；$n=48$ 时，$\dfrac{48\cdot49\cdot50}{6}=4^27^25^2=140^2$。仅此两个解。所以 $(T_n)_{\min}+(T_n)_{\max}=T_2+T_{48}=2^2+140^2=19\,604$。

5. 略。

第 17 关参考答案

1. 解：如答题图 1、2，连接 PA,PB，使分别交圆 O 于 C,D；连接 CB,AD，使交于 H；连接 PH（并延长）交直径（延长线）于 Q。PQ 即为解。

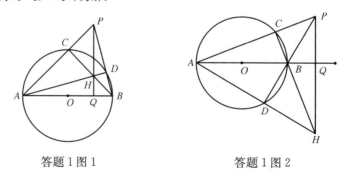

答题 1 图 1　　　　　　答题 1 图 2

2. 证明：① 如答题 2 图 1，以 O 为圆心，1 为半径作圆；在圆 O 上任取一点 P，以 P 为圆心，1 为半径

作圆,则 $|AB|=\sqrt{3}$;以 A 为圆心,$\sqrt{3}$ 为半径作圆,交圆 P 于 Q,显然 O,P,Q 在一条直线上,即 $|OQ|=2$。 ② 如法炮制,可作出长度 $3,4,5,\cdots,n,\cdots$ ③ 分别以 O,Q 为圆心,$\sqrt{3}$ 为半径,作圆交于 M,显然 $|MP|=\sqrt{2}$,即 $\sqrt{2}$、$\sqrt{3}$ 都可仅用圆规作出; ④ 假设 $k-1<\sqrt{n}<k$ 中的所有 $\sqrt{n}$ 都可仅用圆规作出,则当 $k<\sqrt{n}<k+1$ 时,如题2图2,$|OP|=|PQ|=1$,设 $|OM|=|QM|=k+1$,则 $|PM|=\sqrt{k^2+2k}$ 可作出;设 $|OM|=|QM|=\sqrt{k^2+2k}$,则 $|PM|=\sqrt{k^2+2k-1}$ 可作出;$\cdots$ 即 $|PM|=\sqrt{k^2+2k}$,$\sqrt{k^2+2k-1}$,$\sqrt{k^2+2k-2}$,$\cdots$,$\sqrt{k^2+1}$ 总可作出。综合①—④,知 $n\geqslant 2$,$n\in \mathbf{N}^*$,任意 $\sqrt{n}$ 总可仅用圆规作出。

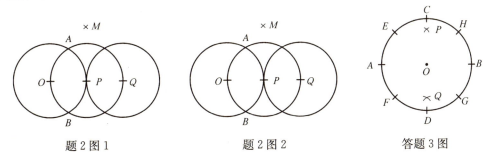

题2图1 题2图2 答题3图

3. 解:① 如答题3图,设圆 O 之 $R=2$,$A、O、B$ 在一条直线上,则以 A 为圆心,$2\sqrt{2}$ 为半径作圆,交圆 O 于 $C、D$,则可将圆 O 四等分。 ② 以 $A、B$ 为圆心,$\sqrt{6}$ 为半径作圆交于 P,则 $|OP|=\sqrt{2}$;以 P 为圆心,$\sqrt{2}$ 为半径作圆,交圆 O 于 $E、H$;如法炮制 $F、G$,则 $A,B,\cdots,H$ 将圆 O 八等分。

4. 解:① 如答题4图1,作两条抛物线的平行弦;平行弦的中点连线 m 平行于 x 轴;② 作 m 的垂线交抛物线于 AB;AB 的垂直平分线就是 x 轴;③ x 轴与抛物线的交点即原点,过原点作 y 轴;④ 作 $y=-x$,交抛物线于 $G(1,-1)$,即得单位长度;⑤ 如答题4图2,作任意弦 $OP、OQ$,使 $OP\perp OQ$;⑥ 连 PQ 交 Ox 轴于 N,由熟知的结论,N 为定点,$|ON|=2p$;⑦ 在 x 轴上取 ON 的 1/4 点,即焦点 F,$|OF|=p/2$。

相关说明:由作图知,基础与原理与数学知识点紧密关联。

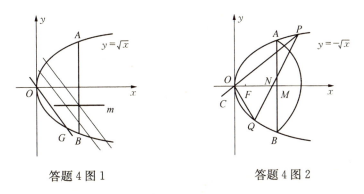

答题4图1 答题4图2

5. 简解:相当于过椭圆上顶点作弦 BP,求 $|BP|$ 的最大值。仍按圆与椭圆相切解。圆方程 $b^2x^2+b^2(y-b)^2=b^2r^2$ 代入 $b^2x^2+a^2y^2=a^2b^2$。得 $(a^2-b^2)y^2+2b^3y-b^2(a^2+b^2-r^2)=0$。$\triangle=0\Rightarrow r$

$= \dfrac{a^2}{c}$。半径即椭圆右边的准线方程。

相关说明：既然如此，切点分（重合为）一个及两个又怎么回事呢？其实，**两个二元二次方程是不能用判别式等于零判断相切的。因为它们可能有 4 个交点，难以分清楚两个公共点，三个公共点怎样相切。换言之，其实 y 的方程 $y_1 + y_2 = \dfrac{-2b^3}{a^2-b^2}$ 形不成解，又何以用判别式？其实质，半径 $r = 2b$，掩盖于 $a \leqslant \sqrt{2}b$。所以 $a \leqslant \sqrt{2}b$，即椭圆接近于圆，$r = 2b$；否则，$r = \dfrac{a^2}{c}$。$a = \sqrt{2}b$ 时，恰有 $2b = \dfrac{a^2}{c}$。这时的椭圆即为梁开华定义的白银椭圆。

第 18 关参考答案

1. 解：设椭圆的一条切线斜率为 k，不妨 $k > 0$，方程为 $y = kx + m, m > 0$，代入椭圆，得 $(b^2 + a^2 k^2) x^2 + 2a^2 kmx + a^2(m^2 - b^2) = 0$。$\Delta = (2a^2 km)^2 - 4(b^2 + a^2 k^2) a^2(m^2 - b^2) = 0$。$m^2 = a^2 k^2 + b^2$。所以 $m = \sqrt{a^2 k^2 + b^2}$。即切线为 $y = kx + \sqrt{a^2 k^2 + b^2}$。另一条切线的斜率为 $-\dfrac{1}{k}$，则方程为 $y = -\dfrac{1}{k}x + \sqrt{a^2 \left(-\dfrac{1}{k}\right)^2 + b^2} = -\dfrac{1}{k}(x - \sqrt{a^2 + b^2 k^2})$。由两条切线的方程：$y - kx = \sqrt{a^2 k^2 + b^2}, ky + x = \sqrt{a^2 + b^2 k^2}$。两式平方相加，得 $(1 + k^2) y^2 + (1 + k^2) y^2 = a^2 + b^2 + (a^2 + b^2) k^2$。所以 $x^2 + y^2 = a^2 + b^2$。特别地，$k = 0$ 或 k 不存在，切点坐标仍在这个圆上。所以点 M 轨迹是以原点为圆心，$\sqrt{a^2 + b^2}$ 为半径的圆。

2. 证明：如答题 2 图 2，即对于圆 $x^2 + y^2 = 1$，抛物线 $y = x^2 - 2$，证明同样的结论。设 $A(x_1, x_1^2 - 2)$，$B(x_2, x_2^2 - 2)$，$C(x_3, x_3^2 - 2)$，则 AB 方程：$\dfrac{x - x_1}{x_2 - x_1} = \dfrac{y - x_1^2 + 2}{(x_2^2 - 2) - (x_1^2 - 2)}$，化简，得 $(x_1 + x_2) x - y - x_1 x_2 - 2 = 0$。且 $r = 1$，即 $\dfrac{|2 + x_1 x_2|}{\sqrt{(x_1 + x_2)^2 + 1}} = 1$。化简，得 $(1 - x_1^2) x_2^2 - 2x_1 x_2 + x_1^2 - 3 = 0$。$x_2 = \dfrac{x_1 \pm \sqrt{x_1^4 - 3x_1^2 + 3}}{1 - x_1^2}$。同样可解得 $x_3 = \dfrac{x_1 \pm \sqrt{x_1^4 - 3x_1^2 + 3}}{1 - x_1^2}$。由一般性，$x_2 \neq x_3$，得 $x_2 + x_3 = \dfrac{2x_1}{1 - x_1^2}$，$x_2 x_3 = \dfrac{x_1^2 - (x_1^4 - 3x_1^2 + 3)}{(1 - x_1^2)^2}$。所以 $|2 + x_2 x_3| = \left| \dfrac{2 - 4x_1^2 + 2x_1^4 - x_1^4 + 4x_1^2 - 3}{(1 - x_1^2)^2} \right| = \left| \dfrac{x_1^4 - 1}{(1 - x_1^2)^2} \right| = \left| \dfrac{1 + x_1^2}{1 - x_1^2} \right|$；$\sqrt{(x_2 + x_3)^2 + 1} = \sqrt{\dfrac{4x_1^2}{(1 - x_1^2)^2} + 1} = \left| \dfrac{1 + x_1^2}{1 - x_1^2} \right|$。由对称性，$BC$ 方程：$(x_2 + x_3) x - y - x_2 x_3 - 2 = 0$。原点 O 到 BC 的距离 $d = \dfrac{|2 + x_2 x_3|}{\sqrt{(x_2 + x_3)^2 + 1}} = \dfrac{\left| \dfrac{1 + x_1^2}{1 - x_1^2} \right|}{\left| \dfrac{1 + x_1^2}{1 - x_1^2} \right|} = 1$。所以 BC 仍是切线。

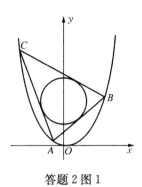 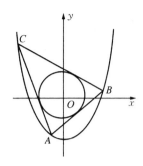

答题 2 图 1　　　　　　　答题 2 图 2

3. 解：进行压缩变换时,相切关系不会改变。如答题 3 图 1,椭圆 $\dfrac{x^2}{a^2}+\dfrac{y^2}{b^2}=1(a>b>0)$,里面的

圆由问题 3,半径 $\dfrac{ab}{a+b}$,外面的圆半径 $a+b$。压缩变换时,x 长度不变,里面的椭圆变为 $x^2+y^2=a^2$,

外面的圆则成了椭圆,见答题 3 图 2,半短轴 $a+b$,设半长轴为 t,则 $\dfrac{b}{a}=\dfrac{a+b}{t}$,$t=\dfrac{a(a+b)}{b}$。即此时新

椭圆方程为 $\dfrac{x^2}{(a+b)^2}+\dfrac{y^2}{\dfrac{a^2\,(a+b)^2}{b^2}}=1$。对照 $\dfrac{x^2}{a^2}+\dfrac{y^2}{b^2}=1$,$x^2+y^2=\left(\dfrac{ab}{a+b}\right)^2$ 与 $\dfrac{x^2}{(a+b)^2}+$

$\dfrac{y^2}{\dfrac{a^2\,(a+b)^2}{b^2}}=1$,$x^2+y^2=a^2$。分析前者圆半径与长半轴以及短半轴的比;对比后者圆半径与长半轴以

及短半轴的比:$\dfrac{\dfrac{ab}{a+b}}{a}=\dfrac{b}{a+b}$,$\dfrac{a}{\dfrac{a(a+b)}{b}}=\dfrac{b}{a+b}\Rightarrow\dfrac{\dfrac{ab}{a+b}}{a}=\dfrac{a}{\dfrac{a(a+b)}{b}}$;又 $\dfrac{\dfrac{ab}{a+b}}{b}=\dfrac{a}{a+b}$,$\dfrac{a}{a+b}=\dfrac{a}{a+b}$

$\Rightarrow\dfrac{\dfrac{ab}{a+b}}{b}=\dfrac{a}{a+b}$。两者相除,得 $\dfrac{a}{b}=\dfrac{\dfrac{a(a+b)}{b}}{a+b}$。很显然,里面的圆与外面的椭圆,两者之间是位似关系,

当然相切的特征不会改变。

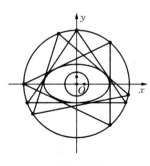 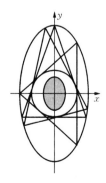

答题 3 图 1　　　　　　　答题 3 图 2

4. 解：(1) 由椭圆定义，设椭圆的另一交点为 F'，如答题 4 图 1，则 $|PF'|+|PF|=2a$，连 OQ 并延长交已知圆于 M，则 OQ 是 $\triangle PF'F$ 的中位线，$|QM|=|QP|=|QF|$。所以 $|OM|=a$。以 O 为圆心，a 为半径的圆恰与已知圆相切。M 是切点。 (2) 如答题 4 图 2，$|PF'|-|PF|=2a$，连 OQ 交已知圆于 M，则 OQ 是 $\triangle PF'F$ 的中位线，$|OQ|-|QF|=a$，所以 $|QM|=|QF|$，所以 M 是切点。以 O 为圆心，a 为半径的圆恰与已知圆相切。

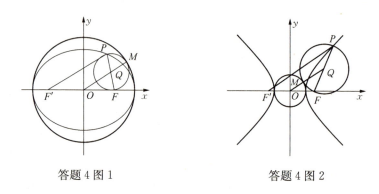

答题 4 图 1　　　　　　　　　答题 4 图 2

5. 证明：如答题 5 图，连 DB，C、P、D、B 四点共圆，$\angle CPB=\angle CDB=\angle PDB-PDC$；$\angle QPA=$ $\angle PAB-PQO$。$\angle PDB=\angle PAB$，又 $\mathrm{Rt}\triangle CPD\backsim\mathrm{Rt}\triangle CQO$，$\angle PDC=\angle CQO$。所以 $\angle CPB=\angle CDB=$ $\angle QPA$。由光学性质，A、B 是椭圆的焦点。

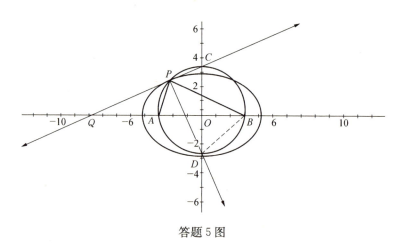

答题 5 图

第 19 关参考答案

1. $10=9+1=8+2=8+1+1=7+3=7+2+1=7+1+1+1=6+4=6+3+1=6+2+2=6+2+1+1=5+5=5+4+1=5+3+2=5+3+1+1=5+2+2+1=4+4+2=4+3+3=4+4+1+1=4+3+2+1=4+2+2+2=3+3+3+1=3+3+2+2$。共 23 个。

2. "北京"：

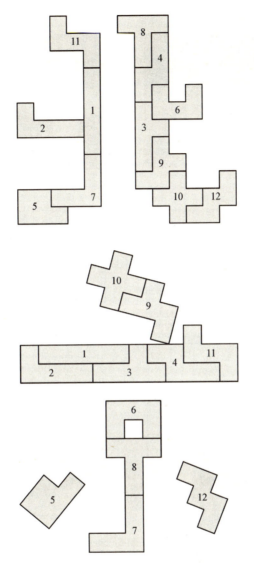

3. $4\times15+6\times10,5\times12+5\times12,10\times6$ 三种方法。当然前一种方法两类砖的总量应满足 $15m=12n$ 以恰铺满路长。

4. (1) 参考答案：

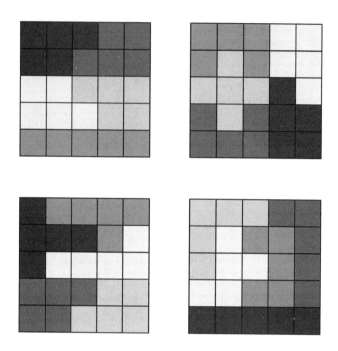

（2）参考答案：

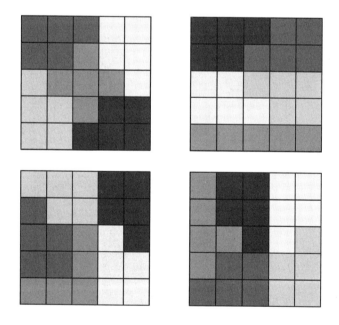

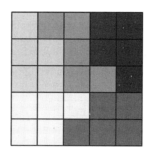

共 7 种。

（3）参考答案：

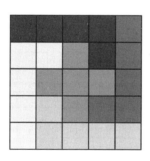
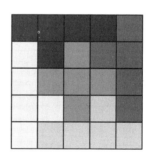

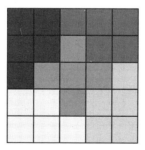

共 3 种。

5. 其中重复的有：

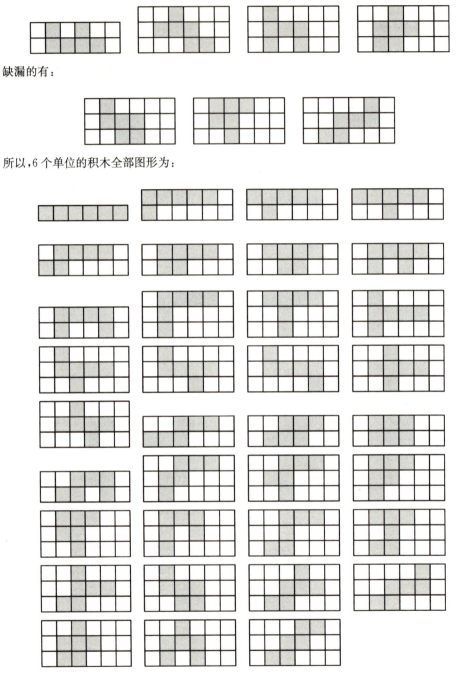

缺漏的有：

所以，6 个单位的积木全部图形为：

共 35 种。

相关说明：埃尔温·伯莱坎普、约翰·康威、理查德·盖伊著，谈祥柏译，稳操胜券（上），上海教育出版社，2003 年 12 月版，P159 中，恰有 6 个单位积木的全部图形。请参看下图：

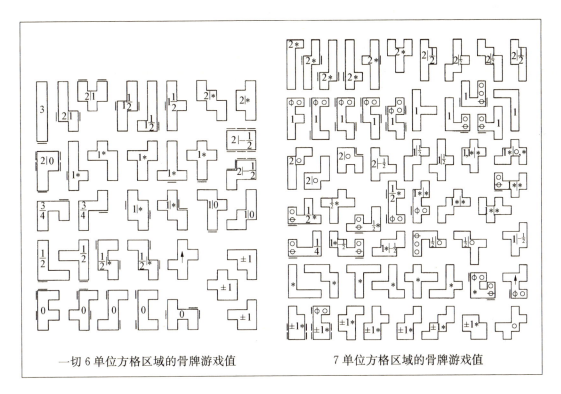

一切 6 单位方格区域的骨牌游戏值　　　　　7 单位方格区域的骨牌游戏值

第 20 关参考答案

1. 简解：兵卒以及两个砲炮之间的数据分别为 1,4,8，先走方使走成绝数 1,4,5 即可。以后保持 $(1,4,5)$ 或 $(1,2,3)$；然后（或开始时）"降元"，则保持 $(m, m) \Rightarrow (1, 1)$。**注**：兵卒之间虽然空两格，其实是 1 步。

2. 注意 $(1,2m, 2m+1)$ 是绝数。其中 $(\mathbf{1},\mathbf{2},\mathbf{3},\mathbf{1},4,5)$、$(\mathbf{1},4,5,\mathbf{1},6,7)$、$(\mathbf{1},6,7,\mathbf{1},8,9)$、分别为一组绝数，去掉相同的元素，即可判断 $(2,3,4,5)$、$(4,5,6,7)$、$(6,7,8,9)$ 是绝数。$(1,2,3,4) \rightarrow (\underline{1,2,3},4,\mathbf{4})$；$(3,4,5,6) \rightarrow (\underline{3,5,6},4,\mathbf{4})$ 符合题意。$(5,6,7,8) \rightarrow (5,6,7,8,\mathbf{12})$ 符合题意，因为 $(\underline{6,7},\underline{1,1},\underline{8,9},9,5,\mathbf{12})$ 是绝数；$(7,8,9,10) \rightarrow (7,8,9,10,\mathbf{12})$ 符合题意，因为 $(\underline{8,10,2},\underline{2,7,5},5,9,\mathbf{12})$ 是绝数。

3. (1) 由于 A, B 之间不存在"幂数"，设 $A = 2^k$，则 $A = 2^k$，$B = 2^{k+1} + b$，$C = 2^k + 2^{k+1} + b \Rightarrow g_3 = (2^k, 2^{k+1} + b, 2^k + 2^{k+1} + b) \Leftrightarrow g_3 = (2^k - 2^k, 2^{k+1} + b - 2^{k+1}, 2^k + 2^{k+1} + b - 2^k - 2^{k+1}) \Leftrightarrow g_2 = (b, b)$；设 $B = 2^k$，则 $B = 2^k$，$A = 2^{k-1} + a$，$C = 2^{k-1} + 2^k + a \Rightarrow g_3 = (2^{k-1} + a, 2^k, 2^{k-1} + 2^k + a) \Leftrightarrow g_3 = (2^{k-1} + a - 2^{k-1}, 2^k - 2^k, 2^{k-1} + 2^k + a - 2^{k-1} - 2^k) \Leftrightarrow g_2 = (a, a)$。所以，命题成立。　　(2) 设 $A = a$，$B = 2^{k-1} + b$，$C = 2^{k-1} + 2^k - 1$。其中 $0 < a < 2^{k-1}$，$0 \leqslant b \leqslant 2^{k-1}$，且 $g_3 = (A, B, C) \Rightarrow g_3 = (a, 2^{k-1} + b, 2^{k-1} + 2^k - 1) \Leftrightarrow g_3 = (a, b, 2^{k-1} - 1)$；不妨 $b < a$。设 $b = a_1$，$a = 2^{k-2} + b_1$，$c = 2^{k-2} + 2^{k-2} - 1$。其中 $0 < a_1 < 2^{k-2}$，$0 \leqslant b_1 \leqslant 2^{k-2}$，且 $g_3 = (a_1, b_1, 2^{k-2} - 1) \Rightarrow g_3 = (a_1, 2^{k-2} + b_2, 2^{k-2} + 2^{k-2} - 1) \Leftrightarrow g_3 = (a_1, b_2, 2^{k-2} - 1)$；…；最终转化为 $g_2 = (m, m)$ 或 $g_3 = (u, v, 2^2 - 1) \Leftrightarrow g_3 = (1, 2, 3)$。所以，命题成立。

4. 由幂展开，$670 = 512 + 128 + 16 + 8 + 6$，$1\,159 = 1\,024 + 128 + 7$，$1\,561 = 1\,024 + 512 + 16 + 8 + 1$。

其他数成对出现,1,6,7 是绝数,所以 670,1 159,1 561 是一组绝数。

5. (1) 比如

(5,1)	(4,2)	(3,3)	(2,4)	(1,5)
(4,2)	(3,3)	(2,4)	(1,5)	(5,1)
(3,3)	(2,4)	(1,5)	(5,1)	(4,2)
(2,4)	(1,5)	(5,1)	(4,2)	(3,3)
(1,5)	(5,1)	(4,2)	(3,3)	(2,4)

;

(2) 比如

(2,1)	(3,2)	(4,3)	(5,4)	(1,5)
(3,2)	(4,3)	(5,4)	(1,5)	(2,1)
(4,3)	(5,4)	(1,5)	(2,1)	(3,2)
(5,4)	(1,5)	(2,1)	(3,2)	(4,3)
(1,5)	(2,1)	(3,2)	(4,3)	(5,4)

。

(3) 略。

第 21 关参考答案

1. 解:条件不等式的多种情况,适于用适当的"**代换法**"解决。对于 $x+y+z=1$,可使 $x = \tan\frac{B}{2}\tan\frac{C}{2}$,$y = \tan\frac{C}{2}\tan\frac{A}{2}$,$z = \tan\frac{A}{2}\tan\frac{B}{2}$,变化为锐角三角形的条件,则 $\dfrac{z}{xy} = \dfrac{\tan\frac{A}{2}\tan\frac{B}{2}}{\tan\frac{B}{2}\tan\frac{C}{2}\tan\frac{C}{2}\tan\frac{A}{2}} = \dfrac{1}{\tan^2\frac{C}{2}} = \cot^2\frac{C}{2} \Rightarrow \dfrac{x}{yz} = \cot^2\frac{A}{2}$,$\dfrac{y}{zx} = \cot^2\frac{B}{2}$,所以,$\sqrt{\dfrac{yz}{x+yz}} + \sqrt{\dfrac{zx}{y+zx}} + \sqrt{\dfrac{xy}{z+xy}} = \sqrt{\dfrac{1}{\frac{x}{yz}+1}} + \sqrt{\dfrac{1}{\frac{y}{zx}+1}} + \sqrt{\dfrac{1}{\frac{z}{xy}+1}} = \sqrt{\dfrac{1}{\csc^2\frac{A}{2}}} + \sqrt{\dfrac{1}{\csc^2\frac{B}{2}}} + \sqrt{\dfrac{1}{\csc^2\frac{C}{2}}} = \sin A + \sin B + \sin C \leqslant \dfrac{3}{2}$ 当且仅当 $A=B=C=60°$,即 $x=y=z=\dfrac{1}{3}$ 时取等号。

2. 简解:(1) $y \geqslant 2\sqrt{2^b} = 6 \Rightarrow 2^b = 9$,所以 $b = \log_2 9$。 (2) y 是偶函数。最小值点是 $x^2 = \dfrac{c}{x^2}$,$x^2 = \sqrt{c}$,$x = \pm\sqrt[4]{c}$。由**双曲线系函数**,且关于 y 轴对称,所以,当 $(-\infty, -\sqrt[4]{c}]$ 及 $(0, \sqrt[4]{c}]$ 是减函数;$[-\sqrt[4]{c},$

0) 及 $[\sqrt[4]{c}, +\infty)$ 上是增函数。证明略。 (3)推广可以是 $y = x^n + \dfrac{a}{x^n}(a > 0)$。为双曲线系函数。增减性讨论对比 $y = x + \dfrac{a}{x}$ 及 $y = x^2 + \dfrac{a}{x^2}$；分 n 为奇偶性进行。略。$F(x) = \left(x^2 + \dfrac{1}{x}\right)^n + \left(\dfrac{1}{x^2} + x\right)^n$($n$ 是正整数)是双曲线系函数，$x = 1$ 两边分别是减函数与增函数，且 $F(m) = \dfrac{1}{F(m)}$，所以 $x = 1$ 时，有最小值 $y = 2^{n+1}$；$x = \dfrac{1}{2}$ 或 $x = 2$ 时，有最大值 $y = \left(\dfrac{9}{2}\right)^n + \left(\dfrac{9}{4}\right)^n$。

3. 证明：如答题 3 图，$A_1A = a, B_1B = b, C_1C = c$，不妨 b 最小。过 B_1 作平面平行于下底面，交 A_1A、C_1C 于 E, F，设 A_1C_1 中点为 D_1，连 B_1D_1，过 D_1 及上底面重心 M 作下底面垂线，垂足分别为 D, M, D_1D 交 EF 于 G，连 B_1G 交 M_1M 于 N，连 BD，设几何体体积为 V，则 $D_1G = \dfrac{1}{2}(a - b + c - b)$，$M_1N = \dfrac{2}{3} \cdot D_1G = \dfrac{1}{3}(a + c - 2b)$，$M_1M = b + \dfrac{1}{3}(a + c - 2b) = \dfrac{1}{3}(a + c + b)$。$V =$

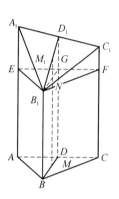

答题 3 图

$Sb + \dfrac{1}{3} \cdot \dfrac{1}{2}(A_1E + C_1F) \cdot EF \cdot h = Sb + \dfrac{2}{3}D_1G \cdot S = S \cdot \left[b + \dfrac{1}{3}(a + c - 2b)\right] = S \cdot \dfrac{1}{3}(a + c + b) = S \cdot H$。其中 h 为 B_1 到平面 A_1EFC_1 的距离，即 B_1 到 EF 的距离。

4. (1) 证法一：设 $f(x) = \dfrac{1}{\sqrt{8x + x^2}}$，则如答题 4 图 1，$x > 0$ 时为递减凹函数，由 $abc = 1$，$a + b + c \geqslant 3 \cdot \sqrt[3]{abc} = 3$，$f(a) + f(b) + f(c) \geqslant 3f\left(\dfrac{a+b+c}{3}\right) = 3 \cdot \dfrac{1}{\sqrt{8 \cdot \dfrac{a+b+c}{3} + \left(\dfrac{a+b+c}{3}\right)^2}} \geqslant 1$。

命题成立，当且仅当 $a = b = c = 1$ 时取等号。 证法二：$g(x) = \dfrac{1}{\sqrt{8x + x^2}} + \dfrac{1}{\sqrt{\dfrac{8}{x} + \dfrac{1}{x^2}}}(x > 0)$ 是**双曲线系函数**，$x = 1$，$g(x)_{\min} = \dfrac{2}{3}$，如答题 4 图 2。$abc = 1 \Leftrightarrow f(a) + f(b) + f(c) \geqslant 3f(1) \Leftrightarrow f\left(\dfrac{1}{a}\right) + f\left(\dfrac{1}{b}\right) + f\left(\dfrac{1}{c}\right) \geqslant 3f(1)$，所以 $\dfrac{1}{\sqrt{8a + a^2}} + \dfrac{1}{\sqrt{8b + b^2}} + \dfrac{1}{\sqrt{8c + c^2}} \geqslant 3 \cdot \dfrac{1}{3} = 1$。当且仅当 $a = b = c = 1$ 时取等号。

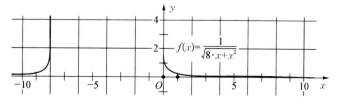

答题 4 图 1

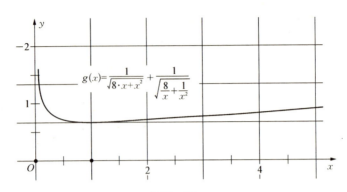

答题 4 图 2

（2）对于幂系函数 $f(x)=\dfrac{1}{(1+x^2)(1+x^7)}$，$x>0$，$f(1)=\dfrac{1}{4}$，其图像与伊朗数竞题类似，由双

曲线系函数 $F(x)=f(x)+f\left(\dfrac{1}{x}\right)=\dfrac{1}{(1+x^2)(1+x^7)}+\dfrac{1}{\left(1+\left(\frac{1}{x^2}\right)\right)\left(1+\left(\frac{1}{x^7}\right)\right)}\geqslant\dfrac{1}{2}$，见答题 4 图

3，$F(x)$ 对应粗线条，注意：其实 $x=-1$ 断开，$x=1$ 时最小。则 $abc=1\Leftrightarrow f(a)+f(b)+f(c)\geqslant$

$3f(1)\Leftrightarrow f\left(\dfrac{1}{a}\right)+f\left(\dfrac{1}{b}\right)+f\left(\dfrac{1}{c}\right)\geqslant3f(1)$，所以 $\dfrac{1}{(1+a^2)(1+a^7)}+\dfrac{1}{(1+b^2)(1+b^7)}+$

$\dfrac{1}{(1+c^2)(1+c^7)}\geqslant3\times\dfrac{1}{4}=\dfrac{3}{4}$。

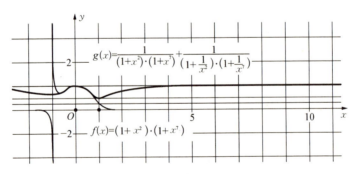

答题 4 图 3

5. BASIC 编程参考答案：

```
10 FOR u = 1 TO 9: x(u) = u: NEXT

20 FOR m = 1 TO 9

30 FOR n = 1 TO 9: IF n = m THEN 910

40 FOR p = 1 TO 9: IF p = n OR p = m THEN 900

50 IF m + n + p <> 15 THEN 900


100 FOR u = 1 TO 9
```

```
110 IF x(u) = x(m) THEN a(1) = x(u): GOTO 150
120 IF x(u) = x(n) THEN a(2) = x(u): GOTO 150
130 IF x(u) = x(p) THEN a(3) = x(u): GOTO 150
140 s = s + 1: y(s) = x(u)
150 NEXT: s = o

200 FOR d = 1 TO 6
210 FOR e = 1 TO 6: IF e = d THEN 810
220 FOR f = 1 TO 6: IF f = e OR f = d THEN 800
230 IF y(d) + y(e) + y(f) <> 15 THEN 800
240 FOR u = 1 TO 6
250 IF y(u) = y(d) THEN b(1) = y(u): GOTO 300
260 IF y(u) = y(e) THEN b(2) = y(u): GOTO 300
270 IF y(u) = y(f) THEN b(3) = y(u): GOTO 300
280 s = s + 1: z(s) = y(u)
300 NEXT: s = o
310 FOR i = 1 TO 3
320 FOR j = 1 TO 3: IF j = i THEN 710
330 FOR k = 1 TO 3: IF k = j OR k = i THEN 700
340 c(1) = z(i): c(2) = z(j): c(3) = z(k)

400 IF a(1) + b(2) + c(3) <> 15 THEN 700
410 IF a(3) + b(2) + c(1) <> 15 THEN 700
420 IF a(1) + b(1) + c(1) <> 15 THEN 700
430 IF a(2) + b(2) + c(2) <> 15 THEN 700
440 IF a(3) + b(3) + c(3) <> 15 THEN 700

500 PRINT TAB(20); a(1); a(2); a(3)
510 PRINT TAB(20); b(1); b(2); b(3)
520 PRINT TAB(20); c(1); c(2); c(3)
530 PRINT : t = t + 1

700 NEXT k: s = o
710 NEXT j
720 NEXT i
800 NEXT f: s = 0
```

```
810 NEXT e
820 NEXT d
900 NEXT p: s = 0
910 NEXT n
920 NEXT m
930 PRINT "t = "; t: END
RUN
```

```
2  7  6              6  1  8
9  5  1              7  5  3
4  3  8              2  9  4


2  9  4              6  7  2
7  5  3              1  5  9
6  1  8              8  3  4


4  3  8              8  1  6
9  5  1              3  5  7
2  7  6              4  9  2


4  9  2              8  3  4
3  5  7              1  5  9
8  1  6              6  7  2
```

t = 8

其实是 1 个解。由轴对称之上、下；左、右；主次对角线形成 8 种情况。